职业教育国家在线精品课程

"十四五"职业教育国家规划教材

"十二五"职业教育国家规划教材
经全国职业教育教材审定委员会审定

高等职业教育网络安全系列教材

信息安全技术与实施
（第 3 版）

武春岭　胡　兵　主　编

U0226200

电子工业出版社·
Publishing House of Electronics Industry
北京·BEIJING

内 容 简 介

本书作为信息安全知识普及与技术推广的教材,在第 2 版的基础上进行了改进和更新,涵盖信息安全概述、物理实体安全与防护、网络攻击与防范、密码技术与应用、数字身份认证、防火墙技术与应用、入侵检测技术与应用、计算机病毒与防范、操作系统安全防范和无线网安全与防护的内容。不仅能够为初学信息安全技术的学生提供全面、实用的技术和理论基础,而且能有效培养学生信息安全的防御能力。

本书的编写融入了编者丰富的教学和企业实践经验,内容安排合理,每个章节都从"引导案例"开始,首先让学生知道通过本章学习能解决什么实际问题,做到有的放矢,使学生更有目标地学习相关理念和技术操作,然后针对"引导案例"中提到的问题给出解决方案,使学生真正体会到学有所用。整个章节从问题提出(引导案例)到问题解决(案例实现),步步为营、由浅入深、结构严谨、浑然天成。此外,每章还配有习题和实训,不仅可以巩固理论知识,也为技能训练提供了基础。

本书可以作为高职计算机信息类专业的教材,也可以作为企事业单位网络信息系统管理人员的技术参考用书。

图书在版编目(CIP)数据

信息安全技术与实施/武春岭,胡兵主编. —3 版. —北京:电子工业出版社,2019.5
高等职业教育网络安全系列教材
ISBN 978-7-121-36276-7

Ⅰ. ①信… Ⅱ. ①武… ②胡… Ⅲ. ①信息系统-安全技术-高等职业教育-教材 Ⅳ. ①TP309

中国版本图书馆 CIP 数据核字(2019)第 064528 号

策划编辑:徐建军(xujj@phei.com.cn)
责任编辑:王 炜
印　　刷:河北鑫兆源印刷有限公司
装　　订:河北鑫兆源印刷有限公司
出版发行:电子工业出版社
　　　　　北京市海淀区万寿路 173 信箱　邮编 100036
开　　本:787×1 092　1/16　印张:20.25　字数:545 千字
版　　次:2010 年 10 月第 1 版
　　　　　2015 年 7 月第 2 版
　　　　　2019 年 5 月第 3 版
印　　次:2025 年 1 月第 16 次印刷
定　　价:54.90 元

前言
Preface

随着科学技术的迅猛发展和信息技术的广泛应用，特别是我国国民经济和社会信息化进程的全面加快，网络与信息系统的基础性、全局性作用日益增强，信息安全已经成为国家安全的重要组成部分。近年来，在党中央、国务院的领导下，我国信息安全保障工作取得了明显成效，建设了一批信息安全基础设施，加强了互联网信息内容安全管理，为维护国家安全与社会稳定、保障和促进信息化健康发展发挥了重要作用。

但是，我国信息安全保障工作仍存在一些亟待解决的问题：网络与信息系统的防护水平不高，应急处理能力不强；信息安全管理和技术人才缺乏，关键技术整体上还比较落后，产业缺乏核心竞争力；信息安全法律法规和标准不完善；全社会的信息安全意识不强，信息安全管理薄弱，等等。与此同时，网上不良信息传播、病毒入侵和网络攻击日趋严重，网络泄密事件屡有发生，网络犯罪呈快速上升趋势，影响了我国信息化建设的健康发展。随着我国信息化进程的逐步推进，特别是互联网的广泛应用，信息安全还将面临更多新的挑战。

近年来，随着网络发展的日趋庞大，网络环境也更加复杂。计算机网络安全威胁更加严重，病毒和蠕虫不断扩散、黑客活动频繁、垃圾邮件猛增，给网络信息安全造成较大威胁。例如，作为 2018 年最为活跃的勒索病毒之一——撒旦（Satan），利用多种漏洞入侵企业内网，给用户带来一定的网络安全隐患，甚至造成重大财产损失。

重庆电子工程职业学院信息安全技术与管理专业是国家示范院校建设中唯一一个信息安全类国家级重点建设专业，该专业自 2003 年开办以来，就开设了"信息安全技术与实施"课程，目前该课程已获得"重庆市市级精品课"称号。我们根据多年的实践教学经验，与信息安全服务公司合作，编写了该专业的核心技术教材，旨在更加有效地培养信息安全专业技术人才。

作为一本专注于信息安全技术的教材，在第 2 版的基础上进行了改进和更新，详细介绍了信息安全领域常见的信息安全攻击技术和防御方法。本书分 10 章，第 1 章信息安全概述；第 2 章物理实体安全与防护；第 3 章网络攻击与防范；第 4 章密码技术与应用；第 5 章数字身份认证；第 6 章防火墙技术与应用；第 7 章入侵检测技术与应用；第 8 章计算机病毒与防范；第 9 章操作系统安全防范；第 10 章无线网安全与防护。

本书的编写融入了编者丰富的教学和企业实践经验，内容安排合理，每个章节都先从"引导案例"开始，让学生知道通过本章学习能解决什么实际问题，激发学生的学习激情，引导学生渐入佳境，然后针对"引导案例"中的问题提出解决方案，使学生感受到学有所用的快乐。此外，每章还配有习题和实训，不仅可以巩固理论知识，也为技能训练提供了基础。本书第 1、2、6、10 章由武春岭编写；第 3、7、9 章由胡兵编写；第 4、5 章由辽宁本溪机电工程学校宁蒙编写；第 8 章由李治国编写。

在本书编写过程中，得到了重庆电子工程职业学院廖雨萧同学和重庆云盟科技有限公司工程师的技术支持。此外，本书部分内容来自互联网，在此一并对相关人员致以衷心的感谢！

为了方便教师教学，本书配有电子教学课件，请有此需要的教师登录华信教育资源网（www.hxedu.com.cn）注册后免费下载，若有问题可在网站留言板留言或与电子工业出版社联系（E-mail：hxedu@phei.com.cn）。

由于编者水平有限，加上时间仓促，书中难免有不当之处，敬请各位同行批评指正，以便在今后的修订中不断改进。

编　者

目 录
Contents

第1章

信息安全概述

学习目标

- 了解信息安全的重要性及黑客文化。
- 掌握网络安全体系的结构组成。
- 熟悉我国网络安全法律法规体系。

引导案例

2009年1月，法国海军内部计算机系统的一台计算机受到病毒入侵，病毒迅速扩散到整个网络，系统一度不能启动，海军全部战斗机也因无法"下载飞行指令"而停飞两天。

仅仅是法国海军内部计算机系统的时钟停摆，就使法国的国家安全出现了一个偌大的漏洞。设想，如果一个国家某一领域的计算机网络系统出现问题甚至瘫痪，这种损失和危害将是不可想象的。

目前，美国政府掌握着信息领域的核心技术，操作系统、数据库、网络交换机的核心技术基本掌握在美国企业的手中。微软操作系统、思科交换机的交换软件甚至打印机软件中嵌入美国中央情报局的后门软件已经不是秘密，美国在信息技术研发和信息产品的制造过程中就事先做好了日后对全球进行信息制裁的准备。

几年前，美国"棱镜"事件闹得国际社会人心惶惶。据美国国家安全局承包商前雇员爱德华·斯诺登透露，美国国家安全局和联邦调查局通过微软、谷歌、苹果、雅虎等9大网络巨头的服务器监控美国及全球其他国家的电子邮件、聊天记录、视频和照片等，引发了全球舆论的关注。与此同时，美国国家安全局和联邦调查局还对中国华为公司和中国前领导人进行监控，中国的信息安全形势相当严峻。2014年2月27日，中央网络安全和信息化领导小组成立，并在北京召开了第一次会议，体现了中国最高层全面深化改革、加强顶层设计的意志，显示出保障网络安全、维护国家利益、推动信息化发展的决心。

金融、商贸、交通、通信、军事……随着计算机网络逐渐渗入人类社会的各个领域，越来越多的机构不得不重新布局以便与技术的发展保持一致，国家民用和军用基础设施都越来越依赖于网络，网络也因此成为一个国家赖以正常运转的"神经系统"。一旦出现漏洞，事关国计民生的许多重要系统都将陷入瘫痪的状态，国家安全也岌岌可危……

1.1 信息安全介绍

随着全球互联网的迅猛发展，越来越多的人体会到了信息化给生活带来的便利与实惠。信息化带动了工业化，并由此带动全球经济以前所未有的惊人速度向前发展。然而任何事情都有两面性，信息化也是如此，它在给经济带来新高，给人们带来实惠的同时，也由此产生了新的威胁。目前"信息战"已是现代战争克敌制胜的法宝，科索沃战争、海湾战争就是"信息战"应用成功的范例。尤其是美国"9·11事件"给世界各国的信息安全问题再次敲响了警钟，因为恐怖组织摧毁的不仅仅是世贸大厦，随之消失的还有众多公司的数据。

2017年5月12日22点30分左右，全英国有16家医院遭到大范围网络攻击，医院的内网被攻陷，中断了与外界的联系，内部医疗系统几乎停止运转，很快又有更多医院的计算机设备遭到攻击。这场网络攻击的罪魁祸首就是一种叫WannaCrypt的勒索病毒。此外，随着工业化和信息化的迅速发展，传统工业融合了信息技术和通信网络技术，已经在逐步改变世界产业发展的格局。据统计，目前世界上已有超过80%的涉及国计民生的关键基础设施需要依靠工业控制系统来实现自动化作业，使用工业控制系统进行自动化生产，极大地提高了工作效率，节省了大量人工劳动力，创造了数倍的生产价值。同时，全球工控网络安全事件在近几年呈现逐步增长的趋势，仅在2015年被美国ICS-CERT收录针对工控系统的攻击事件就高达295起。

据权威机构调查显示，计算机攻击事件正在以每年64%的速度增长。另据统计，全球约20秒钟就有一次计算机入侵事件发生，Internet的网络防火墙约1/4被突破，约有70%以上的网络信息主管人员报告因机密信息泄露而受到了损失。

信息安全已成为一个关系国家安全、社会稳定、民族文化继承和发扬的重要问题，引起了各国政府的高度重视，为此纷纷建立了专门的机构，并出台了相关标准与法规。

信息安全涉及计算机科学、网络技术、通信技术、密码技术、信息安全技术、应用数学、数论、信息论等多种学科。由于目前信息的网络化，信息安全主要表现在网络安全上，所以，许多人将网络安全与信息安全等同起来，实际上叫信息安全是比较全面、科学的。

1.1.1 信息安全的概念

信息安全的概念是随着计算机化、网络化、信息化逐步发展提出来的。当前对信息安全的说法较多，计算机安全、计算机信息系统安全、网络安全、信息安全的叫法同时并存。事实上是有区别的，应该说它们是计算机化、网络化、信息化发展到一定阶段的产物，各自的侧重点不同。

国际标准化组织（ISO）对计算机系统安全的定义：为数据处理系统采取技术和管理的安全保护，使计算机硬件、软件和数据不因偶然和恶意的原因遭到破坏、更改和泄露。由此可以将计算机网络安全理解为：通过采用各种技术和管理措施，使网络系统正常运行，从而确保网络数据的可用性、完整性和保密性。所以，建立网络安全保护措施的目的是确保经过网络传输和交换的数据不会发生增加、修改、丢失和泄露等。

针对信息安全，目前尚没有公认的权威定义。美国国家安全电信和信息系统安全委员会（NSTISSC）对信息安全的定义：信息安全是对信息、系统及使用、存储和传输信息的硬件保护。一般认为，信息安全主要包括物理安全、网络安全和操作系统安全，网络安全是信息安全的核心，本书不对网络安全和信息安全加以严格区分。

1.1.2　信息安全的内容

信息安全涉及个人权益、企业生存、金融风险防范、社会稳定和国家安全。

1. 物理安全

物理安全是指用来保护计算机网络中的传输介质、网络设备和机房设施安全的各种装置与管理手段。物理安全包括防盗、防火、防静电、防雷击和防电磁泄漏等方面的内容。

物理安全的威胁主要涉及对计算机或人员的访问。可用于加强物理安全的策略有很多，如将计算机系统和关键设备布置在一个安全的环境中、销毁不再使用的敏感文档、保持密码和身份认证部件的安全性、锁住便携式设备等。物理安全的实施更多的是依赖于行政干预手段并结合相关技术。如果没有基础的物理保护，如带锁的开关柜、数据中心等，物理安全是不可能实现的。

2. 网络安全

计算机的网络安全主要通过用户身份认证、访问控制、加密、安全管理等方法来实现。

（1）用户身份认证。身份证明是所有安全系统不可或缺的一个组件，它是区别授权用户和入侵者的唯一方法。为了实现对信息资源的保护，并知道何人试图获取网络资源的访问权，任何网络资源拥有者都必须对用户进行身份认证。当使用某些更尖端的通信方式时，身份认证更是特别重要。

（2）访问控制。访问控制是制约用户连接特定网络、计算机与应用程序，获取特定类型数据流量的能力。它一般针对网络资源进行安全控制区域划分，实施区域防御的策略。在区域的物理边界或逻辑边界使用一个许可或拒绝访问的集中控制点。

（3）加密。即使访问控制和身份验证系统完全有效，在数据信息通过网络传送时，企业仍可能面临被窃听的风险。事实上，低成本和连接的简便性已使 Internet 成为企业内和企业间通信的一个极为诱人的媒介。同时，无线网络的广泛使用也在进一步加大网络数据被窃听的风险。加密技术通过使信息只能被具有解密数据所需密钥的人员读取来提供信息的安全保护。它与第三方是否通过 Internet 截取数据包无关，因为数据即使在网络上被第三方截取，也无法获取信息的本义。这种方法可在整个企业网络中使用，包括在企业内部（内部网）、企业之间（外部网）或通过公共 Internet 在虚拟专用网络（VPN）中传送私人数据。加密技术主要包括对称式和非对称式两种，这两种方式都通过许多不同的密钥算法来实现，在此不一一详述。

（4）安全管理。安全系统应当允许由授权人进行监视和控制。使用验证的任何系统都需要某种集中授权来验证这些身份，无论是 UNIX 主机、Windows NT 域控制器还是 Novell Directory Services（NDS）服务器上的/etc/passwd 文件。由于能够查看历史记录，如突破防火墙的多次失败尝试，安全系统可以为那些负责保护信息资源的人员提供宝贵信息。一些更新的安全规范，如 IPSec 需要包含策略规则的数据库。要使系统正确运行，就必须管理所有这些要素。但是，管理控制台本身也是安全系统的另一个潜在故障点。因此，必须确保这些系统在物理上得到安全保护，并确保对管理控制台的任何登录都进行验证。

3. 操作系统安全

计算机操作系统担负着自身庞大的资源管理，频繁的输入/输出控制，以及不可间断的用户与操作系统之间的通信任务。由于操作系统具有"一权独大"的特点，所有针对计算机和网络的入侵及非法访问都是以攫取操作系统的最高权限为入侵目的。因此，操作系统安全的内容就是采用各种技术手段和合理的安全策略，降低系统的脆弱性。

与过去相比，如今的操作系统性能更先进、功能更丰富，因而对使用者来说更便利，但同时也增加了安全漏洞。要减少操作系统的安全漏洞，需要对操作系统予以合理配置、管理和监控。做到这点的秘诀在于集中、自动管理机构（企业）内部的操作系统安全，而不是分散、人工管理每台计算机。

实际上，如果不集中管理操作系统的安全，相应成本和风险就会非常高。目前所知道的安全入侵事件，一半以上缘于操作系统根本没有合理配置，或者没有经常核查及监控。操作系统都是以默认安全设置来配置的，因而极容易受到攻击。

那些人工更改了服务器安全配置的用户，把技术支持部门的资源过多地消耗于处理用户口令查询上，而不是处理更重要的网络问题。考虑到这些弊端，许多管理员选择使服务器操作系统以默认状态运行。这样一来，虽然服务器可以马上投入运行，但却大大增大了安全风险。

通过现有技术减轻管理负担，加强机构（企业）网络内操作系统的安全，需要做到以下方面。

首先，对网络上的服务器进行配置时应该在一个地方进行。大多数用户需要数十种不同的配置，这些配置文件的一个镜像或一组镜像在软件的帮助下可以通过网络下载，软件能够自动管理下载过程，不需要为每台服务器手工下载。此外，即使有某些重要的配置文件，也不应该让本地管理员对每台服务器分别配置，这样做是很危险的，最好的办法就是一次性全部设定。一旦网络配置完毕，管理员就要核实安全策略的执行情况，定义用户访问权限，确保所有配置正确无误。管理员可以在网络上运行（或远程运行）代理程序，不断监控每台服务器。代理程序是不会干扰正常操作的。

其次，账户需要加以集中管理，以控制对网络的访问，并且确保用户拥有合理访问机构（企业）资源的权限。策略、规则和决策应在一个地方进行，而不是在每台计算机上为用户系统配置合理的身份和许可权，身份生命周期管理程序会自动管理这一过程，可减少手工过程带来的麻烦。

最后，操作系统应该配置成能够轻松、高效地监控网络活动，可以显示谁在进行连接，谁断开了连接，以及发现来自操作系统的潜在安全事件。

1.1.3 信息安全的策略

安全策略是针对网络和系统的安全需要，做出允许什么、禁止什么的规定，通常可以使用数学方式来表达策略，将其表示为允许（安全的）或不允许（不安全的）的状态列表。为达到这个目的，可假设任何给定的策略能对安全状态和非安全状态进行公理化描述。实践中，策略极少会如此精确，往往使用文本语言描述什么是用户或系统允许做的事情。这种描述的内在歧义性导致某些状态既不能归于"允许"一类，也不能归于"不允许"一类，因此制定安全策略时，需要注意此类问题。

1. 物理安全策略

物理安全策略的目的是保护计算机系统、网络服务器、打印机等硬件实体和通信链路免受自然灾害、人为破坏和搭线攻击，验证用户的身份和使用权限，防止用户越权操作；确保计算机系统有一个良好的电磁兼容工作环境；建立完备的安全管理制度，防止非法进入计算机控制室和各种偷窃、破坏活动的发生；抑制和防止电磁泄漏，即 Tempest 技术，它是物理安全策略的一个主要问题。目前主要防护措施有两类：一类是传导发射的保护，主要采取对电源线和信号线加装性能良好的滤波器，减小传输阻抗和导线间的交叉耦合；另一类是对辐射的防护。

2. 访问控制策略

访问控制策略是保证网络资源不被非法使用和非法访问。它是维护网络系统安全、保护网络资源的重要手段。各种安全策略必须相互配合才能真正起到保护作用，下面介绍四种访问控制策略。

（1）入网访问控制策略。它为网络访问提供了第一层访问控制，是用来控制哪些用户能够登录到服务器并获取网络资源，控制准许用户入网的时间和准许在哪个工作站入网。用户的入网访问控制可分为三个步骤：用户名的识别与验证、用户口令的识别与验证、用户账号的默认限制检查。只要 3 道关卡中有任何一关未过，该用户便不能进入该网络。

（2）网络权限控制策略。网络权限控制是针对网络非法操作所提出的一种安全保护措施。用户和用户组被赋予一定的权限。网络权限控制着用户组可以访问哪些目录、子目录、文件和其他资源，指定用户对这些文件、目录、设备执行哪些操作。根据访问可以将用户分为特殊用户（系统管理员）、一般用户、审计用户（负责网络的安全控制与资源使用情况的审计）三类。用户对网络资源的访问权限可以用一个访问控制表来描述。

（3）网络服务器安全控制策略。网络允许在服务器控制台上执行一系列操作，如进行装载和卸载模块、安装和删除软件等操作。网络服务器的安全控制包括可以设置口令锁定服务器控制台，以防止非法用户修改、删除重要信息或破坏数据；可以设置服务器登录时间限制、非法访问者检测和关闭的时间间隔。

（4）网络监测和锁定控制策略。网络管理员应对网络实施监控，服务器应记录用户对网络资源的访问。对非法的网络访问，服务器应以图形、文字或声音等形式报警，以引起网络管理员的注意。如果不法之徒试图进入网络，网络服务器应能自动记录企图尝试进入网络的次数，如果非法访问的次数达到设定数值，那么该账户将被自动锁定。

3. 信息加密策略

信息加密的目的是保护系统内的数据、文件、口令和控制信息，保护网上传输的数据。网络加密常用的方法有链路加密、端点加密和节点加密 3 种。链路加密的目的是保护网络节点之间的链路信息安全；端点加密的目的是对源端用户到目的端用户的数据提供保护；节点加密的目的是对源节点到目的节点之间的传输链路提供保护。

信息加密过程是由加密算法来具体实现的，它用较小的代价换取较大的安全保护。在多数情况下，信息加密是保证信息机密性的唯一有效方法。密码技术被看作是信息安全中最核心的技术。通过加密，不但可以防止非授权用户的搭线窃听和进入，而且也是对付假冒、篡改和恶意攻击行为的有效方法。

4．网络安全管理策略

在网络安全中，除了采用上述技术措施之外，加强网络的安全管理、制定有效的规章制度，对于确保网络的安全、可靠运行，将起到十分有效的作用。网络的安全管理策略包括确定安全管理等级和安全管理范围；制定有关网络操作使用规程和人员出入机房管理制度；制定网络系统的维护制度和应急措施等。一个完整的网络安全解决方案所考虑的问题应是非常全面的，要有详细的安全策略和良好的内部管理。在确立网络安全的目标和策略后，选择切实可靠的技术方案，方案实施完成后要加强管理，制订培训计划和网络安全管理措施。完整的安全解决方案应该覆盖网络的各个层次，并且与安全管理相结合。

1.1.4　信息安全的要素

虽然网络安全同单机安全在目标上并没有本质区别，但由于网络环境的复杂性，使其比单机安全要复杂得多。①网络资源的共享范围更加宽泛，难以控制。共享既是网络的优点，也是风险的根源，它会导致更多的用户（友好与不友好的）从远地访问系统，使数据遭到拦截与破坏，以及对数据、程序和资源的非法访问。②网络支持多种操作系统，这使网络系统更为复杂，安全管理与控制更为困难。③网络的扩大使网络的边界和网络用户群变得不确定，对用户的管理较计算机单机用户要困难得多。④单机用户可以从自己的计算机中直接获取敏感数据，但网络中用户的文件可能存放在远离自己的服务器上，在文件传送过程中经多个主机的转发，因而可能受到多处攻击。⑤由于网络路由选择的不固定性，很难确保网络信息能在一条安全通道上传输。

基于对上述 5 个特点的分析可知，保证计算机网络的安全，就是要保护网络信息在存储和传输过程中的可用性、机密性、完整性、可控性和不可抵赖性。

（1）可用性。可用性是指得到授权的实体在需要时可以得到所需要的网络资源和服务。由于网络最基本的功能就是为用户提供信息和通信服务，而用户对信息和通信需求是随机的（内容的随机性和时间的随机性）、多方面的（文字、语音、图像等），有的用户还对服务的实时性有较高的要求。网络必须能够保证所有用户的通信需要，一个授权用户无论何时提出要求，网络必须是可用的，不能拒绝用户要求。攻击者常会采用一些手段来占用或破坏系统的资源，以阻止合法用户使用网络资源，这就是对网络可用性的攻击。对于针对网络可用性的攻击，一方面要采取物理加固技术，保障物理设备安全、可靠地工作；另一方面可通过访问控制机制，阻止非法访问进入网络。

（2）机密性。机密性是指网络中的信息不被非授权实体（用户和进程等）获取与使用。这些信息不仅指国家机密，也包括企业和社会团体的商业秘密和工作秘密，还包括个人的秘密（如银行账号）和个人隐私（如邮件、浏览习惯）等。网络在生活中的广泛使用，使人们对网络机密性的要求随之提高。用于保障网络机密性的主要技术是密码技术，在网络的不同层次上有不同的机制来保障机密性。在物理层上，主要是采取电磁屏蔽、干扰及跳频技术来防止电磁辐射造成的信息外泄；在网络层、传输层及应用层主要采用加密、路由控制、访问控制、审计等方法来保证信息的机密性。

（3）完整性。完整性是指网络信息的真实可信性，即网络中的信息不会被偶然或者蓄意地删除、修改、伪造、插入等破坏，保证授权用户得到的信息是真实的。只有具有修改权限的实体才能修改信息，如果信息被未经授权的实体修改了或在传输过程中出现了错误，信息的使用者应能够通过一定的方式判断出信息是否真实可靠。

（4）可控性。可控性是指控制授权范围内的信息流向和行为方式的特性，如对信息的访问、传播及内容具有控制能力。首先，系统要能够控制谁能访问系统或网络上的数据，以及如何访问，即是否可以修改数据还是只能读取数据。这要通过采用访问控制等授权方法来实现。其次，即使拥有合法的授权，系统仍需要对网络上的用户进行验证。通过握手协议和口令进行身份验证，以确保用户确实是所声称的那个人。最后，系统还要将用户的所有网络活动记录在案，包括网络中计算机的使用时间、敏感操作和违法操作等，为系统进行事故原因的查询、定位，事故发生前的预测、报警，以及事故发生后的实时处理提供详细、可靠的依据或支持。审计对用户的正常操作也有记载，可以实现统计、计费等功能，而且有些诸如修改数据的"正常"操作恰恰是攻击系统的非法操作，同样需要加以警惕。

（5）不可抵赖性。不可抵赖性也称为不可否认性。它是指双方在通信过程中，对于自己所发送或接收的消息不可抵赖。即发送者不能抵赖其发送过消息和内容，而接收者也不能抵赖其接收到消息的事实和内容。

1.2 黑客概念及黑客文化

1.2.1 黑客概念及起源

1. 黑客

一般认为，黑客起源于 20 世纪 50 年代麻省理工学院的实验室中，当时计算机系统是非常昂贵的，只存在于各大院校与科研机构，技术人员使用一次计算机需要很复杂的手续，而且计算机的效率也不是很高，为了绕过一些限制，最大限度地利用这些昂贵的计算机系统，最初的程序员就写出了一些简洁高效的捷径程序，这些程序往往较原有的程序系统更完善，而这种行为便被称为"Hack"。"Hacker"一词就源于此，指从事 Hack 行为的人。20 世纪 60、70 年代，"黑客"一词极富褒义，用于指代那些独立思考、奉公守法的计算机迷。他们智力超群，对计算机全身心投入，从事黑客活动意味着对计算机的最大潜力进行智力上的自由探索，为计算机技术的发展做出了巨大贡献。正是这些黑客，倡导了一场个人计算机革命，倡导了现行计算机的开放式体系结构，打破了以往计算机技术只掌握在少数人手里的局面，提出了"计算机为人民所用"的观点，他们是计算机发展史上的英雄。

从传统意义上来说，黑客是指那些具有超常编程水平或计算机系统知识的人，这些人能够以设计者始料未及的方式对某个系统或编程语言进行操纵。曾几何时，被人称为黑客是一件非常光荣的事情。然而，现今人们听到"黑客"一词时，往往联想到那些以恶意方式侵入计算机系统的人。真正的黑客从不恶意入侵他人计算机，他们只是为了进一步提高安全性技术水平，乐于研究各种各样的安全漏洞，悄悄地进入他人系统并给系统打上安全补丁后悄然离去。黑客群体发展到后来其中不乏一些怀有恶意的人，他们入侵他人系统、偷窃系统内的资料、非法控制他人计算机、传播蠕虫病毒等，给社会带来了巨大损失，同时也使"黑客"一词蒙羞。通常把这些具有恶意的黑客称为"黑帽子黑客"（Black Hat Hacker），那些闯入系统只为了进行安全研究的黑客则称为"白帽子黑客"（White Hat Hacker），而那些时好时坏的黑客则称为"灰帽子黑客"（Gray Hat Hacker）。

2. 骇客

骇客是"Cracker"的音译。从某种意义上来说，它是 Hacker 的一个分支，他们同样具有超强的计算机知识，只不过他们倾向于软件破解、加/解密技术方面。在很多时候，Hacker 与 Cracker 在技术上是紧密结合的。"Cracker"一词发展到今天，也有"黑帽子黑客"之意。

3. 红客

相信很多人都听说过"红客"一词，红客是中国特有的一个称谓，指那些具有强烈爱国之心的黑客。1999 年 5 月，美国的轰炸机悍然轰炸了我国驻南联盟大使馆。消息一经传出，中国的黑客以自己的方式在网络上开始了一场反击战。就在中国大使馆被炸后的第二天，第一个中国红客网站——中国红客之祖国团结阵线诞生了，如图 1-1 所示，以宣扬爱国主义红客精神为主导，网站宣言中铿锵激扬的爱国词语，同时也创造出了一个中国特有的黑客分支——红客。

图 1-1　中国红客基地网站主页局部

4. 怎样才算一名黑客

一名黑客先要在某项安全技术上拥有出众的能力，还要具备自由、共享的黑客精神与正义的黑客行为。总之，要想成为一个黑客，必须是技术上的行家，并且热衷于解决问题，能无偿地帮助他人。

1.2.2　黑客文化

1. 黑客行为

真正的黑客拥有自己的职业道德，有着自己圈内的游戏准则，总结起来有如下 4 条。

（1）不随便进行攻击行为。真正的黑客很少从事攻击行为，他们在找到系统漏洞并入侵时，会很小心地避免造成损失，并尽量善意地提醒管理者或帮系统打好安全补丁。他们不会随便攻击个人用户和站点。

（2）公开自己的作品。一般黑客所编写的软件等内容都是免费的，不带任何商业性质，并且公开源代码，真正地做到了开源共享。

（3）帮助其他黑客。网络安全包含的内容广泛，没有哪个人能做到每一方面都精通，真正的黑客会很热心地在技术上帮助其他黑客。

（4）义务地做一些力所能及的事情。黑客都以探索漏洞与编写程序为乐，但在圈内，除此之外还有很多其他的杂事，如维护和管理相关的黑客论坛、讨论组和邮件列表、维持大的软件供应站点等，这些事情都需要花费大量的精力，因此，那些义务为网友们整理 FAQ、写教程的黑客，以及各大黑客站点的站长都是值得尊敬的。

2. 黑客精神

（1）自由共享的精神。自由共享的精神是黑客文化的精髓，也是黑客应具备的最基本品质之一。黑客诞生并成长于开放的互联网，他们解决问题并创造新的东西，他们相信自由并自愿的相互帮助。最明显的表现是黑客在互联网上所编写的各种软件都是完全免费共享的。自由共享是黑客的传统精神，也是现代黑客所尽力保持的。

（2）探索与创新的精神。黑客探索着程序与系统的漏洞，并能够从中学到很多知识，在发现问题的同时，他们都会提出解决问题的创新方法。黑客努力打破传统的计算机技术，努力探索新的知识，在他们身上有着很强的反传统精神。

（3）合作精神。个人的力量是有限的，不可能精通全部网络安全方面的技术，黑客很明白这一点，因此他们乐于与他人交流技术，在技术上保守的人是不可能成为黑客的。

需要说明的是，所谓的黑客精神不应该是想成为黑客的人所刻意追求的，而是每一个黑客及每一个即将成为黑客的人自发表现出来的。

3. 黑客准则

黑客有着自己的游戏规则，他们崇尚自由，有组织（大部分是松散的单纯讨论技术的组织）。事实上，黑客是一群崇尚自由的人，最不喜欢的就是规则，所以并没有绝对的黑客准则。但大多数黑客意识里都有着一种行为规范，比较典型的有如下 5 条。

（1）不恶意破坏任何系统，不破坏他人软件或偷窥他人资料，不清除或更改已侵入计算机的账号。

（2）不修改任何系统文件，如果因为进入系统需要而修改，在达到目的后会将其改回原状。可以为隐藏自己的入侵行为而做一些修改，但尽量保持原有系统的安全性，不得因得到系统的控制权而将门户大开。

（3）不轻易地将要黑的或黑过的站点告诉他人，不向他人炫耀自己的技术。

（4）不入侵或破坏政府机关的主机，不做无聊、单调且愚蠢的重复性工作，不进行传播蠕虫病毒等对互联网带来巨大损失的行为。

（5）做真正的黑客，努力钻研技术，研究各种漏洞。

1.2.3　如何成为一名黑客

1. 黑客必备的基本技能

需要有高超的技术水准。计算机技术的发展日新月异，每天都有大量新的知识不断涌现，黑客需要不断地学习、尝试新的技术，才能走在时代的前面。作为一个黑客，必须掌握一些基本的技能。

（1）精通程序设计：编程是每一个黑客理应具备的最基本技能，一个好的黑客同时应该是一个精通多门语言的程序员。但是，黑客与程序员又是不同的，黑客往往掌握许多程序语言的精髓（或者说是弱点与漏洞），并且以独立于任何程序语言的概括性观念来思考程序设计上的问题。一般来说，汇编、C语言都是黑客应该掌握的。

黑客培养编程能力的方法更多的是来源于读别人的源代码，这些源代码大多数是前辈的作品，同时黑客也不停地写自己的程序，他们在动手实践方面有着超乎寻常人的能力。

（2）熟练掌握各种操作系统：黑客必须清楚各种系统的整个运作过程与机理，熟悉操作系统的内核（最起码应该精通一种操作系统），才能如虎添翼。

（3）熟悉互联网与网络编程：互联网是黑客的舞台，作为一名黑客必须精通TCP/IP等互联网协议，熟悉各种网络编程、网络环境及常用的网络设备。有时候甚至需要熟悉常用的网络安全管理手段，只有做到知己知彼，才能百战不殆。没有这些基本技能是很难成为一名真正黑客的。

2．如何学习黑客技术

先要保证对此有着浓厚的兴趣。兴趣是最好的老师，在兴趣的指引下，才会如饥似渴地去努力掌握各种黑客技能。学习黑客技术是一个长期的过程，技术的发展日新月异，追求更高的技术需要付出常人难以想象的艰辛，切忌浮躁，要能耐得住寂寞。学习黑客技术没有任何速成的方法，唯一的诀窍就在于多动手实践，很多技术点在自己动手尝试后就可以轻易理解，在遇到不懂的问题时不要轻易去寻求他人的帮助，要会用搜索引擎等工具找相关资料自己解决。要知道，在尝试过程中得到的不仅仅是问题的答案。即使尝试失败，也是一种经验。日积月累就会慢慢丰富自己的知识水平。此外，还需要拥有一定的自学能力，一切靠自己。

1.3 针对信息安全的攻击

对一个计算机系统或网络安全的攻击，可以根据情况采取多种方法实现。一般而言，有一个信息流从一个信源（如一个文件或主存储器的一个区域）流到一个目的地（如另一个文件或一个用户），这个正常的信息流动如图1-2（a）所示。该图的其余部分显示了4种一般类型的攻击。

（1）中断。如图1-2（b）所示，系统的资产被破坏或变得不可利用或不能使用，这是针对可用性的攻击。如一个硬盘的毁坏、一条通信线路的切断或某文件管理系统的失效。

（2）截获。如图1-2（c）所示，一个未经授权的用户获取了对某个资产的访问，这是对机密性的攻击。该未授权方可以是一个人、一个程序或一台计算机。如在网络上搭线窃听以获取数据、违法复制文件或程序等。

（3）篡改。如图1-2（d）所示，未授权方不仅获得了访问，而且篡改了某些数据，这是对完整性的攻击。如改变数据文件的值、改变程序使其执行结果不同、篡改在网络中传输消息的内容等。

（4）伪造。如图1-2（e）所示，未授权方将伪造的对象插入到系统，这是对真实性的攻击。如包括在网络中插入伪造的消息或为文件增加记录等。

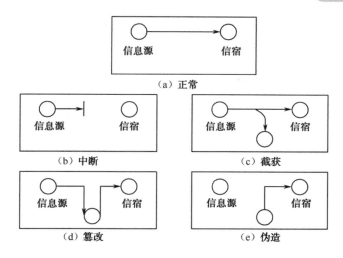

图 1-2　针对信息安全的一般攻击

这些攻击可根据被动攻击和主动攻击来进行分类，如图 1-3 所示。

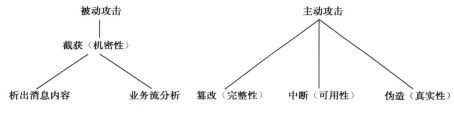

图 1-3　主动攻击和被动攻击

1.3.1　被动攻击

　　被动攻击本质上是在传输中窃听或监视，其目的是从传输中截获信息，破坏信息的保密性。被动攻击又分为两类：析出消息内容和业务流分析。

　　析出消息比较容易理解，如电话交谈、电子邮件消息和传送的文件可能包括敏感或机密信息，人们希望防止对手从这些传输中得知相关内容。

　　业务流分析更为微妙。通过某种技术手段（如加密），使得攻击者无法从截获的消息中析出消息的真实内容，但攻击者却有可能获得消息的格式、确定通信双方的位置、身份，以及通信的次数和消息的长度。这些信息对通信双方来说可能是敏感的，如公司间的合作关系是保密的、电子邮件用户不想让他人知道自己正在和谁通信、电子现金的支付者不想让别人知道自己正在消费、Web 浏览器用户不愿意让人知道自己正在浏览哪一站点等。

　　被动攻击不会对消息做任何修改，因而非常难以检测，所以抗击这种攻击的重点在于预防而非检测。

1.3.2　主动攻击

　　主动攻击是指经过对数据流的某些篡改，或生成某些假的，甚至中断数据流等各种攻击方式破坏信息的完整性、可用性和真实性。这些攻击还能进一步划分为 3 类：篡改、中断和伪造。

篡改是指攻击者修改文件中的数据、替换某一程序使其执行不同的功能、修改网络中传送的信息内容等，使接纳方得到错误的信息，以产生一个未授权效果，破坏信息的完整性。例如，一条消息为"允许张丽读取某个机密文件 X"，被篡改为"允许张娟读机密文件X"。

中断攻击也称拒绝服务攻击（DOS 攻击）是指阻止信息设施、设备的正常运行和管理，破坏系统的可用性。最常见的 DOS 攻击有针对计算机网络带宽和针对计算机系统资源的攻击。网络带宽攻击是指以极大的通信量冲击网络，使得可用网络资源被耗费殆尽，最终导致合法的用户请求无法通过；针对计算机系统资源的攻击是指用很多的连接请求攻击计算机系统，使一切可用的计算机操作系统资源都被耗费殆尽，最终计算机无法再处理合法用户的请求。

伪造就是一个实体假装成另一个实体，对系统的真实性进行攻击。例如，鉴别序列（如密码或用户账号）能够被截获，并且在一个合法的鉴别序列产生效用后进行重放，通过伪装具有这些特权的实体，从而导致未授权的实体获得某些额外特权。

主动攻击表现了与被动攻击相反的特点。虽然被动攻击难以检测，但可采用措施防止此类攻击。完全防止主动攻击是相当困难的，因为这需要在所有时间都能对所有通信设施和路径进行物理保护。防止主动攻击的目的是检测主动攻击特征，并从主动攻击引起的任何破坏或时延中给予恢复。

1.4 信息安全体系

1.4.1 信息安全体系的概念

信息安全防范是一项复杂的系统工程，要把相应的安全策略、各种安全技术和安全管理融合在一起，建立网络安全防御体系，使之成为一个有机的整体安全屏障。在《现代汉语词典》（第二版）中，"体系"是指"若干有关事务或某些意识互相联系而构成的一个整体"。

所谓网络安全防范体系，就是关于网络安全防范系统的最高层概念抽象，它由各种网络安全防范单元组成，按照一定的规则关系有机集成起来共同实现网络安全目标。

1.4.2 信息安全体系的用途

信息安全体系的建立是一个复杂的过程，但对于一个组织是非常有意义的，主要在于：
① 有利于网络系统安全风险的化解，确保业务持续开展并将损失降到最低程度；
② 有利于强化工作人员的安全防范意识，规范组织个人安全行为；
③ 有利于组织对相关网络资产进行全面系统的保护，维持竞争优势；
④ 有利于组织的商业合作；
⑤ 有利于组织管理体系认证，证明组织有能力保障重要信息，能提高组织的知名度与信任度。

1.4.3 信息安全体系的组成

信息安全体系是由组织体系、技术体系、管理体系组成的。

（1）组织体系是有关信息安全工作部门的集合，负责信息安全技术和管理资源的整合和使用。在大型网络系统中，组织体系可以由许多部门组成，而在小型网络系统中，则由若干个人或工作组构成。

（2）技术体系是从技术的角度考察安全，通过综合集成方式而形成的技术集合。例如，在信息系统中，针对不同层次的安全需求，可分为物理安全技术、通信安全技术、系统平台安全技术、数据安全技术、应用安全技术等。

（3）管理体系是根据网络环境而采取管理方法和措施的集合。管理体系涉及 5 个方面的内容：管理目标、管理手段、管理主体、管理依据和管理资源。管理目标大的方面包括政治安全、经济安全、文化安全、国防安全等，小的方面则包括信息系统的保密、可用、可控等；管理手段包括安全评估、安全监管、应急响应、安全协调、安全标准和规范、保密检查、认证和访问控制等；管理主体大的方面包括国家安全机关，而小的方面包括网络管理员、单位负责人等；管理依据包括行政法规、法律、部门规章制度、技术规范等；管理资源包括安全设备、管理人员、安全经费、时间等。

1.4.4 信息安全体系模型的发展状况

1. PDRR 模型

美国国防部提出了 PDRR 动态网络安全策略模型，如图 1-4 所示。PDRR 是 Protection、Detection、Recovery、Response 的缩写。PDRR 改进了传统的只有保护的单一安全防御思想，强调信息安全保障的 4 个重要环节。防护（Protection）的内容主要有加密机制、数据签名机制、访问控制机制、认证机制、信息隐藏、防火墙技术等。检测（Detection）的内容主要有入侵检测、系统脆弱性检测、数据完整性检测、攻击性检测等。恢复（Recovery）的内容主要有数据备份、数据修复、系统恢复等。响应（Response）的内容主要有应急策略、应急机制、应急手段、入侵过程分析及安全状态评估等。

2. ISS 的动态信息安全模型

如图 1-5 所示给出了美国国际互联网安全系统公司（ISS）的自适应网络安全模型 PPDR（Policy 为安全策略、Protect 为网络防护、Detect 为检测、Response 为响应）。它是 ISS 提供的安全解决方案的动态信息安全基本理论依据。其中，安全策略用于描述系统的安全需求，以及如何组织各种安全机制实现系统的安全需求。

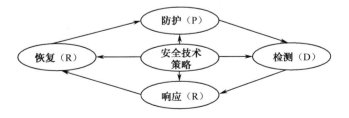

图 1-4　PDRR 动态网络安全策略模型

图 1-5　ISS 的动态信息安全模型

1.5 信息安全的三个层次

1.5.1 安全立法

　　随着网络的发展和普及，虚拟世界中各种纠纷和犯罪日趋增加。网络立法已成为各国法律建设的一个重要组成部分，有关网络的各种法规日渐出现。现在，网络行为规范的立法已经成为很多国家法学研究和实践的重要部分。单从美国的网络立法历史来看，20 世纪 90 年代以来网络法制建设发展迅速，而且涉及的范围也越来越广。如从开始规范网络传播色情内容的努力算起，已经发展到安全、邮件、隐私、犯罪、电子商务、反恐等众多方面。网络法律的学习与研究也已成为高等院校和科研机构的重要领域，如英国英格兰中北部的利兹大学法学院，开设的网络法专业的课程包括网络言论自由、网络隐私、网络知识产权、网络贸易和电子商务、垃圾邮件、网络管制、网络立宪等。网络立法已经成为事关公众利益、国家安全、文化竞争的重要领域。

　　依照立法的常规，对新出现的问题应尽量在现有法律中寻找解决办法，尽量通过完善现存法律来解决新出现的问题。所以以上问题很多是依据传统的法律去解决，如电子商务中的问题，基本上是通过经济方面的立法来规范。对立法实践来说，保障和规范网络信息安全，保证网络在最大限度服务人类的同时，将其负面影响和破坏作用降到最低的有关立法，才是最有意义和当前最迫切需要做的。

　　虽然大多数网络用户都有被垃圾邮件困扰、被病毒攻击、私人信息被到处散布等的经历，并呼吁治理此类问题，然而很多人仍在"自由"与"管制"之间徘徊，以至于很多既定的法规也常常不能很好地发挥效用。美国频繁出现的有关言论自由与保护青少年免受色情暴力等信息伤害的案例，足以说明网络法规执行中的困难。美国一个大学网络法专业的研究生在毕业论文中写道："大部分人认为现行的法律不能应付其定义下的犯罪。悲哀的是，这些法条对于其定义的违法行为，实际上没有任何作用。"美国联邦贸易委员会（Federal Trade Commission）报告的有关网络犯罪比去年增加了三倍。"其实新的案件几乎每天都有。"正如他在论文中写的，"就在我写这篇文章的过程中又有新的案件发生了：一个大学生用黑客程序攻击了得克萨斯州立大学的数据库，盗窃了该校社会安全部 55 000 多人、总价值 1000多万美元的信用卡账户。"网络立法难，有效执行更难，这些已经成为各国立法和实践过程中普遍存在的问题。

　　我国网络安全领域的法律法规制度体系建设起步于 20 世纪 90 年代后期，国务院、公安部等有关单位从 1994 年起，已针对信息系统安全保护、国际联网管理、商用密码管理、计算机病毒防治和安全产品检测与销售 5 个方面制定并发布了《中华人民共和国计算机信息系统安全保护条例》等一系列信息系统安全方面的法规，相关的规范性制度建设在 21 世纪前十年逐步配套完善。自中央网络安全和信息化领导小组成立以来，我国网络安全法律法规体系建设取得了快速发展，2017 年 6 月 1 日正式实施的《中华人民共和国网络安全法》（以下简称《网络安全法》）作为我国网络空间安全领域的首部基础性法律，框架性地构建了许多法律制度和要求，重点包括网络信息内容管理制度、网络安全等级保护制度、关键信息基础设施安全保护制度、网络安全审查、个人信息和重要数据保护制度、数据出境安全评估、网络关键设备和网络安全专用产品安全管理制度、网络安全事件应对制度等。

目前我国网络安全法律法规建设还存在以下问题亟待解决，一是一批法律法规和政策文件急需修订，大部分制度文件出台于《网络安全法》发布之前，相关内容与《网络安全法》的要求存在不一致，需要配套性完善。如关键信息基础设施相关的法律法规；二是一些法律制度还不够完善，对产业发展存在制约，需要优化完善配套的制度，如认证认可制度等；三是从促进产业发展的角度来看，还有部分法律法规存在真空地带，如技术与产品的进出口制度、电子印章应用管理制度等。随着信息化建设过程的不断发展，原有的法规将不断完善，一些新的网络法规将不断出台。所有的计算机网络用户都应自觉遵守这些法律。

1.5.2 安全管理

首先，要加强法规建设。建立、健全各项管理制度是确保计算机网络安全不可缺少的措施，如制定人员管理制度、加强人员审查、组织管理上避免单独作业、操作与设计分离等，这些强制执行的制度和法规限制了作案的可能性。

其次，要加强安全管理。从网络信息资源管理到网络设备设施管理；从网络用户教育培训、网络管理人员资格认证到网络技术人员的考核鉴定制度；从动态运行机制到日常工作规范、岗位责任制度等，方方面面的规章制度是一切技术措施得以贯彻实施的重要保证，所谓"三分技术，七分管理"正体现于此。

1.5.3 安全技术措施

安全技术措施是计算机网络信息安全的重要保证，它是方法、工具、设备、手段乃至需求、环境的综合，也是整个系统安全的物质技术基础。计算机网络安全技术涉及的内容很多，尤其是在网络技术高速发展的今天，不仅涉及计算机及其外设、通信和网络系统实体，还涉及数据安全、软件安全、网络安全、数据库安全、运行安全、防病毒技术、站点的安全，以及系统结构、工艺和保密、压缩技术等。安全技术的核心是加密、病毒防治及安全评价。它的实施应贯穿于从系统规划、系统分析、系统设计、系统实施、系统评价到系统运行、维护及管理的各个阶段。在网络安全的实施过程中，常用的技术主要包括以下方面：

① 主机安全技术；

② 身份认证技术；

③ 访问控制技术；

④ 密码技术；

⑤ 防火墙技术；

⑥ 网络入侵检测技术；

⑦ 安全审计技术；

⑧ 安全管理技术；

⑨ 系统漏洞检测技术。

安全技术措施是本书讨论的重点，在后面各章中将分别介绍这里所列出的各项信息安全技术。

技能实施

1.6 任务 安装配置虚拟实验环境

1.6.1 任务实施环境

安装 Windows 操作系统，获取 VMware Workstation（以下简称 VMware）安装包。

1.6.2 任务实施过程

1）虚拟环境搭建的作用

网络安全是一门实践性很强的学科，包括许多攻防试验。网络安全实验配置最少应该有两个独立的操作系统，且可以通过以太网进行通信，但许多计算机并不具有联网的条件，另外网络安全实验对系统具有破坏性，因此，如何利用一台计算机建立一个网络实验环境是此项实训环节需要解决的一个关键问题。

所谓虚拟机就是通过实际的硬件环境模拟出虚拟硬件系统。这些虚拟机完全像真正的计算机那样工作，如可以进行 BIOS 设置、安装操作系统、安装应用程序、访问网络资源。

虚拟机可以在单一的物理机上轻松地安装多个操作系统，虚拟多个虚拟计算机，这些虚拟机可以独立运行，在资源允许的情况下，它们也可以并发地运行，且可以相互通信构成一个网络环境。虚拟机的硬件是由厂家虚拟出的标准硬件构成的，这有效解决了由于硬件不一致造成的兼容问题和安装操作系统时驱动难找的问题，同时也可方便地迁移。虚拟系统大多以文件形式存储硬盘，因此比实际系统具有更好的扩展性。虚拟机和外部的通信有以下 3 种方式：

① 桥接模式：桥接网络方式下虚拟机操作系统可直接访问外部网络。虚拟机在外部网络必须有自己的 IP 地址，桥接模式依赖实际网卡进行通信，在这种模式下，虚拟系统和实际系统一样，可以在网络中访问和被访问。

② NAT 模式：使用网络地址转换 NAT，让虚拟机使用主机的 IP 地址和外部网络连接。

③ 仅主机模式：所有的虚拟机之间是可以通信的，而虚拟机和实际网络是隔离的。

在网络攻防实验中，一般都利用虚拟机容易恢复的特点，让虚拟机充当被攻击的目标系统，而不会损坏实际的操作系统。

2）VMware 简介

在 Windows 中的虚拟机软件主要有微软公司出品的 Virtual PC 和 VMware 出品的 VMware。Virtual PC 界面较为简单，容易使用，但功能相对较弱；VMware 界面较为专业，提供了数量很多的设置选项，功能强大，更适合于有经验的人使用。本实训环节要求重点掌握 VMware 的配置和使用，因为 VMware 中的虚拟系统直接运行于 X86 保护模式下，性能较为强大。运行虚拟系统要占用系统的资源，因此，安装虚拟机软件的计算机要求有较高的内存和硬盘空间，才能保证虚拟机系统正常运行。

3）安装并配置 VMware 虚拟机系统

（1）安装 VMware 虚拟机系统。

双击 VMware 安装文件就可以安装了。安装过程中，需要接受授权许可协议，保持默认安装就可以，如图 1-6 所示。

（2）在 VMware 中创建一台虚拟机。

VMware 安装好以后，就等于多了几台机器可以使用了。当然，先要配置虚拟机的硬件系统，然后在虚拟机中安装相应的操作系统才可以像真正的机器一样来使用，如图 1-7 所示，单击"创建新的虚拟机"图标新建一台虚拟机。

图 1-6　启动 VMware 安装过程

图 1-7　新建一台虚拟机

（3）选择安装类型。

按照向导的提示，可以选择默认的设置或者自定义设置。默认设置是 VMware 为每种安装操作系统提供的机器硬件配置，如硬盘种类、大小、内存大小等，自定义则是允许用户在建立新操作系统时自行选择的配置，如图 1-8 所示。

（4）选择安装的操作系统类型。

选择 VMware 支持的操作系统类型主要包括：

① Microsoft Windows 操作系统；

② Linux 操作系统；

③ Novell Netware 操作系统；

④ Solaris 操作系统。

每一种操作系统又可以在下拉框中选择具体的版本，如图 1-9 所示。

图 1-8　选择默认配置新建一个虚拟机

图 1-9　选择虚拟机操作系统类型

（5）选择安装路径。

选择操作系统在虚拟机中显示的名字，以及该操作系统涉及的文件在主机中存放的位置。默认时，虚拟机中操作系统的位置存放在"我的文档"目录中，系统安装的时候默认"我的文档"放在 C 盘，也可以修改这个文件夹放在其他剩余空间比较多的磁盘上，如图 1-10 所示。

（6）修改虚拟机配置。

单击"自定义硬件"按钮可以调整虚拟机的硬件配置，如图 1-11 所示。要 Windows 操作系统正常运行一般需要内存在 128～256MB，所以运行一个虚拟操作系统主机至少需要内存512MB，虚拟机中这个操作系统占用的内存直接使用的是主机内存。如果这里选择了 512MB，则主机可以使用的内存就少了 512MB，故虚拟机对内存的要求很高，如图 1-12 所示。另外，如图 1-13 和图 1-14 所示，也可以对虚拟机的磁盘空间和光驱进行配置。

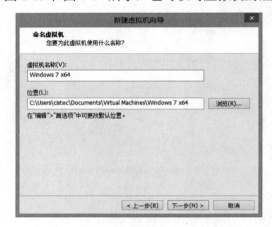

图 1-10　选择安装路径

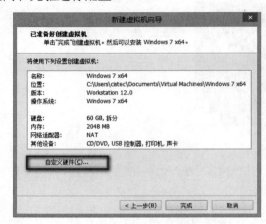

图 1-11　给虚拟机系统分配硬件资源

图 1-12　调整虚拟机内存的大小

图 1-13　指定虚拟机磁盘空间大小

（7）选择网络连接方式。

选择虚拟机和宿主操作系统之间的网络连接方式，如果让虚拟机具有独立的 IP 地址，在网络中以独立的计算机出现，那么就要选择第一项"桥接模式"，此时虚拟机和宿主操作系统在网络中的地址是平等的，如图 1-15 所示。第二项"NAT 模式"是指虚拟机通过主机的地址转换连接到主机的网络中。第三项"仅主机模式"是指虚拟机只和本地主机通信，与主机所在网段的其他机器不能通信。

图 1-14　指定虚拟机光驱形式　　　　　图 1-15　选择网络连接方式

（8）安装操作系统。

在虚拟机中操作系统的安装过程和在真正系统中安装是相同的，首先确定光驱正常，如果虚拟机的光驱使用的是真实机器的光驱，就把操作系统的安装光盘放在真实机器的光驱中，如果设置虚拟机光驱使用的是真实机器硬盘上的 ISO 文件，就在刚才光驱设置的界面中设定虚拟机光驱所使用的 ISO 文件，然后在虚拟机中操作。

设定好虚拟机的光驱后就可以从光盘开始安装操作系统了，安装完成后，可配虚拟机的 IP 地址并测试和外面系统通信的情况，当虚拟机和外面系统构成一个网络时，就完成了实验环境的构建。

习题

一、填空题

1. 信息安全策略模型包括建立安全环境的三个重要组成部分，分别是＿＿＿＿＿＿、＿＿＿＿＿＿和＿＿＿＿＿＿。

2. 保证计算机网络的安全，就是要保护网络信息在存储和传输过程中的＿＿＿＿、＿＿＿＿、＿＿＿＿和不可抵赖性。

3. 信息安全的大致内容包括三部分：＿＿＿＿＿、＿＿＿＿＿和＿＿＿＿＿。

4. 我国网络空间安全领域的首部基础性法律是＿＿＿＿＿＿＿＿＿＿。

二、单项选择题

1. 下面不属于信息安全要素的是（　　）。

A．机密性　　　　　B．稳定性　　　　　C．完整性　　　　　D．不可抵赖性

2. 下面不能实现信息安全攻击行为的是（　　）。

A．社会工程　　　　B．拒绝服务攻击　　C．木马程序　　　　D．偷窃计算机

三、思考题

1. 简述信息安全的重要性。
2. 如何才能具备成为黑客的条件？
3. 常见的信息安全威胁与攻击有哪些？
4. 安全体系的作用是什么？
5. 在 PDRR 模型中，P、D、R、R 分别代表什么意思？

四、实践题

1. 上网查询我国从事信息安全领域业务的主要公司有哪些？
2. 上网查询我国网络安全人才的需求状况。

实训　我国网络安全法律、法规体系的梳理

一、实训目的

1. 了解我国网络安全法律法规体系。
2. 理解《中华人民共和国网络安全法》的重要作用。
3. 熟悉我国网络安全相关的标准指南和规范性文件。

二、实训基础

2017 年 6 月 1 日正式实施的《中华人民共和国网络安全法》作为我国网络空间安全领域的首部基础性法律，框架性地构建了许多法律制度和要求，重点包括网络信息内容管理制度、网络安全等级保护制度、关键信息基础设施安全保护制度、网络安全审查、个人信息和重要数据保护制度、数据出境安全评估、网络关键设备和网络安全专用产品安全管理制度、网络安全事件应对制度等。

为保障上述制度的有效实施，一方面，以国家互联网信息办公室为主的监管部门制定了多项配套法规，进一步细化和明确了各项制度的具体要求、相关主体的职责及监管部门的监管方式；另一方面，全国信息安全标准化技术委员会同时制定并公开了一系列以信息安全技术为重要标准的征求意见稿，为网络运营者提供了非常具有操作性的合规指引。截至 2017 年 9 月，我国网络安全领域及与网络安全产业相关的法律法规和制度文件中，全国人大发布的法律有 12 份，包括《中华人民共和国网络安全法》。《中华人民共和国国家安全法》。《中华人民共和国刑法修正案（九）》等；最高法、最高检、公安部出台的司法解释有 12 份，如《关于办理侵犯公民个人信息刑事案件适用法律若干问题的解释》。《关于办理电信网络诈骗等刑事案件适用法律若干问题的意见》等；国务院出台的法规有 11 份，如《商用密码管理条例》等；各部委等机构出台的规范性文件有 136 份，涉及公安部、工信部、国家密码管理局等行业主管部门，以及银监会、交通运输部、新闻出版广电总局等 27 个部门。

三、实训内容

1. 按照法律、法规、规范性文件三个层次梳理我国的网络安全、法律、法规体系。
2. 根据互联网信息内容管理、网络安全等级保护、关键信息基础设施安全保护、个人信息和重要数据保护、网络关键设备和网络安全专用产品安全管理、网络安全事件管理分类，整理我国相关的网络安全法律、法规，整理内容包括文件名称、发布机构、生效时间、法律状态。

四、实训步骤

1．仔细研究《中华人民共和国网络安全法》。

2．上网查询《中华人民共和国网络安全法》的配套法规、标准指南和规范性文件。

3．完成我国网络安全法律、法规体系的梳理和资料整理。

第2章

物理实体安全与防护

‹‹‹‹‹‹

学习目标

- 了解实体安全的主要内容。
- 掌握电子信息机房等级的划分标准。
- 掌握电子信息机房的环境要求和电磁防护。
- 了解存储介质的常规保护方式。

引导案例

　　为了遏制走私犯罪，减少过关管理的风险，海关需要对重要地点和对外办公场所进行有效和可靠的监控，并将监控资料进行统一录像保存。监控系统里所有的重要设备运行状态监测、重要数据的存储都将接入海关的各个通信机房和机房监控中心。如何保障海关监控系统的安全使用、数据的安全传输和存储，是目前海关机房监控行业亟待解决的问题。实用而专业的无人值守机房综合监控系统，可以增强海关安全管理的安全保障措施，是提高海关安全管理水平的重要手段。如何建造海关无人值守机房？建设时应该考虑哪些物理安全因素呢？本章将全面剖析物理实体安全的相关内容。

2.1 实体安全概述

　　实体安全（Physical Security，物理安全）是保护计算机设备、设施（含网络）免遭地震、水灾、火灾、有害气体和其他环境事故（如电磁污染等）破坏的措施和过程。实体安全主要考虑的问题是环境、场地和设备的安全，以及实体访问控制和应急处置计划等。实体安全技术主要是指对计算机及网络系统的环境、场地、设备和人员等采取的安全技术措施。

硬件是组成计算机及其网络系统的基础。硬件防护，一方面是指在计算机硬件上采取的安全防护措施；另一方面是指通过增加硬件而达到安全保密的措施。硬件防护是实体安全的一个重要组成部分。

计算机网络实体是网络系统的核心，既是对数据进行加工处理的中心，也是信息传输控制中心。它包括网络系统的硬件、软件和数据资源。因此保证计算机网络实体安全就是保证网络硬件和环境、存储介质、软件和数据的安全。

总结起来，实体安全的内容包括以下4点。

（1）设备安全。它包括防止电磁信息的泄露、线路截获，以及抗电磁干扰。通信设备和通信线路的装置安装要稳固牢靠，具有一定对抗自然因素和人为因素破坏的能力。

（2）环境安全。计算机网络通信系统的运行环境应按照国家有关标准设计实施，应具备消防报警、安全照明、不间断供电、温/湿度控制系统和防盗报警，以保护系统免受水、火、有害气体、地震、静电的危害。

（3）存储媒体安全。它包括存储媒体自身安全和数据安全。存储媒体自身安全主要是指安全保管、防盗、防毁和防霉；数据安全是指防止数据被非法复制和非法销毁。

（4）网络硬件安全。它包括存储器保护和输入/输出通道控制。

2.2 电子信息系统机房及环境安全

2.2.1 机房的安全等级

由中华人民共和国住房和城乡建设部、中华人民共和国国家质量监督检疫总局联合发布的《电子信息系统机房设计规范》（GB50174—2008）作为国家电子信息系统机房（以下简称机房）建设标准，已于2009年6月1日起实施。

该标准将机房划分为 A、B、C 三级，要求设计时应根据机房的使用性质、管理要求及其在经济和社会中的重要性确定所属级别。下面是机房的等级划分情况。

（1）符合下列情况之一的机房为 A 级。
① 电子信息系统运行中断将造成重大的经济损失。
② 电子信息系统运行中断将造成公共场所秩序严重混乱。
（2）符合下列情况之一的机房为 B 级。
① 电子信息系统运行中断将造成较大的经济损失。
② 电子信息系统运行中断将造成公共场所秩序混乱。
（3）不属于 A 级或 B 级的机房为 C 级。

2.2.2 机房场地的安全要求

（1）机房位置选择要求。
① 电力供给应稳定可靠，交通通信应便捷，自然环境应清洁。
② 应远离产生粉尘、油烟、有害气体，以及生产或存储具有腐蚀性、易燃、易爆物品的场所。
③ 远离水灾、火灾隐患区域。

④ 远离强振源和强噪声源。

⑤ 避开强电磁场干扰。

⑥ 对于多层或高层建筑物内的机房，在确定主机房位置时，应对设备运输、管线敷设、雷电感应和结构荷载等问题进行综合考虑和经济比较；采用机房专用空调的主机房，应具备安装室外机的建筑条件。

（2）设备布置。

① 机房的设备布置应满足机房管理、人员操作和安全、设备及物料运输、设备散热、安装与维护的要求。

② 产生尘埃及废物的设备应远离对尘埃敏感的设备，并宜布置在有隔断的单独区域内。

③ 当机柜或机架上的设备为前进风/后出风方式冷却时，机柜和机架的布置宜采用面对面和背对背的方式。

④ 主机房内和设备间的距离应符合下列规定：

● 用于搬运设备的通道净宽不应小于1.5m；

● 面对面布置的机柜或机架正面之间的距离不应小于1.2m；

● 背对背布置的机柜或机架背面之间的距离不应小于1m；

● 当需要在机柜侧面维修测试时，机柜与机柜、机柜与墙之间的距离不应小于1.2m。

⑤ 成行排列的机柜，其长度超过6m时，两端应设有出口通道；当两个出口通道之间的距离超过15m时，在两个出口通道之间还应增加出口通道；出口通道的宽度不应小于1m，局部可为0.8m。

（3）机房建筑和结构的安全要求。

① 建筑平面和空间布局应具有灵活性。

② 主机房净高应根据机柜高度及通风要求确定，且不宜小于2.6m。

③ 变形缝不应穿过主机房。

④ 主机房和辅助区不应布置在用水区域的垂直下方，不应与振动和电磁干扰源为邻。围护结构的材料应满足保温、隔热、防火、防潮、少产尘等要求。

⑤ 设有技术夹层、技术夹道的机房，建筑设计应满足风管和管线安装及维护要求。当管线需穿越楼层时，宜设置技术竖井。

⑥ 改建和扩建的机房应根据荷载要求采取加固措施，并符合现行国家标准《混凝土结构加固设计规范》（GB50376）的有关规定。

⑦ 主机房周围100m内不能有危险建筑物。危险建筑物指易燃、易爆、有害气体等存放场所，如加油站、煤气站、天然气/煤气管道和散发有强烈腐蚀气体的设施、工厂等。

2.2.3 机房的洁净度、温度和湿度要求

（1）洁净度要求。洁净度要求机房尘埃颗粒直径小于0.5m，平均每升空气含尘量小于1万颗。灰尘会造成接插件的接触不良、发热元件的散热效率降低、绝缘破坏，甚至造成击穿；灰尘还会增加机械磨损，尤其对驱动器和盘片，灰尘不仅会使读出、写入信息出现错误，而且会划伤盘片，甚至损坏磁头。计算机及其外部设备是精密设备，如磁头的缝隙、磁头与磁盘读/写时的间隙都非常小，一颗小的尘埃相对这个间隙几乎是一座大山，如果灰尘吸附在磁盘、磁带机的读/写头上，轻则发生数据读写错误，重则损坏磁头，划伤盘片，严重地影响计算机系

统的正常工作。因此，机房必须有除尘、防尘的设备和措施，保持清洁卫生，以保证设备的正常工作。

（2）温度要求。计算机系统内有许多元器件，不仅发热量大而且对高温、低温敏感。机房温度一般应控制在 18～24℃。温度过低会导致硬盘无法启动；温度过高会使元器件性能发生变化，耐压降低，导致不能工作。总之，环境温度过高或过低都容易引起硬件损坏。统计数据表明，温度超过规定范围时，每升高 10℃，机器的可靠性下降 25%。

（3）湿度要求。计算机对空气湿度的要求相对较高，最佳范围是 40%～70%。一方面，湿度过大，会使计算机元件的接触性变差，甚至被腐蚀，计算机也就容易出现硬件方面的故障，所以在雨季应采取放置干燥剂和及时关闭门窗的方法以降低房内湿度。另一方面，如果机房湿度过低，又不利于机器内部随机动态存储器关机后存储电量的释放，也容易产生静电。所以冬季在房间边取暖边使用计算机时，应注意增加房间湿度，如使用加湿器或洒水增湿等。为了避免因空气干燥引起的静电，机房最好铺上防静电地毯（在地毯的编织过程中加入细金属丝）。

2.2.4 防静电措施

1. 静电对计算机的影响

静电对计算机的影响，主要体现在静电对半导体器件的影响上，可以说半导体器件对静电的敏感也就是计算机对静电的敏感。随着计算机工业的发展，组成电子计算机的主要元件——半导体器件也得到了迅速的发展。由于半导体器件的高密度、高增益，又促进了电子计算机的高速度、高密度、大容量和小型化。与此同时，也导致了半导体器件本身对静电的反应越来越敏感。静电对计算机的影响表现有两种类型：一种是元件损害；另一种是引起计算机误动作或运算错误。

元件损害主要是针对计算机的大、中规模集成电路，但对双极性电路也有一定影响。早期的 MOS 电路，当静电带电体（通常静电电压很高）触及 MOS 电路引脚时，静电带电体对其放电，会使 MOS 电路击穿。由于 MOS 电路的密度高、速度快、价格低，因而得到了广泛的应用和发展。目前大多数 MOS 电路都具有端接保护电路，提高了抗静电的保护能力。尽管如此，在使用时，特别是在维修和更换时，同样要注意静电的影响，过高的静电电压会使 MOS 电路击穿。静电引起的误动作或运算错误，是由静电带电体触及计算机时，有可能使计算机逻辑元件输入错误信号，引起计算机出错。严重者还会使输入计算机的程序紊乱。此外静电对计算机的外部设备也有明显的影响。带阴极射线管的显示设备，当受到静电干扰时，会引起图像紊乱，模糊不清。静电还会造成 Modem、网卡、传真机等工作失常，以及打印机的走线不顺等故障。

2. 静电的防范

机房内一般应采用乙烯材料装修，避免使用挂毯、地毯等吸尘、容易产生静电的材料。为了防静电，机房一般安装防静电地板，并将地板和设备接地，以便将物体积聚的静电迅速释放到大地。机房内的专用工作台或重要的操作台应有接地平板。此外，工作人员的服装和鞋最好用低阻值的材料制作。机房内应保持一定湿度，在北方干燥季节应适当加湿，以免因干燥而产生静电。

2.2.5 机房的防火与防水措施

防火是指机房内安装有火灾自动报警系统，或有适用于计算机机房的灭火器材、应急计划及相关制度。防水是指机房内无渗水、漏水现象，如机房上层有用水设施需加防水层。

（1）防火措施。

① 建筑物防火。对主机房、电源室、终端室、空调室、介质存放室等处采取消防措施；采用难燃或非燃建筑材料进行机房装饰；机房远离易燃、易爆物品储存地。

② 安装火灾报警系统。分为烟报警和温度报警两种类型。为安全起见，机房应配备多种火灾自动报警系统，并保证在断电后 24h 之内仍可发出警报。报警器为音响或灯光报警，一般安装在值班室或人员集中处，以便工作人员及时发现并向消防部门报告，组织人员疏散等。

③ 设置隔离带。当 A 级或 B 级机房位于其他建筑物内时，在主机房和其他部位之间应设置耐火极限不低于 2h 的隔墙，隔墙的门应采用甲级防火门。

④ 准备好灭火设施。机房应配备足量的灭火器、灭火工具及辅助设备，如千斤顶、铁锹、镐、榔头、应急灯等。配置消防器材应置于有明显标志处。

⑤ 设置报警系统和紧急出口。报警系统应有完整的声光报警、24h 不间断监视能力。紧急出口在发生火灾时便于人员和重要资源的撤出。

⑥ 绝缘材料。采用绝缘好的电器材料或燃点高的绝缘材料。

⑦ 加强防火安全管理。对工作人员进行防火安全教育和防火器材使用教育；明确防火安全责任制；磁带和纸张等易燃品专门存放等。

⑧ 机房的耐火等级不应低于 B 级。

⑨ 面积大于 $100m^2$ 的主机房，安全出口应不少于两个，且应分散布置。面积不大于 $100m^2$ 的主机房，可设置一个安全出口，并可通过其他相邻房间的门进行疏散。门应向疏散方向开启，且应自动关闭，并保证在任何情况下都能从机房内开启。走廊、楼梯间应畅通，并有明显的疏散指示标志。

⑩ 主机房的顶棚、壁板（包括夹芯材料）和隔断应为不燃烧体，且不得采用有机复合材料。

（2）防水措施。

机房一旦受到水浸，将使电缆和电气设备的绝缘性能大大降低，甚至不能工作。因此，机房应有相应的预防、隔离和排除措施。

① 机房内或附近及楼上房间一般不应有用水设备。

② 机房的地面和墙壁使用防渗水和防潮材料处理。

③ 对机房屋顶要进行防水处理，或对上一层建筑物的水源注意保护，防止积水渗入机房。

④ 地板下面区域要有合适的排水设施。

⑤ 地下室机房必须备有水泵或带有检验阀的排水管及水淹报警装置。

2.2.6 接地与防雷

计算机系统和工作场所的接地与防雷是非常重要的安全措施。每年全球因雷击至少造成 100 亿美元的电子设备损失。雷电不仅破坏系统设备，还可使通信中断、系统瘫痪，其间接损失不可估量。

接地是指系统中各处电位均以大地为参考点，地为零电位。接地可以为计算机系统的数字电路提供一个稳定的低电位（0V），可以保证设备和人身的安全，同时也是避免电磁信息泄露必不可少的措施。

机器设备应有专用地线，机房本身有避雷设施，设备（包括通信设备和电源设备）有防雷击的技术设施，机房的内部防雷主要采取屏蔽、等电位连接、合理布线或防闪器、过电压保护等技术措施，以及拦截、屏蔽、均压、分流、接地等方法，达到防雷的目的。机房的设备本身也应有避雷装置和设施。

（1）地线种类。

① 静电地。为避免静电的影响，除采取管理方面的措施，如测试人体静电、接触设备前先触摸地线、泄放电荷、保持室内一定的温度和湿度等，还应采取防静电地板等措施，即将地板金属基体与地线相连，以使设备运行中产生的静电随时泄放掉。

② 直流地。又称逻辑地，是计算机系统的逻辑参考地，即计算机中数字电路的低电位参考地。直流地的接地电阻一般要求≤2Ω。

③ 屏蔽地。为避免信息处理设备的电磁干扰，防止电磁信息泄露，重要的设备和重要的机房要采取屏蔽措施，即用金属体来屏蔽设备和整个机房。一般屏蔽地的接地电阻要求≤4Ω。

④ 雷击地。雷电具有很大的能量，雷击产生的瞬态电压可高达 10MV 以上。单独建设的机房或机房所在的建筑物，必须设置专门的雷击保护地（雷击地），以防雷击产生的设备和人身事故。应将具有良好导电性能和一定机械强度的避雷针，安置在建筑物的最高处，引下导线接到地网或地桩上，形成一条最短的、牢固的对地通路，即雷击地线。

⑤ 保护地。保护地一般是为大电流泄放而接地的。我国规定，机房内保护地的接地电阻≤4Ω。保护地在插头上有专门的一条芯线，由电缆线连接到设备外壳，插座上对应的芯线（地）引出与大地相连。保护地线应连接可靠，一般不用焊接，而采用机械压紧连接。地线导线应足够粗，至少应为 4 号 AWG 铜线，或为金属带线。计算机系统内的所有电气设备，包括辅助设备，外壳均应接地。

（2）接地系统。

① 直流地、保护地共用地线系统。直流地和保护地为共用接地体，而屏蔽地、交流地、雷击地单独埋设。这种接地方式在国内外均有广泛应用。

② 交、直流分开的接地系统。在国内一些大型计算中心建设中曾采用过，而一般机房则很少采用。

③ 建筑物内共地系统。目前高层建筑的基础施工都是先打桩，整栋建筑从下到上都有钢筋基础。由于这些钢筋基础很多，且连成一体，深入到地下漏水层，同时各楼层钢筋均与地下钢筋相连，作为地线地阻很小（经实际测量可<0.2Ω）。由于地阻很小，可将机房及各种设备的地线共用建筑地，从理论上讲不会产生相互干扰，从实际应用看也是可行的。它具有投资少、占地少、阻值稳定等特点，符合城市建筑的发展趋势。

④ 共地接地系统。共地接地系统的出发点是除雷击地外，另建一个接地体。计算机系统的直流地、保护地、屏蔽地等在机房内单独接到各自的接地母线，自成系统，再分别接到室外的接地体上。这种接地方式国外已推广应用到了小型机房。

（3）防雷保护。

计算机的防雷主要考虑直击雷、感应雷，沿电源线和信号传输线进入计算机的感应过电压。有关实测资料表明，对有一定屏蔽设施的架空线或埋地同轴电缆，其感应过电压的幅值可达 1～2kV；屏蔽不完善的电缆，其感应过电压可达 2～3kV。因此，机房的综合防雷系统工程应包括拦截、屏蔽、均压、分流和接地等措施，它们相互配合以达到安全防雷的目的，具体措施如下。

① 直击雷的防避，应采用独立避雷针（网）保护。

② 为防止雷电波从建筑物的各种金属导线传输到计算机，所有进出大楼的金属物（各种金属管道、各种电缆的金属外皮、建筑物本身的基础钢筋网等）应该连成一个电气整体，并与专门的统一地网相连；所有进出建筑物的金属传输线不能直接接地的部分（如电源相线、计算机通信电缆的芯线、电话线、电视传输线等）应该装上合适的防雷器，如图 2-1 和图 2-2 所示，并将其接地端接到统一地网。

图 2-1　电源防雷模块

图 2-2　计算机网络防雷器

③ 为减小静电感应和电磁感应的干扰，机房的电源线应该采用有金属屏蔽的电缆，全线直接埋地进线。无金属屏蔽的电缆应穿金属管进线。如果不能做到全线直接埋地，直接埋地的长度不应小于 $2\sqrt{\rho}$（其中，ρ 为埋电缆处的土壤电阻率 $\Omega \cdot m$），绝对长度不应小于 15m。在架空线与埋地电缆交接处应该安装氧化锌避雷器。

④ 当计算机机房不得不采用架空进线时，在低压架空电源进线处或专用电力变压器的高、低压两侧都应该装阀型避雷器。

⑤ 交流工作接地、安全保护接地、直流工作接地、避雷接地宜共用一组接地装置，接地电阻按其中最小值确定。

⑥ 利用电话线进行远程联网的计算机，其进行通信的波特率属低频范围，一般采用氧化锌防雷器即可。而局域网（如 Novell 网）则不适宜采用氧化锌防雷器，可改用高速网络专用防雷器。

2.3　电磁防护

2.3.1　电磁干扰和电磁兼容

计算机是一个相当复杂的电子系统，是一个种类繁多并有许多分系统的数字系统，外来电磁辐射、内部元件之间、分系统之间和各传送通道间的窜扰对计算机及其数据信息所产生的干扰与破坏，严重地威胁着其工作的稳定性、可靠性和安全性。据统计，干扰引起的计算机事故占计算机总事故的90%左右。同时计算机又不可避免地向外辐射电磁干扰，对环境中的人体、设备产生干扰、妨碍或损伤。

计算机的电磁干扰主要表现为电磁泄漏。计算机电磁泄漏包括两个含意：一个含意是指主机及其辅助设备产生的无意干扰对外界的辐射或传导，计算机不仅存在对外的泄漏，而且在比较宽的频率范围已超过界限值，其覆盖的频率对无线电广播、电视等家用电器有威胁；另一个含意是指有用的信息泄露，它们虽然不一定是强信号，但是其影响往往是从相对关系认定的，在对某信息感兴趣时，截获者会利用放大、特征提取、解密或解码的方式来获取，即使是很小的信号，采用现代化的信息处理技术也是可能截获的，而被截获的危害，绝不次于设备工作被干扰。

事实证明，对计算机信息的截获是可能的，研究工作者曾用黑白电视接收机的几个频段在一定的距离上截获到了计算机的视频信息。研究证明，泄露来自计算机监视器 CRT 的视频信号，泄露部位并不是 CRT 荧光屏而是主机对监视器提供监控信号的电缆及接头处。

目前，研究计算机的信息泄露已和研究计算机病毒一样，被认为是涉及计算机安全的重要方面，受到国内外学者的广泛关注。利用计算机的电磁泄漏是情报机关获取信息的重要途径，随着社会对计算机依赖性的增加，被窃取的信息将更加丰富。在我国随着科技的巨大进步，高速信息公路的开通，网络技术的普及，使得信息泄露问题日趋严重。它已不仅仅是军事、情报部门需要注意的问题，而是商业、科技、人事档案、企业管理、工程设计等部门都要予以足够的重视。

实践证明，大量的计算机存在着通过辐射和传导途径产生电磁泄漏，并伴随信息的输入、传送、存盘、处理和输出的全过程，其强弱和频谱的覆盖范围均能构成对环境的威胁。实测表明泄漏频谱覆盖着无线电广播、电视及许多家用电器、工业仪表的工作范围。一台袖珍计算机的电磁辐射可以干扰破坏导航仪的工作；一个普通计算机的显示终端所辐射有用信息的电磁波，在 10m 以外还可以接收和复现；在距计算机 100m 处用普通天线可收到 30dBμV 的泄漏。

计算机信息泄露的途径主要有主板上的 CPU、ROM 或 RAM 等因电路的开关作用由瞬间变量产生的辐射信号、监视器（CRT）的视频信号、传输系统的有用信息电磁泄漏和计算机外部设备中有用信息的泄露等。解决的方案有主机箱涂防辐射涂料、连接线双金属网屏蔽和计算机房的防电磁辐射设计等。

由于一些厂家对电磁兼容性知之不多，导致一些家电部件的电磁兼容性能很差。以家用 PC 而言，虽不至于担心有泄密问题，但对其他电器如电视机等的影响是相当大的，其中较常见的是主机箱不合格，使开关电源泄漏的电磁波过强；显示器不合格则可能会对人体产生不良影响。

据报道，英国邮电局设有电视监视车，它利用电视机的射频辐射来监视开着的电视机，隔着二三条街道进行监测，可精确定点到楼内某一层，以判定其所占频道或判别其是黑白电视机还是彩色电视机，它一般是从射频辐射来提取信息的。用类似的方法，在类似的距离可将办公室内计算机显示屏幕上的信息重现在另一屏幕上。还有众多的例子可以说明计算机信息的泄露不仅存在而且完全可以被截获。

计算机的电磁兼容性问题是作为重点研究并且有鲜明特点的领域，许多国家不仅各自加强此方面的研究，还成立了国际性的机构，以便交流和统一规范。

2.3.2　电磁防护的措施

目前主要的防护措施有两类：一类是对传导发射的防护，主要采取对电源线和信号线加装性能良好的滤波器，减小传输阻抗和导线间的交叉耦合；另一类是对辐射的防护，这类防护措施又可分为以下两种：一种是采用各种电磁屏蔽措施，如对设备的金属屏蔽和各种接插件的屏蔽，同时对机房的下水管、暖气管和金属门窗进行屏蔽和隔离；第二种是干扰的防护措施，即在计算机系统工作的同时，利用干扰装置产生一种与计算机系统辐射相关的伪噪声向空间辐射来掩盖计算机系统的工作频率和信息特征。

为提高电子设备的抗干扰能力，除在芯片、部件上提高抗干扰能力外，主要的措施有屏蔽、隔离、滤波、吸波、接地等，其中屏蔽是应用最多的方法。

用于保密目的的电磁屏蔽室如图 2-3 所示，其结构形式分为可拆卸式和焊接式，焊接式电磁屏蔽室如图 2-4 所示，它又可分为自撑式和直贴式。

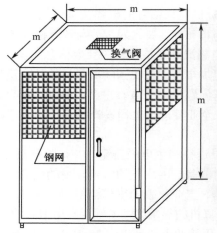

图 2-3　电磁屏蔽室的结构形式

图 2-4　焊接式电磁屏蔽室

2.4　存储介质的保护

存储介质通常指磁盘、磁带、光盘。存储介质或其存储信息的丢失，都将对网络系统造成不同程度的损失。因此要保护存储介质及其存储信息的安全。

2.4.1　硬盘存储介质的保护

硬盘是每台计算机必须配备的，如果说它是最有价值的配件，有些人可能觉得无法理解，但说起硬盘内保存的数据，其价值就难以估量了。不可否认，这些数据比硬盘本身甚至整台计算机都要宝贵。所以，数据安全对于每台计算机都是非常重要的。因此，不管是硬件厂商还是软件公司都非常看好这个市场切入点，纷纷推出了基于自己平台保护数据的产品。

计算机的所有数据都存储在硬盘中，如果硬盘本身做不到存储数据安全的话，采用其他的防护手段也都是徒劳的。因此，硬盘厂商对自己产品的宣传中肯定会提出数据安全的概念，也会为此设计各种功能来实现这个目的。

（1）硬盘的数据安全。

从功能上讲，硬盘的数据安全设计分为机械防护、状态监控、数据转移和数据校验。

① 机械防护。硬盘最怕的就是振动了，每个硬盘厂商都在这方面下足了工夫，使每个硬盘都有较高的抗振能力。最有名的就是 Quantum 的 SPS（Shock Protection System）和 Maxtor 的 ShockBlock 技术，其工作原理是尽可能避免硬盘受振动时磁头撞击盘片表面造成数据损伤，同时也大大降低了磁盘碎屑划伤盘片表面的概率。

② 状态监控。基于 SMART（Self Monitoring Analysis and Reporting Technology，自我检测分析及报告系统）很多硬盘都设计了相应的软件对硬盘的状态进行检测和监控，如 IBM 的 DFT（Drive Fitness Test）和 Quantum 的 DPS（Data Protection System）数据保护系统。

③ 数据转移。它是建立在状态监控基础上的一种更高级的防护措施。当检测到硬盘有非正常数据区时，就自动把该数据区的数据搬移到正常区域中去，Western Digital 推出的 Data Lifeguard 数据卫士是该类型功能中比较典型的。

④ 数据校验。MaxSafe 是 Maxtor 在金钻 2 代系列硬盘上开始使用的新技术，其主要的功能是利用 ECC（Error Correction Code）错误修正码对硬盘上存储的数据进行校验。采用这个功能，硬盘会发生 ECC 出错的概率为 $1/10^{20}$。换算一下，如果由随机方式，连续从硬盘读取 250KB 的文件，每一秒钟读一个，那么一个 ECC 误判的概率平均每 150 万年才会发生一次，可靠度相当的高。

（2）利用第三方硬件保护设备。

保护硬盘的第三方硬件设备主要有 RAID 卡和硬盘保护卡，下面分别进行介绍。

① RAID 卡。RAID（Redundant Array of Independent Disks，独立磁盘冗余阵列）是一种把多块独立的硬盘（物理硬盘）按不同方式组合起来形成一个硬盘组（逻辑硬盘），从而提供比单个硬盘更高的存储性能和提供数据冗余的技术。组成磁盘阵列的不同方式成为 RAID 级别（RAID Levels）。RAID 技术经过不断发展，现在已拥有了从 RAID 0～RAID 6 共 7 种基本的 RAID 级别。另外，还有一些基本 RAID 级别的组合形式，如 RAID 10（RAID 0 与 RAID 1 的组合），RAID 50（RAID 0 与 RAID 5 的组合）等。不同 RAID 级别代表着不同的存储性能、数据安全性和存储成本。

数据冗余的功能是在用户数据一旦发生损坏后，利用冗余信息可以使损坏数据得以恢复，从而保障了用户数据的安全性。在用户看起来，组成的磁盘组就像一个硬盘，可以对其进行分区、格式化等。总之，对磁盘阵列的操作与单个硬盘一样。不同的是，磁盘阵列的存储性能要比单个硬盘高很多，而且可以提供数据冗余。

RAID 卡就是用来实现 RAID 功能的板卡，如图 2-5 所示，通常是由 I/O 处理器、SCSI 控制器、SCSI 连接器和缓存等一系列组件构成的，不同的 RAID 卡支持的 RAID 功能不同，支持 RAID 0、RAID 1、RAID 3、RAID 4、RAID 5、RAID 10 不等。RAID 卡的第一个功能是可以让很多磁盘驱动器同时传输数据，而这些磁盘驱动器在逻辑上又是一个磁盘驱动器，所以使用 RAID 可以达到单个磁盘驱动器几倍、几十倍甚至上百倍的速率。这也是 RAID 卡最初想要解决的问题。RAID 卡的第二个功能是可以提供容错功能。

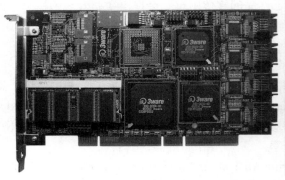

图 2-5　两款 RAID 卡产品

② 硬盘保护卡。硬盘保护卡也叫还原卡，如图 2-6 所示，它主要的功能就是还原硬盘上的数据。每一次开机时，硬盘保护卡总是让硬盘的部分或者全部分区能恢复先前的内容。换句话说，任何对硬盘受保护分区的修改都无效，这样就起到了保护硬盘数据的作用。

图 2-6　硬盘保护卡

硬盘保护卡的原理就是，它接管对硬盘进行读/写操作的一个 INT13 中断，保护卡在系统启动的时候，先用自己的程序接管 INT13 中断地址。这样，只要是对硬盘的读/写操作都要经过保护卡的保护程序进行保护性的读/写，也就是先将 FAT 文件分配表、硬盘主引导区、CMOS 信息、中断向量表等信息都保存到保护卡内的临时存储单元中，用来应付用户对硬盘内数据的修改。每当用户向硬盘写入数据时，其实还是完成了写入到硬盘的操作，可是没有真正修改硬盘中的 FAT 文件分配表，而是写到了备份的 FAT 文件分配表中，这就是为什么系统重启后所有写操作一无所有的原因了。

硬盘保护卡在学校的机房管理中占有很重要的地位，基本上达到了"一卡无忧"的目标，使用了硬盘保护卡后极大地减少了机房的维护，基本无须担心病毒、误操作等问题。当然，如果硬盘发生了物理性损坏，硬盘保护卡是无能为力的。

2.4.2　光盘存储介质的保护

保护光盘的方法有很多种，其主要原理是利用光盘母盘的某些特征信息是不可再现的特点，而且这些特征信息大多是光盘上非数据性的内容，是光盘复制不到的地方。

为了能使大家对保护光盘的技术有一定的了解，下面就对一些较新的保护技术进行介绍。

（1）CSS 技术。CSS（Content Scrambling System，数据干扰系统）的主要工作思路就是将

光盘设置为 6 个区域，并对每个区域进行不同的技术保护，只有具备该区域解码器的光驱才能正确处理光盘中的数据。使用该技术保护时，需要先将所有存入光盘的信息经过编码程序处理一下，而要访问这些经过编码的数据，必须要先对这些数据进行解码。

（2）CPPM 技术。它的中文含义为预录媒介内容保护技术，一般用于 DVD-Audio。它通过在盘片的导入区放置密钥来对光盘进行保护，但在 Sector Header 中没有 Title 密钥，盘片密钥由"Album Identifier"取代。该技术的鉴定方案与 CSS 相同，因此现有设备无须任何改动。

（3）DCPS 技术。它的中文含义为数字复制保护系统技术，主要作用是让各部件之间进行数字连接，但不允许进行数字复制。有了该项保护技术，以数字方式连接的设备，如 DVD 播放机、数字电视或数字录像机，就可以交换认证密钥建立安全的通道。DVD 播放机对已编码的音频/视频信号进行保护，然后发送给接收设备，由接收设备进行解密。这就防止那些未认证的已连接设备窃取信号。无须复制保护的内容则不进行保护。新内容（如新盘片或广播节目）和含有更新的密钥和列表（用来识别非认证设备）的新设备也可获得安全特性。

（4）外壳技术。"外壳"就是给可执行的文件加上一个外壳。用户执行的实际上是这个外壳程序，而这个外壳程序负责把用户原来的程序在内存中解开压缩，并把控制权交还给解开后的真正程序，由于一切工作都是在内存中运行，用户根本不知道也不需要知道其运行过程，并且对执行速度没有什么影响。如果在外壳程序中加入对软件锁或钥匙盘的验证部分，它就是外壳保护了。其实外壳保护的作用还不止于此，在 Internet 上有很多程序是专门为加壳而设计的，它对程序进行压缩或根本不压缩，主要特点在于反跟踪、保护代码和数据，保护用户程序数据的完整性。

（5）光盘狗技术。一般的光盘保护技术需要制作特殊的母盘，进而改动母盘机，这样实施起来费用高不说，而且花费的时间也不少。针对上述的缺点，光盘狗技术能通过识别光盘的特征来区分是原版盘还是盗版盘。该特征是在光盘压制生产时自然产生的，即由同一张母盘压出的光盘特征相同，而不同的母盘压制出的光盘即便内容完全一样，盘的特征也不一样。也就是说，这种特征是在盗版者翻制光盘过程中无法提取和复制的。光盘狗技术通过了中国软件评测中心的保护性能和兼容性的测试。

（6）CPRM 技术。它也称为录制媒介内容保护技术，可将媒介与录制相联系。该技术的保护原理是将每张空白的可录写光盘的 64 位盘片 ID 放置在 BCA 上。当受保护的内容被刻录到盘片上时，它可由盘片 ID 得到的 56 位密码进行保护。需要访问光盘信息时，则从 BCA 中读取盘片 ID，然后生成盘片内容解密所需要的密钥。如果盘片内容被复制到其他媒介，那么盘片 ID 将会丢失或出错，数据将无法解密。

（7）CGMS 技术。它也叫内容复制管理技术，可用来防止光盘的非法复制。它主要是采用生成管理系统对数字复制进行控制，通过存储于每一片光盘的有关信息来实现。CGMS"串行"复制生成的管理系统，既可阻止对母版软件进行复制，也可阻止对其子版软件进行再复制。在被允许正常复制的情况下，制作复制的设备也必须遵守有关规则。数字复制信息可以经编码后送入视频信号，目的在于使数字录音机能很方便地进行识别。

（8）APS 技术。APS（Analog Protection System，类比信号保护系统）主要作用是为了防止从光盘到光盘的复制。它主要是通过一颗 Macrovision 7 的芯片，利用特殊信号影响光盘的复制功能，使光盘的图像产生横纹、对比度不均匀等。当然，在使用计算机访问光盘时，想通过显示卡输出到电视机上，显示卡必须支持类比保护功能，否则，将无法得到正确的信息，也就无法在电视机上享受光盘影片的优秀画面。

在软件市场上，很多工具软件、多媒体软件、设计软件、教学软件、杀毒软件都采用了软件保护技术。这些技术的使用，在一定程度上可以对软件的非法复制或非法使用造成障碍。

2.5 物理隔离技术

2.5.1 物理隔离的概念

物理隔离产品是用来解决网络安全问题的，尤其是在那些需要绝对保证安全的保密网。专网和特种网络与互联网进行连接时，为了防止来自互联网的攻击和保证这些高安全性网络的保密性、安全性、完整性、防抵赖和高可用性，几乎全部要求采用物理隔离技术。

学术界一般认为，最早提出物理隔离技术的，应该是以色列和美国的军方。但是到目前为止，并没有完整的关于物理隔离技术的定义和标准。从不同时期的用词也可以看出，物理隔离技术一直在演变和发展。较早的用词为 Physical Disconnection，Disconnection 有使断开、切断、不连接的意思，直译为物理断开。这种情况是完全可以理解，因为在保密网与互联网连接后，会出现很多问题，在没有解决安全问题或没有解决问题的技术手段之前，应先断开再说。后来有 Physical Separation，Separation 有分开、分离、间隔和距离的意思，直译为物理分开。后期发现完全断开也不是办法，互联网总还是要用的，采取的策略多为该连的连，不该连的不连。这样该连的部分与不该连的部分就要分开。也有 Physical Isolation，Isolation 有孤立、隔离、封闭、绝缘的意思，直译为物理封闭。事实上，不与互联网相连的系统不多，因此，希望能将一部分高安全性的网络隔离封闭起来。再后来多使用 Physical Gap，Gap 有豁口、裂口、缺口和差异的意思，直译为物理隔离，意为通过制造物理的豁口达到隔离的目的。到这个时候，Physical 这个词显得非常僵硬，于是有人用 Air Gap 来代替 Physical Gap。Air Gap 意为空气豁口，很明显在物理上是隔开的。但有人不同意，理由是空气豁口就能"物理隔离"了吗？没有，电磁辐射、无线网络、卫星等都是空气豁口，却没有物理隔离，甚至连逻辑上都没有隔离。于是，E-Gap、Netgap、I-Gap 等都出来了。现在，一般称 Gap Technology 为物理隔离，成为互联网的一个专用名词。

2.5.2 物理隔离的技术路线

物理隔离的技术路线有三种：网络开关（Network Switcher）、实时交换（Real-time Switch）和单向连接（One Way Link）。

网络开关是比较容易理解的一种。在一个系统里安装两套虚拟系统和一个数据系统，数据被写入到一个虚拟系统，然后交换到数据系统，再交换到另一个虚拟系统。

实时交换，相当于在两个系统之间共用一个交换设备，交换设备连接到网络 A 得到数据，然后交换到网络 B。

单向连接，早期指数据向一个方向移动，一般指从高安全性的网络向低安全性的网络移动。

2.5.3 物理隔离的实现

物理隔离的技术架构在隔离上。如图 2-7 所示，描述了物理隔离是如何实现的。

外网是安全性不高的互联网，内网是安全性很高的内部专用网络。正常情况下，隔离设备和外网、隔离设备和内网、外网和内网是完全断开的，以保证网络之间是完全断开的。因此，隔离设备可以理解为纯粹的存储介质和一个单纯的调度和控制电路。

图 2-7　物理隔离状态

当外网需要有数据到达内网的时候，以电子邮件为例，外部的服务器立即发起对隔离设备非 TCP/IP 协议的数据连接，隔离设备将所有的协议剥离，将原始的数据写入存储介质。根据不同的应用，可能有必要对数据进行完整性和安全性检查，如防病毒和恶意代码等，如图 2-8 所示。一旦数据完全写入隔离设备的存储介质，隔离设备立即中断与外网的连接。转而发起对内网非 TCP/IP 协议的数据连接。隔离设备将存储介质内的数据推向内网，内网收到数据后，立即进行 TCP/IP 协议和应用协议的封装，并交给应用系统。此时内网电子邮件系统就收到了外网的电子邮件系统通过隔离设备转发的电子邮件，如图 2-9 所示。

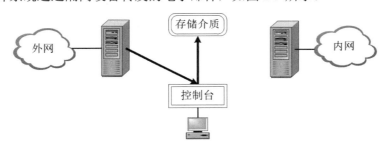

图 2-8　外网向存储介质传输数据

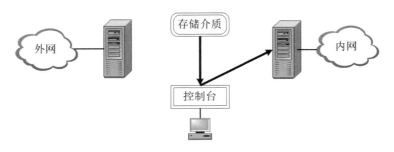

图 2-9　存储介质向内网传输数据

在控制台收到完整的交换信号之后，隔离设备立即切断隔离设备与内网的直接连接，如图 2-10 所示。如果这时，内网有电子邮件要发出，隔离设备收到内网建立连接的请求之后，建立与内网之间非 TCP/IP 协议的数据连接。隔离设备剥离所有的 TCP/IP 协议和应用协议，得到原始的数据，将数据写入隔离设备的存储介质。必要的话，可对其进行防病毒处理和防恶意代码检查，然后中断与内网的直接连接，如图 2-11 所示。

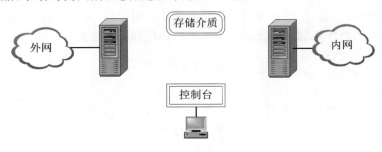

图 2-10　网络隔离状态

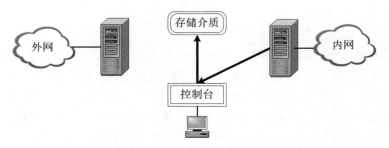

图 2-11　内网向存储介质传输数据

一旦数据完全写入隔离设备的存储介质，隔离设备就会立即中断与内网的连接，转而发起对外网非 TCP/IP 协议的数据连接。隔离设备将存储介质内的数据推向外网，外网收到数据后，立即进行非 TCP/IP 协议和应用协议的封装，并交给系统，如图 2-12 所示。

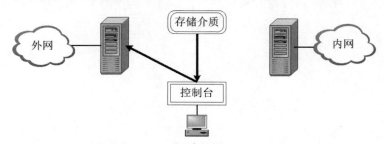

图 2-12　存储介质向外网传输数据

控制台收到信息处理完毕后，立即中断隔离设备与外网的连接，恢复到完全隔离状态，如图 2-13 所示。

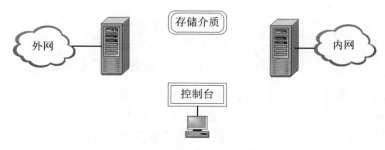

图 2-13　数据传输完成状态

每一次数据交换，隔离设备都经历了数据的接受、存储和转发三个过程。由于这些规则都是在内存和内核里完成的，因此速度可以达到 100%的总线处理能力。

物理隔离的一个特征，就是内网与外网永不连接，内网和外网在同一时间最多只有一个同隔离设备建立非 TCP/IP 协议的数据连接。它的数据传输机制是存储和转发。

物理隔离的好处是明显的，即使外网在最坏的情况下，内网也不会有任何破坏；修复外网系统也非常容易。

技能实施

2.6　任务　网闸的配置

2.6.1　任务实施基础

联想网御安全隔离与信息交换系统（以下简称"安全隔离网闸"）基于"2+1"系统架构、LeadASIC 专用芯片、USE 统一安全引擎、MRP 多重冗余协议，将安全性、高效性、智能性、可靠性完美结合，具有数据迁移型和数据访问型两种工作模式，如图 2-14 所示。对数据在应用层细粒度安全过滤后，以自有协议方式在安全隔离网闸内摆渡，彻底切断了不同安全级别网络间的任何连接，实现了高安全的隔离和实时的信息交换。

图 2-14　联想网御安全隔离网闸

2.6.2　任务实施过程

1. 登录过程

（1）接通电源，开启 SIS 安全隔离网闸，选用一台带以太网卡和光驱的 PC 作为安全网闸的管理主机，操作系统应为 Windows 98/2000/XP，管理主机 IE 浏览器建议为 5.0 版本以上。

（2）使用随即提供的交叉线，连接管理主机和 SIS 网闸的管理接口。

（3）将管理主机的 IP 地址改为 10.0.0.200（SIS 网闸出厂时，默认制定主机的 IP 地址）。

（4）打开浏览器，输入 http://10.0.0.1:8889 将出现如图 2-15 所示的登录界面。

（5）在登录界面中输入口令 administrator，进入 SIS 安全隔离网闸的配置首页。默认的管理员账号和口令都是 administrator。

（6）退出 SIS 安全隔离网闸配置界面，单击"退出"按钮。这样就可以通知 SIS 关闭这个会话窗口，从而能最大程度保证安全。

图 2-15   登录界面

2. 系统配置

（1）日期时间。

SIS 安全网闸系统时间的准确性是非常重要的。它可以采用两种方式同步 SIS 安全隔离网闸的系统时钟。

● 与管理主机时间同步：调整管理主机时间，单击"时间同步"按钮。

● 与网络时钟服务同步（NTP 协议），有两种方式：

① 立即同步：选中"启用时间服务器"项，输入"时钟同步服务器 IP"的内容，单击"立即同步"按钮，如图 2-16 所示。

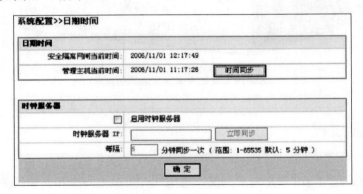

图 2-16   系统时间配置

② 周期性自动同步：选中"启用时钟服务器"项，输入"时钟服务器 IP"的内容，设定同步周期，单击"确定"按钮。

注意： SIS 安全网闸中的很多操作依赖于系统时间，改变系统时间会对这些操作产生影响。

（2）系统参数。

系统参数设置 SIS 安全隔离网闸名称。该名称的最大长度为 20 个字符，不能有空格。默认的名称是 Netgap，用户可以自行修改，如图 2-17 所示。

图 2-17　网闸命名

（3）系统更新。

① 模块升级。SIS 安全隔离网闸系统升级功能可以快速响应安全需求，以保证其功能与安全的快速升级，如图 2-18 所示。

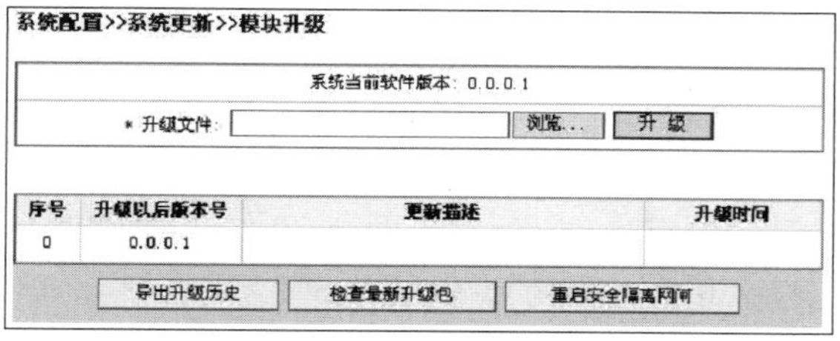

图 2-18　模块升级界面

模块升级包括以下功能：

● 模块升级；
● 导出升级历史；
● 检查最新升级包；
● 重启安全隔离网闸。

② 导入、导出。导入、导出界面包含以下功能：

● 导出系统配置；
● 导入系统配置；
● 恢复出厂配置；
● 保存配置；
● 查看当前配置。

单击"浏览"按钮，在管理主机上选择要导入的配置文件。系统提示导入成功后，重启 SIS 安全隔离网闸，导入的配置文件生效。

注意：导出的配置文件带有 SIS 安全隔离网闸软/硬件版本的信息，如果导入的配置文件被导入到不同版本的 SIS 安全隔离网闸中，可能会引起配置冲突，如 IP 地址、MAC 地址等。

（4）管理配置。

① 管理主机。管理员只能在 SIS 安全隔离网闸的管理主机上才能对系统进行管理，最多支持 6 个管理主机 IP 和管理主机，至少有一个 IP 主机地址不能被删除，如图 2-19 所示。

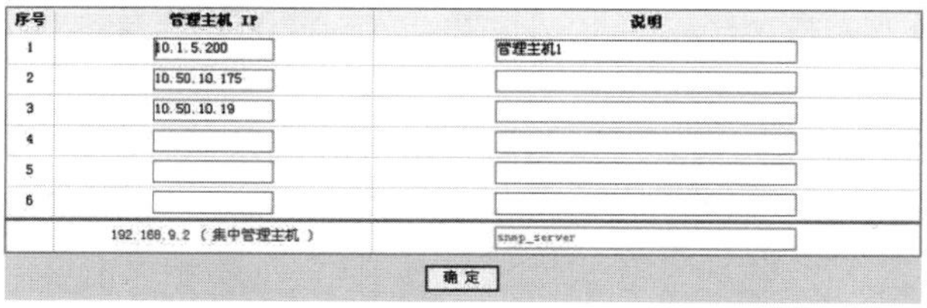

图 2-19　管理主机配置界面

SIS 安全隔离网闸出厂时的默认 IP 地址：10.0.0.200。

② 管理员账号。默认只能有一个管理员登录 SIS 安全隔离网闸进行配置管理，如图 2-20 所示。

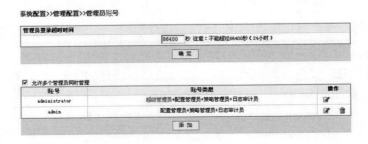

图 2-20　管理员账号

管理员如果登录后长时间没有操作，配置界面会超时，超时时间在"管理员登录超时时间"设置，缺省值是 600 秒，最大超时时间可以设为 84 600 秒。

注意：admin 是系统预设的一个账号，密码是 admin123。更多操作请参考产品白皮书。

1．海关无人值守机房建设需求分析

随着社会、科技、经济的不断发展，海关机房的数量逐步增多，机房里需要监控的设备也逐渐增多，传统的监控系统仅有单一的视频监控功能；专用的机房环境监控系统，又无法同原有的监控系统进行整合。

如何将远程的监视、遥控、防盗、消防、机房环境监测和报警联网系统有机地结合起来，做到既可以基于现有网络进行远程的监视、遥控和图像的传输，又具备联网报警的功能，并且投入费用合理，能够更加有效地确保系统运行稳定，将安全防范技术提高到一个新的水平，这已经成为当前海关机房监控行业发展的主要方向。

2．解决方案

海关无人值守机房综合监控系统主要是对海关机房设备（如服务器、机柜、供/配电系统、UPS 电源、防雷器、空调、消防系统、保安门禁系统等）的运行状态，温度、湿度、洁净度，供电的电压、电流、频率，配电系统的开关状态、测漏系统等动力环境参数进行实时监控并记录历史数据，实现对机房五遥（遥测、遥信、遥控、遥调、遥视）的管理功能，使机房监控达到无人或少人值守，为机房高效的管理和安全运营提供有力的保证。

针对海关机房用户的实际情况，以天地伟业数码科技有限公司推出的全数字网络架构的 Easycover 无人值守机房综合监控系统为例，充分采用最新的计算机、通信、图像处理等方面的技术，通过宽带网络或无线网络实现联网报警、远程情况处理及远程图像监控，可以满足海关无人值守机房监控的实际需求。

海关无人值守机房综合监控系统可以为海关机房解决以下问题。

（1）兼容原有视频监控。该系统兼容原有视频监控功能，可以将海关监控系统纳入机房监控系统里。

（2）保障机房设备稳定运行。该系统可以采集机房温度、湿度、电压、电流等动力环境参

数，并可保存采集数据，进行实时查询、打印。系统可以远程控制 UPS、空调等设备，实时显示并保存各 UPS 通信协议所提供的全部运行参数和各部件状态。监测配电柜内开关的工作状态，当系统诊断为有故障（报警）事件发生时，监控主系统发出报警。报警可以联动视频录像、警灯、警号提示、联动语音、短信等功能。通过厂家提供的监控接口与通信协议，控制空调的远程开机、关机、温/湿度的远程设定、来电后自动开机、空调机组定期循环运行、故障自动切换等，系统能根据机房实际需要自动增减投入运行的空调数量。

（3）兼容原有消防系统。该系统可以将原有消防报警系统纳入无人值守机房综合监控系统，也可以根据实际情况新建消防报警系统。报警时可以联动摄像机录像、抓拍，联动分层分级的电子地图、短信发送等。

（4）协助海关进行人员管理。该系统支持门禁和考勤功能，支持纯密码开门、刷卡开门、卡加密码开门等，不同权限的人员只能在限定的区域内活动，而且活动区域均有记录，监控系统的安全级别得到极大提高。

（5）系统操作简单，功能强大，满足海关综合监控的需求。1/4/9/16 多分屏实时显示，远程高清晰实时图像传输，最高到达 704×576（像素）清晰度。可以根据摄像机位置设置镜头分组并可分组轮巡，中心集中定时录像，并能支持分布式录像。通过网络化、分级式的电子地图，可任意安排摄像机、报警源、地图链接，双击摄像机图标转到相应的画面，报警时自动转到联动摄像机画面，所有的视频、消防、出入等报警均可以选择联动电子地图。提供手动录像、模板录像、报警录像等模式，提供自动寻找可用硬盘，录满时停止录像和覆盖旧文件等录像策略。

（6）保障中心和前端机房沟通顺畅。监控中心和前端机房现场可以实现语音双向对讲，保证中心同前端机房的可视对讲。

3. 系统的组成与实现

海关无人值守机房综合监控系统按功能分为前端信号采集处理部分、信号传输部分、后台控制（监控中心）部分，系统的组成架构如图 2-21 所示。

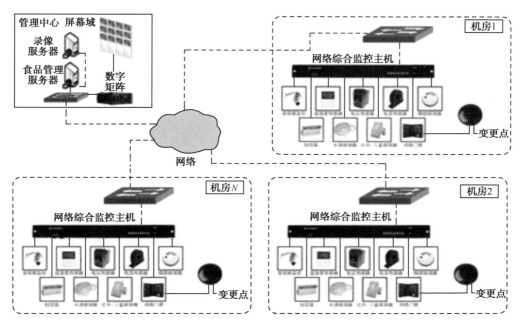

图 2-21　系统的组成架构

（1）前端信号采集处理部分。信号采集部分处于系统最前端，属于系统底层部分，由网络综合监控主机和各种传感器构成，传感器直接对设备进行信号采集。传感器采用精密元器件设计，能够充分保证系统的稳定和正常的运行。网络综合监控主机负责将各种变量信号转换成网络信号进行传输。

（2）信号传输部分。前端采集到的所有信号，全部基于网络进行传输，充分利用海关现有网络环境，无须进行重新布线，支持有线和无线传输方式。

（3）后台控制（监控中心）部分。在监控中心采用 Easycover 综合软件平台，可以实现一套软件控制前端所有设备。实现机房监控系统的音/视频监控、温/湿度实时监测、UPS 工作状态实时监测、配电系统实时监测，并且联动报警视频、漏水检测、定位检测、空调运行状态监测、机房出入控制、门禁管理、机房防火、防盗报警功能，还可以联动短信发送功能。根据实际需要可以选择数字矩阵网络将前端各个机房的视频图像、逆向解码输出至电视墙，支持键盘操作管理，方便快捷。

习题

一、思考题

1．实体安全是什么？它包括哪些内容？
2．简述机房洁净度、温度和湿度要求的主要内容。
3．接地系统是什么？地线种类分为哪几类？
4．简述电磁防护的主要措施。
5．如何确保硬盘中的数据安全？

二、实践题

针对国家《电子信息系统机房设计规范》（GB50174—2008），结合本学院电子信息中心或网络中心的建设情况，写一份整改或建设方案。

实训　电子信息系统机房的建设方案

一、实训目的

1．理解《电子信息系统机房设计规范》（GB50174—2008）标准。
2．掌握电子信息工程方案制定方法。
3．掌握电子信息机房建设要求和规范。

二、实训基础

新国标《电子信息系统机房设计规范》（GB50174—2008）现已出版，并于 2009 年 6 月 1 日起正式实施。（GB50174—2008）将替代（GB50174—1993）成为机房设计新的标准规范。

当今社会已经步入了信息化时代，信息化建设已经成为企业发展的重要内容，特别是政务机关、金融行业、大型企业等对信息化需求较大的用户，对数据信息的存储、整合及计算机技术、网络技术的要求越来越高，数据中心的建设成了信息化发展的重中之重。电子信息系统机房的设计应该严格遵守规范。目前各高校都有信息中心或网络中心，结合国家新颁布的标准，这些都为该实训创造了条件。

三、实训内容

完成不少于 5000 字图文并茂的方案设计，方案包括工程概述、需求分析、工程范围、总体设计等。

四、实训步骤

1．仔细研究《电子信息系统机房设计规范》（GB50174—2008）；

2．实地参观本学院电子信息中心或网络中心；

3．上网查询相关参考资料；

4．完成方案设计。

第3章

网络攻击与防范

＜＜＜＜＜＜

学习目标

- 了解网络攻击的一般过程。
- 掌握控制和破坏目标系统的常用方法。
- 掌握网络后门和日志清除技术。
- 掌握常用安全防范技术。

引导案例

网上一些利用"网络钓鱼"手法，如建立假冒网站或发送含有欺诈信息的电子邮件，盗取网上银行、网上证券或其他电子商务用户的账户密码，从而窃取用户资金的违法犯罪活动不断增多。如何识别网络钓鱼网站和网络上潜在的威胁呢？本章将全面揭示网络攻击和网站假冒钓鱼技术的真面目。

3.1 网络攻击概述

网络安全领域研究趋势越来越注重攻防结合，追求动态安全。在信息安全技术的研究上，形成了两个不同的角度和方向——攻击技术和防御技术，两者相辅相成，互为补充。要确保网络及信息系统的安全，必须先研究和熟悉各种各样的攻击技术及方法，做到"知己知彼，百战不殆"。研究黑客常用的攻击手段和工具必然为防御技术提供启示和新的思路，利用这些攻击手段和工具对网络进行模拟攻击，也可找出目标网络的漏洞和弱点。

研究网络安全技术，不懂攻击技术及其方法，无异于闭门造车。本章将主要介绍网络攻击的基本理论方法，并结合常见的工具使用介绍网络攻击的一般步骤和方法。

3.1.1　信息系统的弱点和面临的威胁

信息系统的弱点或漏洞通常指各种操作系统和应用软件因为设计的疏忽、配置不当或编码的缺陷造成系统存在可以被黑客利用的"后门"或者"入口"。没有绝对安全的系统，任何系统都可能存在漏洞或弱点，这些漏洞或弱点往往被黑客所利用。黑客在攻击一个目标系统时，通常先采用各种手段去探测目标系统可能存在的漏洞或弱点。

如果操作系统存在漏洞或弱点，往往是非常危险的，大部分黑客攻击都利用了网络操作系统的漏洞。对于现在主流的网络操作系统 Windows，由于使用广泛，其很多漏洞被发现并被黑客所利用，如 IIS 漏洞、Unicode 漏洞、输入法漏洞等。

几乎所有的计算机都连接在互联网上，属于 Internet 的一部分，这就为网络攻击创造了条件。今天的信息系统面临的威胁比过去任何时期都大，这些威胁包括物理威胁、身份鉴别威胁、线缆连接威胁、有害程序威胁等。

1. 物理威胁

物理威胁包括四个方面：偷窃、废物搜寻、间谍行为和身份识别错误。

（1）偷窃。网络安全中的偷窃包括偷窃设备、偷窃信息和偷窃服务等内容。如果有人想偷的信息在计算机里，那他们既可以将整台计算机偷走，也可以通过监视器读取计算机中的信息。

（2）废物搜寻。废物搜寻就是在废物（如一些打印出来的材料或废弃的软盘）中搜寻所需要的信息。在计算机中进行废物搜寻包括从未抹掉数据的软盘或硬盘中获得有用资料。

（3）间谍行为。间谍行为是一种为了获取有价值的机密，采用不道德的手段获取信息的行为。

（4）身份识别错误。身份识别错误是指非法建立文件或记录，企图把其作为有效的、正式生产的文件或记录，如对具有身份鉴别特征的物品如护照、执照、出生证明或加密的安全卡进行伪造。这种行为对网络数据构成了巨大的威胁。

2. 身份鉴别威胁

身份鉴别威胁包括口令圈套、口令破解、算法考虑不周和编辑口令。

（1）口令圈套。口令圈套是网络安全的一种诡计，与冒名顶替有关。常用的口令圈套通过一个编译代码模块实现，它运行起来和登录屏幕一模一样，被插入到正常登录过程之前，最终用户看到的只是先后两个登录屏幕，第一次登录失败了，所以用户被要求再输入用户名和口令。实际上，第一次登录并没有失败，登录数据，如用户名和口令被写入到某个数据文件中，留待使用。

（2）口令破解。破解口令就像是猜测自行车密码锁的数字组合一样，在该领域中已形成许多能提高成功率的技巧。

（3）算法考虑不周。口令输入过程必须在满足一定条件下才能正常地工作，这个过程通过某些算法实现。在一些攻击入侵案例中，入侵者采用超长的字符串破坏了口令算法，成功地进入了系统。

（4）编辑口令。编辑口令需要依靠操作系统漏洞，如果公司内部的人建立了一个虚设的账户或修改了一个隐含账户的口令，这样，任何知道那个账户用户名和口令的人便可以访问该机器了。

3. 线缆连接威胁

（1）窃听。对通信过程进行窃听可达到收集信息的目的，这种电子窃听的设备不需要一定安装在电缆上，可以通过检测从连线上发射出来的电磁辐射就能拾取所要的信号。为了使机构内部的通信有一定的保密性，可以使用加密手段来防止信息被解密。

（2）拨号进入。拥有一个调制解调器和一个电话号码，每个人都可以试图通过远程拨号访问网络，尤其是拥有所期望攻击网络的用户账户时，就会对网络造成很大的威胁。

（3）冒名顶替。通过使用别人的密码和账号，获得对网络及其数据、程序的使用能力。这种办法实现起来并不容易，而且一般需要有机构内部的、了解网络和操作过程的人参与。

4. 有害程序威胁

有害程序造成的威胁包括病毒、代码炸弹和特洛伊木马。

（1）病毒。病毒是一种把自己的拷贝附着于机器中另一个程序上一段代码。通过这种方式，病毒可以进行自我复制，并随着其所附着的程序在机器之间传播。

（2）代码炸弹。代码炸弹是一种具有杀伤力的代码，其原理是一旦到达设定的时间或在机器中发生了某种操作，代码炸弹就被触发并开始产生破坏性操作。代码炸弹不必像病毒那样四处传播，程序员将代码炸弹写入软件中，使其产生了一个不能被轻易找到的安全漏洞，一旦该代码炸弹被触发后，这个程序员便会被请回来修正这个错误，并赚一笔钱，受害者甚至不知道他们被敲诈了，即便有疑心也无法证实自己的猜测。

（3）特洛伊木马。特洛伊木马一旦被安装到机器上，便可按编制者的意图行事。特洛伊木马能够摧毁数据。它有时伪装成系统上已有的程序，有时创建新的用户名和口令。

3.1.2 网络攻击的方法及步骤

要成功攻击目标网络，在软件方面可以有两种选择，一种是使用已经成熟的工具，如抓数据包软件 Sniffer、网络扫描工具 X-Scan 等，另一种是自己编制程序。目前网络安全编程常用的计算机语言为 C、C++或者 Perl 语言。为了使用工具和编制程序，必须熟悉以下知识：两大主流的操作系统，即 UNIX 家族和 Windows 系列操作系统；网络协议。常见的网络协议包括以下六种：

① 传输控制协议（Transmission Control Protocol，TCP）；

② 网络协议（Internet Protocol，IP）；

③ 用户数据报协议（User Datagram Protocol，UDP）；

④ 简单邮件传输协议（Simple Mail Transfer Protocol，SMTP）；

⑤ 邮局协议（Post Office Protocol，POP）；

⑥ 文件传输协议（File Transfer Protocol，FTP）。

一次成功的攻击，可以归纳成"黑客攻击五部曲"，但是根据实际情况可以随时调整，其包括：

① 隐藏 IP；

② 信息收集；

③ 控制或破坏目标系统；

④ 种植后门；

⑤ 网络隐身。

1. 隐藏 IP

要攻击目标系统，首先要消除入侵的痕迹，以防被目标系统管理员或国家公安机关发现，通常有两种方法可以实现自己 IP 的隐藏：第一种方法是首先入侵互联网上的一台计算机（俗称"肉鸡"），再利用这台计算机进行攻击，这样即使被发现了，也是"肉鸡"的 IP 地址；第二种方式是做多级跳板"Sock 代理"，这样在入侵的计算机上留下的是代理计算机的 IP 地址。

如攻击日本的站点，一般选择离日本很远的伊拉克的一些计算机作为"肉鸡"或者"代理"，这样跨国度的攻击，一般很难被侦破。

2. 信息收集

信息收集就是通过各种途径对所要攻击的目标进行多方面的了解，包括任何可得到的蛛丝马迹，但要确保信息的准确，用以确定攻击的时间和地点。扫描是信息收集的主要方法，其目的是利用各种工具在攻击目标的 IP 地址或地址段的主机上寻找漏洞。

3. 控制或破坏目标系统

得到管理员权限的目的是连接到远程计算机，对其进行控制，达到自己的攻击目的。获得系统及管理员权限的方法有：

① 通过系统漏洞获得系统权限；

② 通过管理漏洞获得管理员权限；

③ 通过软件漏洞得到系统权限；

④ 通过监听获得敏感信息，进一步获得相应权限；

⑤ 通过弱口令获得远程管理员的用户密码；

⑥ 通过穷举法获得远程管理员的用户密码；

⑦ 通过攻破与目标机有信任关系的另一台机器，进而得到目标机的控制权；

⑧ 通过欺骗获得权限及其他有效的方法。

4. 种植后门

为了保持长期访问权，在已经攻破的计算机上种植一些供自己访问的后门。

5. 网络隐身

成功入侵之后，一般在对方的计算机上已经存储了相关的登录日志，这样就容易被管理员发现。因此，在入侵完毕后需要清除登录日志及其他相关的日志。

3.2　信息收集

俗话说"知己知彼，百战不殆"，入侵者在攻击目标系统前都会想方设法收集尽可能多的信息。因为无论目标网络的规模有多大，安全指数有多高，只要是人设计的网络就必然存在着人为因素，而任何人为因素都可能导致网络设计的缺陷。黑客在入侵前对目标网络系统进行信息收集，目的是挖掘出目标网络中被网络管理员所忽略的缺陷。事实证明，入侵者获得的信息越多，他们发现的缺陷就越多，侵入目标网络的可能性就越大。老练的黑客在收集信息方面往往会花费很多时间，对信息进行收集、筛选、分析、再收集、再筛选、再分析是黑客最重要、最枯燥的工作。他们的哲学是"没有无用的信息"。常见的信息收集方法有社交工程、DNS 查询、搜索引擎搜索、扫描等方法。

3.2.1　社交工程

社交工程主要通过人工或者网络手段间接获取攻击对象的信息资料，搜索内容包括被攻击者的个人资料、所在单位的主要情况、所在单位网络的使用情况、可能需要的网络拓扑图等必要信息。社交工程是一种诈术，令安全专家迷惑的地方在于：它几乎总是成功的。

黑客往往通过电话欺骗获取对方的口令，假冒新的职员寻求帮助，试图找到在计算机上完成某个特定任务的方法，或者冒充一位愤怒的经理给系统管理员打电话，说他的口令突然失效，与公司中的某个关键职员（如系统管理员）建立信任。一般说来，有魅力的异性通常是最可怕的信任欺骗者，而女性总是更容易令人信任。更有甚者，当所有的方法都失败后，黑客只好展开暴力威胁，绑架、勒索、严刑拷打都是非常实用的方法，政府间的黑客攻击经常使用这些方法达到最终目的。

3.2.2　端口扫描技术

1. 端口扫描原理

当一台计算机启动了一个可以让其他计算机远程访问的程序，那么它就要开启至少一个端口号来让外界访问。可以把没有开启端口号的计算机看作是一个密封的房间。密封的房间当然不可能接受外界的访问，所以当系统开启了一个可以让外界访问的程序后，它自然需要在房间上开一个窗口来接受来自外界的访问，这个窗口就是端口。端口号是具有网络功能的应用软件的标识号，其中 0～1023 是公认端口号，即已经公开定义或为将要公开定义的软件保留的，而1024～65 535 是并没有公共定义的端口号，用户可以自己定义这些端口的作用。

在端口扫描过程中入侵者尝试与目标主机的某些端口建立连接，如果目标主机的端口有回复，则说明该端口开放，即为"活动端口"。在这种扫描技术中，扫描主机自动向目标计算机的指定端口发送 SYN 数据段，表示发送建立连接请求。

（1）全 TCP 连接。这种扫描方法使用三次握手，与目标计算机建立标准的 TCP 连接。需要说明的是，这种古老的扫描方法很容易被目标主机记录。

（2）半打开式扫描（SYN 扫描）。在这种扫描技术中，扫描主机自动向目标计算机的指定端口发送 SYN 数据段，表示发送建立连接请求。如果目标计算机的回应 TCP 报文中 SYN=1，ACK=1，则说明该端口是活动的，接着扫描主机传送一个 RST 给目标主机拒绝建立 TCP 连接，从而导致三次握手过程的失败。如果目标计算机的回应是 RST，则表示该端口为"死端口"，这种情况下，扫描主机不用做任何回应。由于扫描过程中，全连接尚未建立，所以大大降低了被目标计算机记录的可能，并且加快了扫描的速度。

（3）FIN 扫描。在 TCP 报文中，有一个字段为 FIN，FIN 扫描则依靠发送 FIN 来判断目标计算机的指定端口是否活动。发送一个 FIN=1 的 TCP 报文到一个关闭的端口时，该报文会被丢掉，并返回一个 RST 报文。但是，如果当发送 FIN 报文到一个活动的端口时，该报文只是简单地被丢掉，不会返回任何回应。从 FIN 扫描可以看出，这种扫描没有涉及任何 TCP 连接部分，因此，这种扫描比前两种都安全，可以称之为秘密扫描。

2. PortScan 端口扫描

得到对方开放了哪些端口也是扫描的重要一步，使用 NMap 可以检测网络上的存活主机（主机发现）、主机开放的端口（端口发现或枚举）、相应端口的软件和版本（服务发现）、操作系统（系统检测）和硬件地址。

如图 3-1 所示，对"10.10.107.222"的设备进行端口扫描，在 CMD 窗口中输入 NMap 的命令参数和目标 IP 地址，按回车键即可开始扫描，扫描结果可以查看目标系统开放的端口、系统版本、硬件地址等信息。

```
C:\>nmap -O -PN -osscan-guess 10.10.107.222

Starting Nmap 7.12 ( https://nmap.org ) at 2018-06-26 10:29 ?D1ú±ê×?ê±??
Nmap scan report for 10.10.107.222
Host is up (0.0017s latency).
Not shown: 993 closed ports
PORT      STATE SERVICE
80/tcp    open  http
443/tcp   open  https
515/tcp   open  printer
631/tcp   open  ipp
8080/tcp  open  http-proxy
8291/tcp  open  unknown
9100/tcp  open  jetdirect
MAC Address: C8:D3:FF:0D:E4:95 (Unknown)
Device type: printer
Running: HP embedded
OS CPE: cpe:/h:hp:laserjet_cp4525 cpe:/h:hp:laserjet_m451dn
OS details: HP LaserJet M451dn, CM1415fnw, or CP4525
Network Distance: 1 hop

OS detection performed. Please report any incorrect results at https://nmap.org.
submit/ .
Nmap done: 1 IP address (1 host up) scanned in 11.48 seconds
```

图 3-1　NMap 端口扫描

3.2.3　漏洞扫描技术

1. 漏洞扫描原理

网络漏洞扫描器通过远程检测目标主机 TCP/IP 不同端口的服务，记录目标给予的应答，搜集目标主机上的各种信息，然后与系统的漏洞库进行匹配。如果满足匹配条件，则认为安全漏洞存在，或者通过模拟黑客的攻击手法对目标主机进行攻击，如果模拟攻击成功，则认为安全漏洞存在。

主机漏洞扫描器则通过在主机本地的代理程序对系统配置、注册表、系统日志、文件系统或数据库活动进行监视扫描，搜集信息，然后与系统的漏洞库进行比较，如果满足匹配条件，则认为安全漏洞存在。

在匹配原理上，漏洞扫描器大都采用基于规则的匹配技术，即通过对网络系统安全漏洞、黑客攻击案例和网络系统安全配置的分析，形成一套标准安全漏洞的特征库，在此基础上进一步形成相应的匹配规则，由漏洞扫描器自动完成扫描分析工作。

根据工作模式，漏洞扫描器分为主机漏洞扫描器和网络漏洞扫描器。其中前者基于主机，通过在主机系统本地运行代理程序来检测系统漏洞，如操作系统扫描器和数据库扫描器；后者基于网络，通过请求/应答方式远程检测目标网络和主机系统的安全漏洞，如 Satan 和 ISS Internet Scanner 等。针对检测对象的不同，漏洞扫描器还可分为网络扫描器、操作系统扫描器、WWW 服务扫描器、数据库扫描器及最近出现的无线网络扫描器。

漏洞扫描器通常以三种形式出现：单一的扫描软件，安装在计算机或笔记本计算机上，如 ISS Internet Scanner；基于客户机（管理端）/服务器（扫描引擎）模式或浏览器/服务器模式，通常为软件，安装在不同的计算机上，也有将扫描引擎做成硬件的，如 Nessus；其他安全产品的组件，如防御安全评估就是防火墙的一个组件。

2. Nessus 漏洞扫描

Nessus 是很多人使用的免费系统漏洞扫描与分析软件。该系统采用客户/服务器体系结构，服务器端负责进行安全检查并将扫描结果呈现给用户，客户端用来配置管理服务端。管理服务端采用 Plug-in 体系，扫描代码与漏洞数据相互独立，针对每一个漏洞有一个对应的插件。漏洞插件是用 NASL（Nessus Attack Scripting Language）编写的一小段模拟攻击漏洞的代码，并允许用户加入执行特定功能的插件，这种利用漏洞插件的扫描技术极大方便了漏洞数据的维护、更新；Nessus 具有扫描任意端口服务的能力；可以按用户指定的格式（ASCII 文本、html 等）产生详细的输出报告，包括目标的脆弱点、危险级别及修补漏洞的建议。Nessus 主界面如图 3-2 所示，漏洞扫描结果如图 3-3 所示。

图 3-2　Nessus 主界面

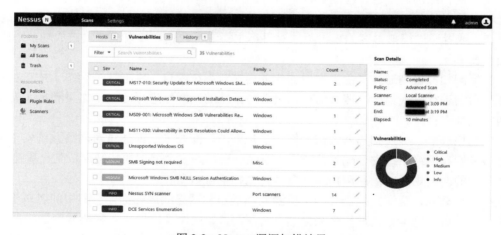

图 3-3　Nessus 漏洞扫描结果

3.2.4　网络监听技术

1. 网络监听的技术原理

在共享式局域网中，几台甚至几十台主机通过双绞线和一个集线器连在一起。当使用集线器时，发送出去的信号到达集线器，由集线器再发向连接在集线器上的每一台主机，信号到达一台主机的网卡时，在正常情况下，网卡读入数据帧，进行检查，如果数据帧中携带的物理地址是自己的，或者是广播地址，则将数据帧接收并交给本机上层协议软件，也就是 IP 层软件，否则就将这个帧丢弃。每台主机的网卡对于每一个到达网卡的数据帧，都要进行这个过程。

要让一台主机实现监听，捕获在整个网络上传输的数据，可将网卡置于混杂模式，所有的数据帧都将被网卡接收并交给上层协议软件处理分析。在通常的网络环境下，用户的所有信息都是以明文的方式在网上传输，网络黑客和网络攻击者进行网络监听、获得用户的各种信息并不是一件很困难的事，能轻易地从监听到的信息中提取出感兴趣的部分。网络监听常常需要监听主机保存大量捕获到的信息并进行大量的整理工作，因此，正在进行监听的机器对用户的请求响应很慢。要防网络监听，最好使用交换式网络或者将传输的数据进行加密。

2. Sniffer 的使用

Sniffer 是 NAI 公司推出功能强大的协议分析软件，Sniffer 网络分析器能在 Windows 2000 和 Windows XP 上正常运行，Sniffer Pro 4.6 可以运行在各种 Windows 平台上。它能捕获网络流量进行详细分析，利用专家分析系统诊断问题，实时监控网络活动，收集网络利用率和错误等。Sniffer 的配置方法如下。

（1）在进行流量捕获之前先选择网络适配器，确定从计算机的哪个网络适配器上接收数据，位置：File→Select Settings，如图 3-4 所示。

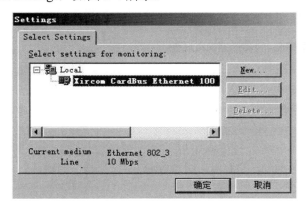

图 3-4　Sniffer 使用配置

（2）报文捕获功能可以在报文捕获面板中进行，如图 3-5 所示为捕获面板的功能，显示的是处于开始状态的面板。

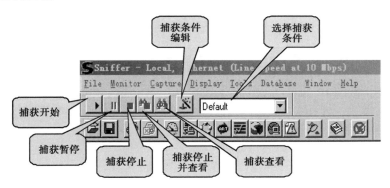

图 3-5　捕获面板的功能

（3）在捕获过程中，可以通过如图 3-6 所示的面板查看捕获报文的数量和缓冲区的利用率。

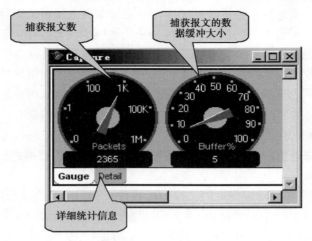

图 3-6　查看面板

（4）设置捕获条件。Sniffer 的基本捕获条件，如图 3-7 所示。

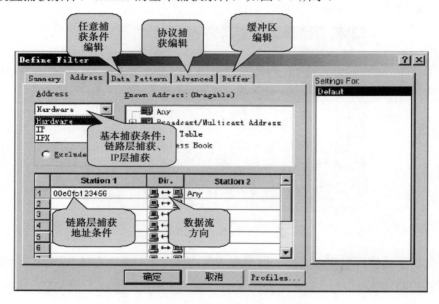

图 3-7　定义捕获过滤条件

① 链路层捕获。按源 MAC 和目的 MAC 地址进行捕获，输入方式为十六进制连续输入，如 00E0FC123456。

② IP 层捕获。按源 IP 和目的 IP 进行捕获，在 "Advanced" 选项卡下，可以编辑协议捕获条件，如图 3-8 所示，在协议选择树中可以选择需要捕获的协议条件。

在捕获帧长度条件下，可以捕获等于、小于、大于某个值的报文。在错误帧是否捕获栏中，可以选择当网络上出现某种错误时是否捕获。

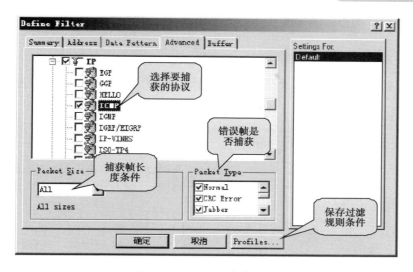

图 3-8 Advanced 条件编辑

单击"Profiles"按钮，可以将当前设置的过滤规则进行保存，在捕获主面板中，可以选择保存的捕获条件。

在"Data Pattern"选项卡中，可以编辑任意捕获条件，如图 3-9 所示。

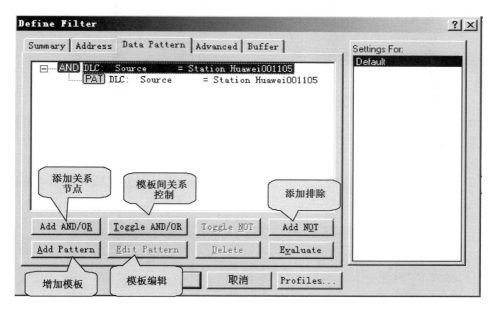

图 3-9 编辑任意捕获条件

（5）报文捕获。在"Address"选项卡中，选择抓包的类型是 IP，在"NetStation1"中输入主机的 IP 地址，如一台主机的 IP 地址是 192.168.0.1；在与之对应的 Station2 下面输入另一台主机的 IP 地址 192.168.0.2。单击该窗口的"Advanced"选项卡，拖动滚动条找到 IP 项，将 IP 和 ICMP 选中。向下拖动滚动条，将 TCP 和 UDP 选中，再把 TCP 下面的 FTP 和 Telnet 两个选项选中。这样 Sniffer 的抓包过滤器就设置完毕了。选择菜单栏"Capture"→"Start"，启动抓包以后，在主机的 DOS 窗口中 Ping 目标机，等 Ping 指令执行完毕后，单击"停止并分析"按钮，在出现的窗口选择"Decode"选项卡，可以看到数据包在两台计算机间的传递过程。

（6）报文捕获查看。Sniffer 提供了强大的分析能力和解码功能。如图 3-10 所示，对于捕获的报文提供 Expert 专家分析系统捕获报文的解码、捕获报文的图形分析及捕获报文的其他统计信息选项。

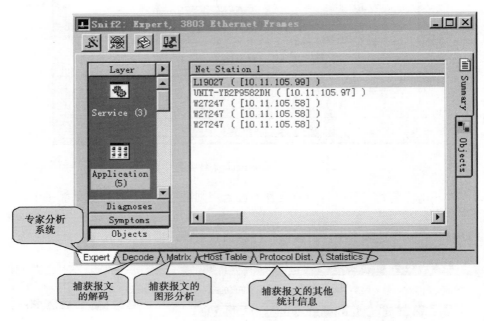

图 3-10　查看报文捕获

Expert 专家分析系统提供了一个对网络流量进行分析的平台，分析出的诊断结果可以通过查看在线帮助获得。在网络中可查询失败的次数及 TCP 重传的次数统计等内容，可以方便了解网络中高层协议出现故障的可能点。

对于某项统计分析，可以双击此条记录查看详细统计信息，且对于每一项都可以通过查看帮助来了解产生的原因，如图 3-11 所示。

图 3-11　查看统计分析

如图 3-12 所示为对捕获报文进行解码的显示，通常分为三部分，目前大部分此类软件都采用这种结构显示。对于解码主要要求分析人员对协议比较熟悉，这样才能看懂解析出来的报文。使用该软件是很简单的事情，要能够利用软件解码分析解决问题的关键是要对各种层次的协议了解得比较透彻。对于 MAC 地址，Sniffer 进行了头部的替换，如将 00e0fc 开头的就替换成了 Huawei，这样有利于了解网络上各种相关设备的制造厂商信息。

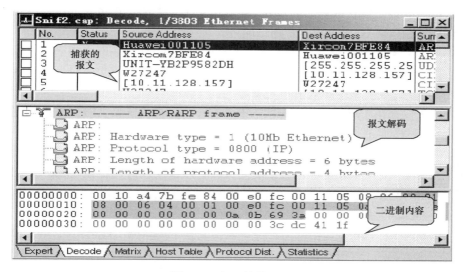

图 3-12　解码捕获报文

3.3　控制或破坏目标系统

通过前面所描述的各种信息收集和分析技术，找到目标系统的漏洞或弱点后，就可以有针对性地对目标系统进行各种攻击，对目标系统进行攻击最常见的手段是破解对方的管理员账号或绕过目标系统的安全机制进入并控制目标系统或让目标系统无法提供正常的服务。

3.3.1　欺骗攻击

1. IP 欺骗攻击的原理与实例

IP 欺骗是在服务器不存在任何漏洞的情况下，通过利用 TCP/IP 协议本身存在的一些缺陷进行攻击的方法，这种方法具有一定的难度，需要掌握有关协议的工作原理和具体的实现方法。这里不对具体相关协议的工作细节做过多描述，而是举一个简单的例子加以阐述。

假设同一网段内有两台主机 A、B，另一网段内有主机 X。B 授予 A 某些特权，X 为获得与 A 相同的特权，所做的欺骗攻击如下。

首先，X 冒充 A，向主机 B 发送一个带有随机序列号的 SYN 包。主机 B 响应，回送一个应答包给 A，该应答号等于原序列号加 1。假如此时主机 A 已被主机 X 利用拒绝服务攻击"淹没"了，导致主机 A 服务失效，结果是主机 A 没有收到主机 B 发来的包。主机 X 利用 TCP 三次握手的漏洞，主动向主机 B 发送一个冒充主机 A 的应答包，其序列号等于主机 B 向主机 A 发送的序列号加 1。此时主机 X 并不能检测到主机 B 的数据包（因为不在同一网段），只有利用 TCP 顺序号估算法来预测应答包的顺序号并将其发送给目标主机 B。如果序列号正确，B 则认为收到的 ACK 来自内部主机 A。此时 X 即获得了主机 A 在主机 B 上所享有的特权，并开始对这些服务实施攻击。

2. ARP 欺骗攻击原理与实例

ARP（Address Resolution Protocol，地址解析协议）是一个位于 TCP/IP 协议栈中的底层协议，负责将某个 IP 地址解析成对应的 MAC 地址。ARP 的基本功能就是通过目标设备的 IP 地址，查询目标设备的 MAC 地址以保证通信的进行。

ARP 攻击就是通过伪造 IP 地址和 MAC 地址实现欺骗，能够在网络中产生大量的 ARP 通信使网络阻塞，攻击者只要持续不断地发出伪造的 ARP 响应包就能更改目标主机 ARP 缓存中的 IP-MAC 条目，造成网络中断或中间人攻击。

ARP 攻击主要存在于局域网中，局域网中若有一台计算机感染 ARP 木马，则感染该 ARP 木马的机器将会试图通过 ARP 欺骗手段截获所在网络内其他计算机的通信信息，并因此造成网内其他计算机的通信故障。下面举一个实例来讲述 ARP 攻击。

"网络执法官"是一款功能非常强大的局域网管理辅助软件，采用网络底层协议，能穿透各客户端防火墙对网络中的每一台主机进行监控、控制等操作。该软件的部分功能具有模仿 ARP 攻击的能力，因此用此软件来演示 ARP 地址欺骗攻击。

打开"网络执法官"软件，启动后会显示监控到整个局域网上线的主机，如图 3-13 所示。

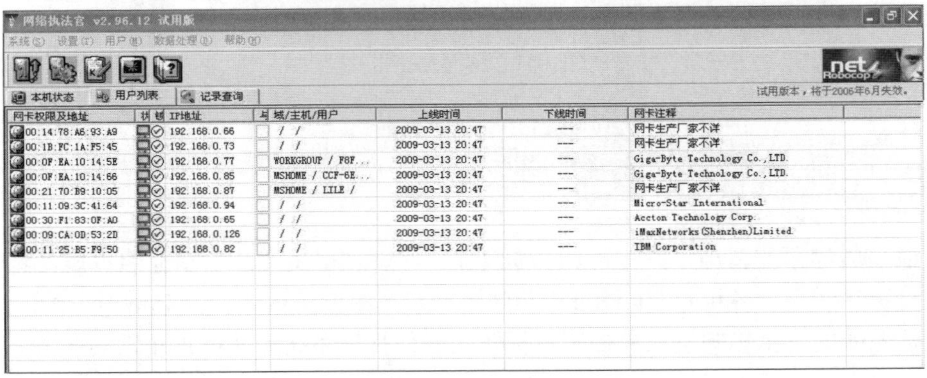

图 3-13　显示局域网上线主机

（1）选择要攻击的主机。将鼠标放在第二个主机上，单击鼠标右键，在弹出的下拉菜单上选择"手工管理"选项，如图 3-14 所示。

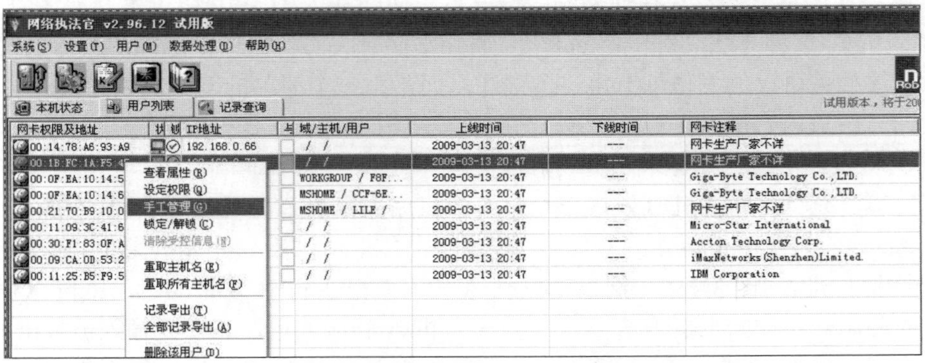

图 3-14　选择要攻击的主机

（2）选择管理方式。为了验证 ARP 攻击的效果选择"IP 冲突"选项，在"频率"选项中选择默认的每"1"秒"1"次，如图 3-15 所示。

（3）确认无误后单击"开始"按钮，瞬间被攻击的主机就会显示 IP 地址冲突的异常现象，随后该主机不能正常上网，ARP 攻击成功，如图 3-16 所示。

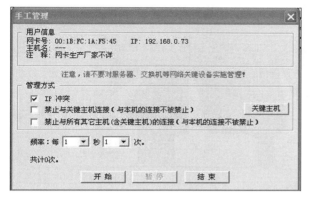

图 3-15　选择管理方式　　　　　　图 3-16　主机被攻击后出现的症状

在此例子中，仅是为了演示 ARP 攻击的方式及产生的效果，如果对局域网的网关进行攻击的话，则会影响整个局域网的上网主机。"网络执法官"软件的主要功能是管理和维护局域网，而不是破坏局域网的恶意软件，读者一定要小心使用，不要对正常上网的主机产生破坏。

3.3.2　缓冲区溢出攻击

缓冲区溢出是一种非常普遍、非常危险的漏洞，在各种操作系统和应用软件中广泛存在，利用缓冲区溢出攻击，可以导致程序运行失败、系统死机、重新启动等后果。更为严重的是，可以利用其执行非授权指令，甚至可以取得系统特权，进而进行各种非法操作。

本书列举了一个典型的缓冲区溢出漏洞的例子，在装有 Windows 2000 Advance Server（版本号 5.0.2195）操作系统的主机中，存在 Microsoft Windows Server 服务远程缓冲区溢出漏洞（该漏洞同样存在于 Microsoft Windows 2000 SP4、Microsoft Windows XP SP1、Microsoft Windows XP SP2 等操作系统中）。使用漏洞利用工具 ms06040rpc.exe 和端口监听工具 nc.exe（著名的黑客工具——瑞士军刀）配合即可成功进入该操作系统并获取管理员权限，攻击的步骤如下。

首先确保攻击机与被攻击机处于同一局域网中，进入 CMD 命令窗口，如图 3-17 所示。

图 3-17　Windows 命令行窗口

运行 nc.exe 监听一个没有被系统使用的端口，来监听攻击程序攻击成功后返回的 shell，这里用 1024 端口，如图 3-18 所示。

再打开一个 CMD 窗口，按照如下命令格式运行 ms06040rpc.exe。先输入被攻击机的 IP 地址，然后输入攻击机的 IP 地址，最后是被攻击主机的操作系统类型，如图 3-19 所示。

图 3-18　启动 nc.exe 监听程序

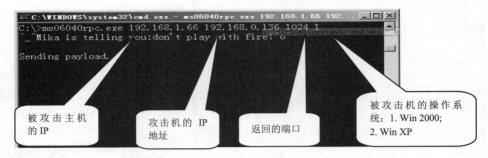

图 3-19　运行 ms06040rpc.exe 攻击工具

攻击成功后，在运行 nc.exe 程序的命令行界面会返回被攻击主机的 shell，这样就能成功地操纵被攻击的主机，如图 3-20 所示。

图 3-20　攻击成功后的界面

输入 dir 查看命令，可以看到被攻击主机的文件目录，如图 3-21 所示。接下来可用 del 命令删除一个 vr.exe 文件，如图 3-22 所示。

图 3-21　被攻击主机 C 盘根目录下的文件区

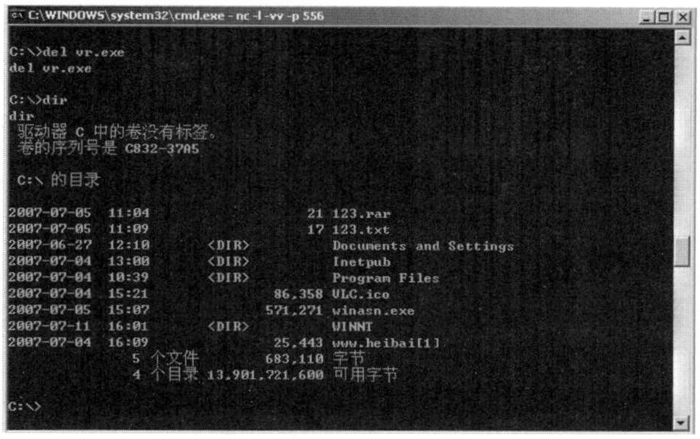

图 3-22　成功删除 vr.exe 文件

利用 Windows 服务器服务存在缓冲区溢出漏洞，远程得到了有管理员权限的 shell，成功执行了列出和删除文件的操作。针对缓冲区的攻击本书仅列举了一个典型的例子，该例子是利用微软特定版本的操作系统具有的漏洞进行缓冲区溢出攻击的。针对操作系统的缓冲区溢出攻击也是影响范围最广、危害程度最大的一类攻击。操作系统由于其复杂性和普遍性，国际上的一些相关组织（如 CERT）会定期地公布操作系统的漏洞及解决办法，所以预防此类漏洞的方法是要及时升级操作系统的版本，为操作系统打补丁。

3.3.3　密码破译攻击

1. 获取管理员密码

用户登录以后，所有的用户信息都存储在系统的一个进程中，这个进程是"winlogon.exe"，如图 3-23 所示，可以利用该程序将当前登录用户的密码解码出来。

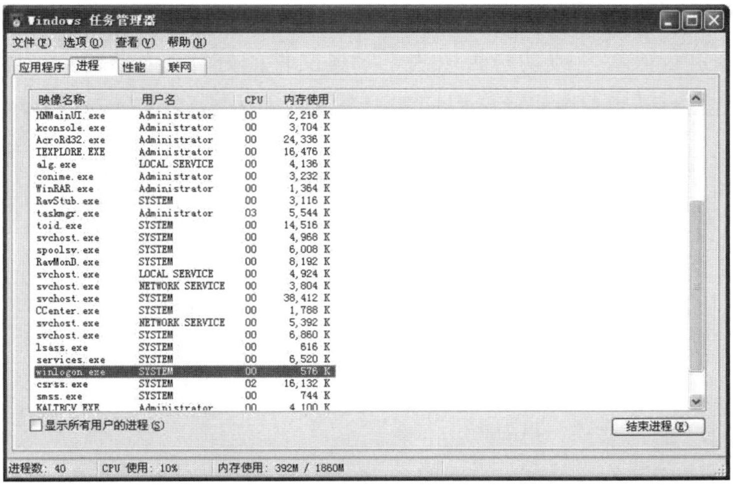

图 3-23　winlogon.exe 进程

使用 FindPass 等工具可以对该进程进行解码，然后将当前用户的密码显示出来。将 FindPass.exe 复制到 C 盘根目录下，执行该程序，得到当前用户的主机名/登录名和密码，如图 3-24 所示。

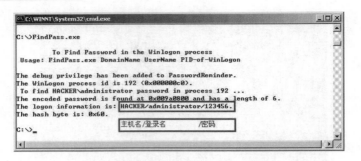

图 3-24　破译用户的密码

2. 穷举测试

穷举测试是黑客试图利用计算机去测试所有可能的口令而破解系统密码的一种攻击方法。穷举测试往往需要花费攻击者很长的时间去测试目标系统的可能口令，攻击成功与否取决于目标系统所采用的口令复杂度。如果目标系统口令过于简单，黑客很快就会测试出口令。字典文件为暴力破解提供了一条捷径，程序首先通过扫描得到系统的用户，然后利用字典中每一个密

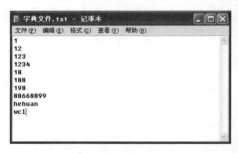

图 3-25　字典文件

码来登录系统，看是否成功，如果成功则将密码显示出来。一个字典文件本身就是一个标准的文本文件，其中的每一行就代表一个可能的密码。一个好的字典文件可以高效快速地得到系统的密码。攻击不同公司、不同地域的计算机，可以将公司管理员的姓氏及家人的生日作为字典文件的一部分。公司及部门的简称一般也可以作为字典文件的一部分，这样可以大大提高破解效率。如图 3-25 所示为字典文件，里面每一行代表一个目标系统可能的密码。

此外，可以先利用 GetNTUser 测试出目标系统中的所有用户，然后设置好字典文件就可以对某一用户的口令进行破解，成功与否取决于字典文件的好坏，如图 3-26 所示。

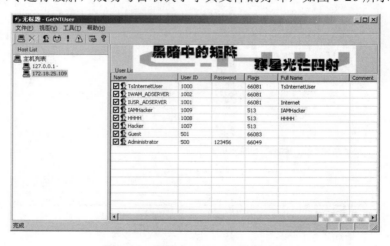

图 3-26　利用 GetNTUser 破译口令

现在可以进行穷举测试的软件很多，利用它们不仅可以破译操作系统的口令，同时也可以对一般软件系统的口令进行破译，如利用 Advanced Office XP Password Recovery 软件可以快速

破解 Word 文档密码，读者可以先加密 Word 文档，然后下载该软件，测试口令破译的快慢和哪些因素有关。

3.3.4　SQL 注入攻击

　　SQL 注入是黑客对数据库进行攻击的常用手段之一。由于程序员的水平及经验参差不齐，相当大一部分程序员在编写代码的时候，没有对用户输入数据的合法性进行判断，使应用程序存在安全隐患。用户可以提交一段数据库查询代码，根据程序返回的结果，获得想得知的数据，这就是所谓的 SQL Injection，即 SQL 注入。

　　SQL 注入是从正常的 WWW 端口访问，而且表面看起来跟一般的 Web 页面访问没什么区别，所以目前防火墙都不会对 SQL 注入发出警报，如果管理员没有查看 IIS 日志的习惯，可能被入侵很长时间都不会发觉。SQL 注入的手法相当灵活，在碰到意外情况时，需要构造巧妙的 SQL 语句，从而成功获取想要的数据。SQL 注入也可以对普通的用户应用程序进行注入，只要该应用程序忽略了对用户输入的数据长度或者输入的特殊字符的过滤，均存在被注入的风险。

　　下面以某个网站登录验证的 SQL 查询代码为例介绍 SQL 注入的过程，该网站由于程序开发人员的疏忽，忽略了对输入的用户名和密码长度限制和特殊字符串的过滤，因而存在 SQL 注入漏洞，该网站的登录窗口如图 3-27 所示。假如开发该网站的程序员所写的登录验证 SQL 语句为：

```
SELECT * FROM users WHERE (name = '" + userName + "') and (pw = '"+ passWord +"');
```

如图 3-28 所示，在该网站登录的用户名和密码处输入如下恶意 SQL 代码：

```
' OR 1=1;
```

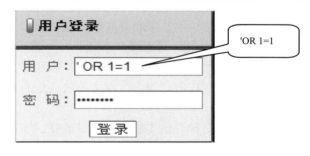

图 3-27　存在 SQL 漏洞的网站登录窗口　　　　图 3-28　输入恶意的 SQL 字符

　　在单击"登录"按钮后，会成功登录该网站，攻击成功。为什么仅输入几个神秘的字符就可以成功入侵一个网站呢？事实上，在输入恶意攻击代码后，该网站用户身份验证的 SQL 语句被填写为：

```
SELECT * FROM users WHERE (name = '' OR 1=1) and (pw = '' OR 1=1);
```

实际运行的 SQL 命令会变成：

```
SELECT * FROM users;
```

　　因此达到无账号密码，亦可登录网站。所以 SQL 注入攻击被俗称为黑客的填空游戏。本书仅举出了一个简单的例子来讲解 SQL 注入的原理。SQL 注入攻击方式非常灵活，一旦某网站存在该类型的漏洞，攻击的成功率会非常高。目前有许多专门针对此项技术的漏洞扫描软件和攻击软件，提高了攻击效率。

3.3.5 拒绝服务攻击

DDoS 类拒绝服务攻击已经在网上出现很多年了。由于它操作简单，攻击效果显著，伴随着网络的发展，这种攻击技术也更具威胁，造成的影响将继续扩大。

1. DDoS 攻击方式

最早利用 Ping 攻击造成网络堵塞，网站无法访问，网络中出现了拒绝服务（DoS）攻击这个名词。随后随着技术的改进，有了分布式拒绝服务（DDoS）攻击的出现。DDoS 的攻击方式也从 Synflood、Smurf、Land-based、Ping of Death、Teardrop、PingSweep、PingFlood 等攻击技术，发展到了现在人们闻之色变的 CC 攻击时代。

下面简要介绍几种比较流行的 DDoS 攻击方式。

（1）SYN/ACK Flood 攻击。这种攻击是最有效的经典 DDoS 方式，通杀各种系统的网络服务，主要是通过向受害主机发送大量伪造源 IP 和源端口的 SYN 或 ACK 包，导致主机的缓存资源被耗尽或忙于发送回应包而造成拒绝服务，由于源都是伪造的，故追踪起来比较困难。该攻击的缺点是实施起来有一定难度，需要高带宽的"僵尸"主机支持。

少量的这种攻击会导致主机服务器无法访问，但可以 Ping 通，在服务器上用 Netstat-na 命令会观察到存在大量的 SYN_RECEIVED 状态，大量的这种攻击会导致 Ping 失败、TCP/IP 栈失效，并会出现系统凝固现象，即不响应键盘和鼠标。普通防火墙大多无法抵御此种攻击。

（2）TCP 全连接攻击。这种攻击是为了绕过常规防火墙的检查而设计的，一般情况下，常规防火墙大多具备过滤 Teardrop、Land 等 DoS 攻击的能力，但对于正常的 TCP 连接是放过的。殊不知很多 Web 服务程序能接受的 TCP 连接数是有限的，一旦有大量的 TCP 连接，即便是正常的，也会导致网站访问非常缓慢甚至无法访问。

TCP 全连接攻击就是通过许多"僵尸"主机不断地与受害服务器建立大量的 TCP 连接，直到服务器的内存等资源被耗尽而被拖垮，从而造成拒绝服务。这种攻击的特点是可绕过一般防火墙的防护而达到攻击目的。该攻击的缺点是需要找很多"僵尸"主机，并且由于"僵尸"主机的 IP 是暴露的，因此容易被追踪。

（3）CC 攻击。这种攻击实质上是针对 ASP、PHP、JSP 等脚本程序，并调用 MySQL Server、Oracle 等数据库网站系统而设计的。该攻击的特征是和服务器建立正常的 TCP 连接，并不断地向脚本程序提交查询、列表等大量耗费数据库资源的调用。CC 攻击是典型的以小搏大的攻击方法。

一般来说，提交一个 Get 或 Post 指令对客户端的耗费和带宽的占用几乎是可以忽略的，而服务器为处理此请求却要从上万条记录中查出某个记录，这种处理过程对资源的耗费是很大的。常见的数据库服务器很少能支持数百个查询指令同时执行，而这对于客户端来说却是轻而易举的。因此，攻击者只需通过 Proxy 代理向主机服务器大量递交查询指令，只需数分钟就会把服务器资源消耗掉而导致拒绝服务，常见的现象就是网站处理速度慢如蜗牛、ASP 程序失效、PHP 连接数据库失败、数据库主程序占用 CPU 偏高等。这种攻击的特点是可以完全绕过普通的防火墙防护，轻松找一些 Proxy 代理就可实施攻击。该攻击的缺点是对付只有静态页面的网站效果会大打折扣，并且有些 Proxy 会暴露攻击者的 IP 地址。

2. 实例解读 DDoS 攻击过程

下面举例介绍 DDoS 攻击的过程，本文所采用的攻击软件是盘古 DDoS 攻击程序，该程序可在互联网上相关的网站下载。

（1）启动"盘古 2007 客户端"软件，显示系统画面如图 3-29 所示。

图 3-29　盘古 2007 客户端

（2）首先要生成服务端 Server.exe，该程序的作用是放在需要控制的机器中作为远程攻击的"肉鸡"。单击"生成服务器端"按钮，程序本身所在目录下自动生成 Server.exe 可执行程序，如图 3-30 所示。

（3）在程序所在的目录下找到生成的 Server.exe 程序，如图 3-31 所示。

图 3-30　建立"肉鸡"服务器程序

图 3-31　Server.exe 程序

（4）采用黑客技术将该服务器软件放入要作为"肉鸡"的被攻击主机中。运行 Server 后，程序会自动安装并重新启动，等待"肉鸡"重新上来后，它就已经可以提供服务了（安装成功的标记：源文件消失，并且"肉鸡"重新启动）。

（5）单击"测试上线"按钮，就会发现该服务器已经在控制列表内（这里将本机作为唯一的"肉鸡"），如图 3-32 所示。

图 3-32　被控制的"肉鸡"列表

（6）选择要攻击的目标，设置好相关的参数，单击"开始"按钮发动攻击，如图 3-33 所示。

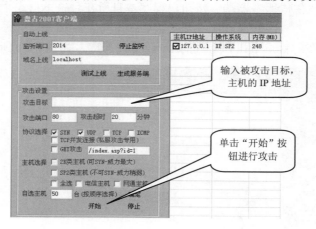

图 3-33　攻击执行界面

（7）目标主机 Windows Explorer 僵死，CPU 使用率达到 100%，DDoS 攻击成功。

3.4　网络后门技术

为了保持对已经入侵的主机进行长久控制，需要在主机上建立网络后门，以后可以直接通过后门入侵系统。网络后门是保持对目标主机长久控制的关键策略，可以通过建立服务端口和克隆管理员账号来实现。只要是不通过正常登录进入系统的途径都称之为网络后门。网络后门的好坏取决于被管理员发现的概率，只要是不容易被发现的都是好后门。留后门的原理和选间谍是一样的，就是要让管理员看后感觉没有异常。

3.4.1　后门技术

1. 创建隐藏账户

通过在目标主机上创建隐藏账户，使目标管理员通过常规账户审查方式无法发现，以达到在目标系统上建立后门的目的。

（1）在目标系统上以管理员权限运行 CMD，建立一个用户名为"test$"，密码为"abc123!"的简单隐藏账户，并且把该隐藏账户提升为了管理员权限，如图 3-34 所示。

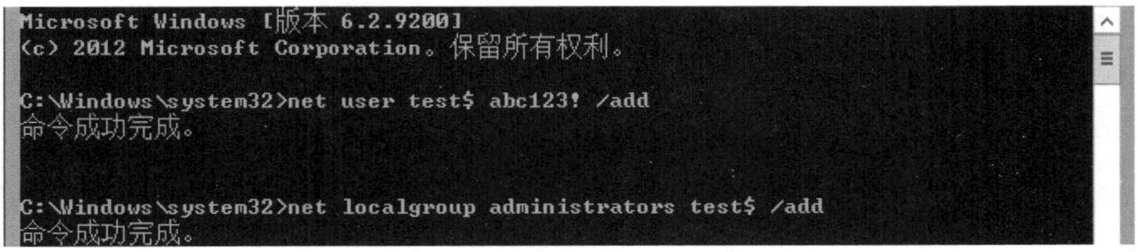

图 3-34　创建隐藏账户并提升权限

所创建的"test$"账户，适用 net user 命令是无法查看到的，但在"计算机管理"→"本地用户和组"中是可以查看到的，账户还没有实现真正的隐藏，如图 3-35、图 3-36 所示。

```
C:\Windows\system32>net user

\\WIN-L406TONPLUL 的用户账户

---------------------------------------------------------------------
Administrator          cistec                    Guest
newuser                Peter
命令成功完成。
```

图 3-35　使用 net user 命令查看系统账户

图 3-36　使用"计算机管理"查看系统账户

（2）单击"开始"→"运行"，输入"regedt32.exe"后，查找到"HKEY_LOCAL_MACHINE\SAM\SAM"，右击"选择权限"选项，选择"Administrators"账户，勾选"完全控制""读取"权限，单击"应用""确定"按钮后关闭注册表，如图 3-37 所示。

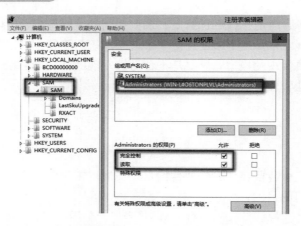

图 3-37 编辑注册表 Administrators 账户权限

（3）重新打开注册表编辑器，查找到"HKEY_LOCAL_MACHINE\SAM\SAM\Domains\Account\Users\Names"，复制 administrator 对应项"000001F4"的 F 值，如图 3-38 所示，并将复制的值粘贴到 test$对应项"000003EF"的 F 值中，覆盖其原来的值，如图 3-39 所示。

图 3-38 复制 Administrator 的"000001F4"值

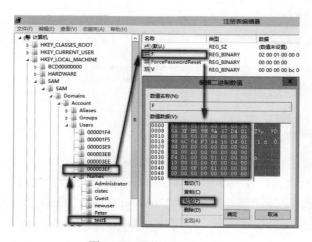

图 3-39 覆盖 test$的 F 值

（4）分别导出 test\$项和"000003EF"的注册表值，使用命令"net user test\$ /del"删除 test\$
账户，如图 3-40 所示。

图 3-40 导出注册表值，删除 test\$账户

（5）分别将"test\$.reg""000003EF.reg"导入到注册表中，创建隐藏账户，如图 3-41 所示。

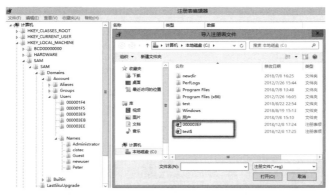

图 3-41 通过导入注册表创建隐藏账户

通过导入注册表创建的隐藏账户，利用计算机管理的账户查看和 net user 命令查看均无法
检测到，如图 3-42 所示。但是使用 test\$账户可以正常登录，如图 3-43 所示。

图 3-42 使用隐藏账户远程登录目标系统

图 3-43 常规审查系统账户

2. 开启 Shift 后门

Shift 后门是利用 Windows 操作系统的 Shift 黏滞键功能余留后门，使远程桌面登录可以通过连续 5 次按"Shift"键远程调用目标系统的 CMD，只在需要登录时使用 CMD 创建账号，使用完后删除账号，其隐蔽性更高。

（1）在目标系统上执行以下操作：将 C 盘 Windows 目录下的 system32 文件的 sethc.exe 应用程序进行转移，并生成 sethc.exe.bak 文件，并将 cmd.exe 复制并覆盖 sethc.exe，如图 3-44 所示。

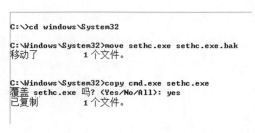

图 3-44　覆盖 sethc.exe

（2）远程访问目标系统的远程桌面服务，按 5 次"Shift"键弹出 CMD 窗口，直接以 system 权限执行系统命令，创建管理员用户、登录服务器等，如图 3-45 所示。

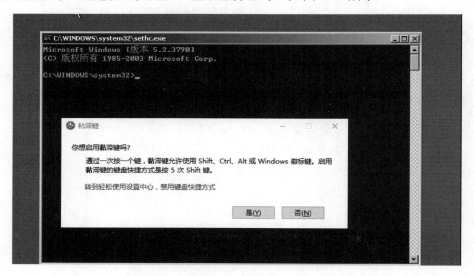

图 3-45　使用 Shift 后门登录目标系统

在使用 Shift 后门时，远程客户端建议使用 Windows 2000 或 Windows XP 远程桌面连接工具。

3.4.2　远程控制技术

远程桌面服务是 Windows 操作系统自带的，允许用户远程通过图形界面操纵服务器。管理员为了远程维护操作方便，该服务一般是开启的。这就给黑客提供了一条可以远程图形化操作主机的途径，即可以通过系统服务查看服务是否启动，如图 3-46 所示。

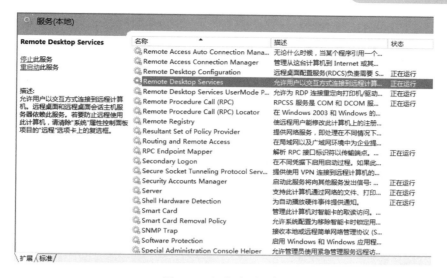

图 3-46　远程桌面服务

在默认的情况下，远程桌面服务的端口号是 3389，可以利用命令"netstat-an"查看该端口是否开放，如图 3-47 所示。

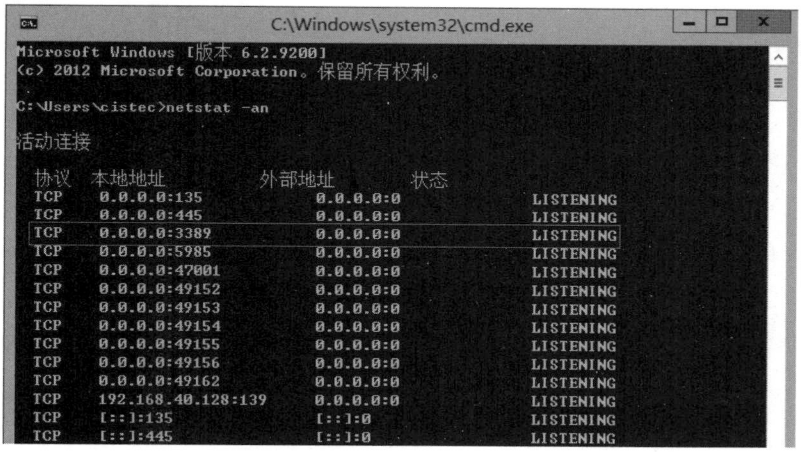

图 3-47　查看终端服务的端口号

使用 Windows 系统自带的远程桌面连接工具就可以访问开放的远程桌面服务终端。

3.4.3　木马技术

"木马"一词来自"特洛伊木马"，英文名称为 Trojan Horse。传说希腊人围攻特洛伊城，久久不能攻克，后来军师想出了一个特洛伊木马计，让士兵藏在巨大的特洛伊木马中，部队假装撤退而将特洛伊木马丢弃在特洛伊城下，让敌人将其作为战利品拖入城中。到了夜里，特洛伊木马内的士兵便趁着敌人庆祝胜利放松警惕的时候，从特洛伊木马里悄悄地爬出来，与城外的部队里应外合攻下了特洛伊城。由于木马程序的功能与此类似，故而得名。木马程序在表面上看没有任何的损害，实际上隐藏着可以控制用户整个计算机系统、打开后门等危害系统安全的功能。

常见的木马有 NetBus 远程控制、冰河木马、PCAnyWhere 远程控制等。这里介绍最常见的冰河木马。冰河木马包含两个程序文件，一个是服务器端；另一个是客户端。win32.exe 文件是服务器端程序；Y_Client.exe 文件为客户端程序。将 win32.exe 文件在远程的计算机上执行以后，通过 Y_Client.exe 文件来控制远程的服务器。

将服务器程序种到对方主机之前需要对服务器程序做一些设置，如连接端口、连接密码等。选择菜单栏"设置"→"配置服务器程序"，如图 3-48 所示。

图 3-48　服务器程序设置

在出现的对话框中选择服务器端程序 win32.exe 进行配置，并填写访问服务器端程序的口令，这里设置为"1234567890"，如图 3-49 所示。

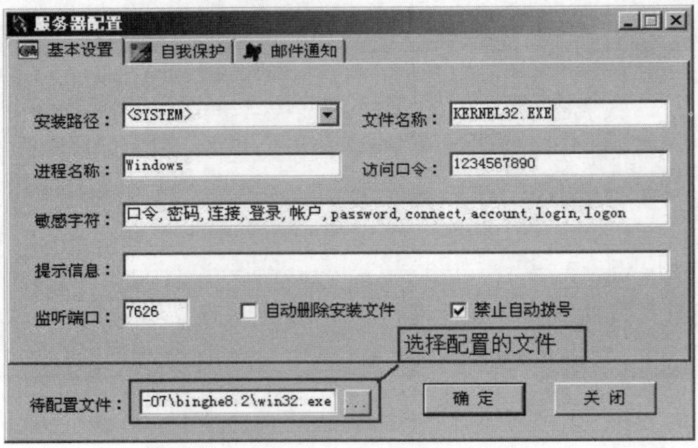

图 3-49　对服务器端程序 win32.exe 进行配置

单击"确定"按钮，就将冰河木马的服务器种到某一台主机上了。执行完 win32.exe 文件以后，系统好像没有任何反应，其实已经更改了注册表，并将服务器端程序和文本文件进行了关联，当用户双击一个扩展名为 txt 的文件的时候，就会自动执行冰河服务器端程序。前面章节对此已经进行了介绍，当计算机感染了冰河木马以后，查看被修改后的注册表，如图 3-50 所示。

目标主机没有中冰河木马的情况下，该注册表项应该是使用 notepad.exe 文件来打开 txt 文件，而图中的"SYSEXPLR.EXE"其实就是冰河木马的服务器端程序。目标主机中了冰河木马后，可以利用客户端程序连接服务器端程序。在客户端添加主机的地址信息，这里的密码就是刚才设置的密码"1234567890"，如图 3-51 所示。

图 3-50 查看被修改后的注册表

图 3-51 用客户端程序连接服务器端程序

单击"确定"按钮，就可以查看对方计算机的基本信息了，并可以在对方计算机上进行任意操作。除此以外，还可以查看并控制对方的屏幕等。

3.5 日志清除技术

黑客入侵系统并在退出系统之前都会清除系统的日志，删除自己入侵的痕迹。清除日志是黑客入侵的最后的一步，黑客能做到来无踪去无影，这一步起到决定性的作用。

3.5.1 清除 IIS 日志

当用户访问某个 IIS 服务器以后，无论是正常访问还是非正常访问，IIS 都会记录访问者的 IP 地址及访问时间等信息。这些信息记录在 C:\inetpub\logs\LogFiles\ 目录下，如图 3-52 所示。

图 3-52 IIS 日志文件

打开文件夹下的任一文件，可以看到 IIS 日志的基本格式，记录了用户访问的服务器文件、用户登录的时间、用户的 IP 地址及用户浏览器和操作系统的版本号。最简单的方法是直接到该目录下删除这些文件夹，但是全部删除文件以后，一定会引起管理员的怀疑。一般入侵的过程是短暂的，只会保存到一个 Log 文件中，因此，只要在该 Log 文件删除所有自己的记录就可以了。使用工具软件 CleanIISLog.exe 可以做到这一点，首先将该文件复制到日志文件所在目录，然后执行命令"CleanIISLog.exe ex031108.log 172.18.25.110"，第一个参数 ex031108.log 是日志文件名，文件名的后六位代表年月日；第二个参数是要删除的 IP 地址，也就是自己的 IP 地址。

3.5.2　清除主机日志

主机日志包括三类：应用程序日志、安全日志和系统日志。在计算机上通过控制面板下的"事件查看器"查看日志信息。

使用工具软件 Clearel.exe，可以方便地清除系统日志，首先将该文件上传到对方主机，然后删除日志，命令格式为：

```
Clearel System
Clearel Security
Clearel Application
Clearel All
```

这四条命令分别对应删除系统日志、安全日志、应用程序日志和删除全部日志。

技能实施

3.6　任务　网络扫描应用

3.6.1　任务实施环境

在 Windows 操作系统环境下，安装部署 NMap 和 Nessus 扫描软件，熟悉软件的使用方法。

3.6.2　任务实施过程

1. NMap 网络扫描软件的安装使用

（1）NMap 简介。

NMap（Network Mapper）最早是 Linux 的网络扫描和嗅探工具包，是网络管理员必用的软件之一，用以评估网络系统安全。使用 NMap 可以检测网络上的存活主机（主机发现）、主机开放的端口（端口发现或枚举）、相应端口的软件和版本（服务发现）、操作系统（系统检测）和硬件地址等内容。

（2）NMap 安装部署。

NMap 是一款开源软件，可从官网上免费下载对应操作系统的版本（nmap.org）安装使用，如图 3-53 所示。

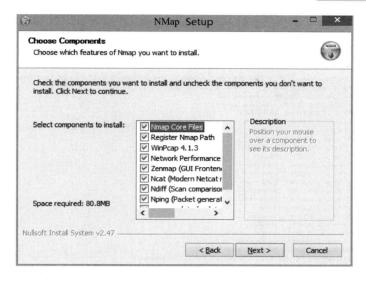

图 3-53　安装 NMap

（3）NMap 配置使用。

① NMap 基本使用命令。

使用 NMap 可以扫描单个目标、指定的多个目标、指定的目标范围、一个子网或者是指定目标的特定端口，如表 3-1、图 3-54 所示。

表 3-1　NMap 基本命令的使用方法

使 用 说 明	使用方法（实际使用时请将下述 IP 地址替换为实际 IP 地址）
扫描单个目标	nmap 192.168.1.2（或域名）
扫描多个目标	nmap 192.168.1.2 192.168.1.5
扫描一个范围内的目标	nmap 192.168.1.2-192.168.1.100
扫描一个子网	nmap 192.168.1.1/24
扫描除某一个 IP 外的所有子网主机	nmap 192.168.1.1/24 -exclude 192.168.1.1
从文件中读取需扫描的目标地址	nmap -iL target.txt
扫描指定目标的特定端口	Nmap –p 特定端口目标 IP，如图 3-4 所示

```
C:\>nmap -p 80,21,23 10.10.107.222

Starting Nmap 7.12 ( https://nmap.org ) at 2018-06-26 09:19
Nmap scan report for 10.10.107.222
Host is up (0.00053s latency).
PORT    STATE   SERVICE
21/tcp closed ftp
23/tcp closed telnet
80/tcp open    http
MAC Address: C8:D3:FF:0D:E4:95 (Unknown)

Nmap done: 1 IP address (1 host up) scanned in 9.43 seconds
```

图 3-54　NMap 扫描指定目标的特定端口

② NMap 各种扫描方式。

● TCP connect() Scan(sT)扫描：NMap–sT 目标 IP。

　　TCP connect()扫描是 NMap 默认的扫描模式，扫描过程需要完成三次握手，并且要求调用系统的 connect()。TCP connect()扫描技术只适用于找出 TCP 和 UDP 端口，如图 3-55 所示。

```
C:\>nmap -sT 10.10.107.222

Starting Nmap 7.12 ( https://nmap.org ) at 2018-06-26 10:00 ?:
Nmap scan report for 10.10.107.222
Host is up <0.96s latency>.
Not shown: 984 closed ports
PORT      STATE SERVICE
25/tcp    open  smtp
80/tcp    open  http
110/tcp   open  pop3
119/tcp   open  nntp
143/tcp   open  imap
443/tcp   open  https
465/tcp   open  smtps
515/tcp   open  printer
563/tcp   open  snews
587/tcp   open  submission
631/tcp   open  ipp
993/tcp   open  imaps
995/tcp   open  pop3s
8080/tcp open  http-proxy
8291/tcp open  unknown
9100/tcp open  jetdirect
MAC Address: C8:D3:FF:0D:E4:95 <Unknown>

Nmap done: 1 IP address <1 host up> scanned in 218.26 seconds
```

图 3-55　TCP connect()扫描

● TCP SYN Scan (sS)扫描：NMap–sS 目标 IP。

　　TCP SYN Scan(sS)扫描是半开放扫描模式，它使 NMap 不需要通过完整的握手，就能获得远程主机的信息。该扫描方式不会产生任何会话，因此，不会在目标主机上产生任何日志记录，如图 3-56 所示。

```
C:\>nmap -sS 10.10.107.222

Starting Nmap 7.12 ( https://nmap.org ) at 2018-06-26 09:54
Nmap scan report for 10.10.107.222
Host is up <0.0048s latency>.
Not shown: 993 closed ports
PORT      STATE SERVICE
80/tcp    open  http
443/tcp   open  https
515/tcp   open  printer
631/tcp   open  ipp
8080/tcp open  http-proxy
8291/tcp open  unknown
9100/tcp open  jetdirect
MAC Address: C8:D3:FF:0D:E4:95 <Unknown>

Nmap done: 1 IP address <1 host up> scanned in 9.94 seconds
```

图 3-56　TCP SYN Scan (sS)扫描

● FIN Scan (sF)扫描：NMap–sF 目标 IP。

　　当目标主机可能有 IDS 和 IPS 系统存在时，可能会阻止掉 SYN 数据包，这时可以采用 FIN Scan(sF)扫描方式，如图 3-57 所示。

● UDP Scan(sU)扫描：NMap–sU 目标 IP。

　　这种扫描技术用来寻找目标主机打开的 UDP 端口，不需要发送任何的 SYN 包。UDP 扫描发送 UDP 数据包到目标主机，并等待响应，如果返回 ICMP 不可达的错误消息，说明端口是关闭的，如果得到正确的适当回应，说明端口是开放的，如图 3-58 所示。

```
C:\>nmap -sF 10.10.107.222

Starting Nmap 7.12 ( https://nmap.org ) at 2018-06-26 10:08
Nmap scan report for 10.10.107.222
Host is up (0.0052s latency).
Not shown: 993 closed ports
PORT      STATE          SERVICE
80/tcp    open|filtered http
443/tcp   open|filtered https
515/tcp   open|filtered printer
631/tcp   open|filtered ipp
8080/tcp  open|filtered http-proxy
8291/tcp  open|filtered unknown
9100/tcp  open|filtered jetdirect
MAC Address: C8:D3:FF:0D:E4:95 (Unknown)

Nmap done: 1 IP address (1 host up) scanned in 11.49 seconds
```

图 3-57　FIN Scan(sF)扫描

```
C:\>nmap -sU 10.10.107.222

Starting Nmap 7.12 ( https://nmap.org ) at 2018-06-26 10:13
Nmap scan report for 10.10.107.222
Host is up (0.0063s latency).
Not shown: 988 closed ports
PORT       STATE          SERVICE
123/udp    open|filtered ntp
137/udp    open          netbios-ns
138/udp    open|filtered netbios-dgm
161/udp    open|filtered snmp
427/udp    open|filtered svrloc
1022/udp   open|filtered exp2
1023/udp   open|filtered unknown
3702/udp   open|filtered ws-discovery
5353/udp   open          zeroconf
5355/udp   open|filtered llmnr
9200/udp   open|filtered wap-wsp
10000/udp  open|filtered ndmp
MAC Address: C8:D3:FF:0D:E4:95 (Unknown)

Nmap done: 1 IP address (1 host up) scanned in 10.65 seconds
```

图 3-58　UDP Scan(sU)扫描

● Ping Scan (sP)扫描：NMap–sP 目标 IP。

Ping 扫描不同于其他的扫描方式，它不是用来发现是否开放端口，只用于找出主机是否存在网络。Ping 扫描需要 Root 权限，如果用户没有 Root 权限，Ping 扫描将会使用 connect()调用，如图 3-59 所示。

```
C:\>nmap -sP 10.10.107.222

Starting Nmap 7.12 ( https://nmap.org ) at 2018-06-26 10:17
Nmap scan report for 10.10.107.222
Host is up (0.0010s latency).
MAC Address: C8:D3:FF:0D:E4:95 (Unknown)
Nmap done: 1 IP address (1 host up) scanned in 9.15 seconds
```

图 3-59　Ping Scan(sP)扫描

● 版本检测(sV)：NMap–sV 目标 IP。

版本检测是用来扫描目标主机和端口运行软件的版本，需要从开放的端口获取信息来判断软件的版本。使用版本检测扫描之前需要先用 TCP SYN 扫描开放了哪些端口，如图 3-60 所示。

```
C:\>nmap -sU 10.10.107.222

Starting Nmap 7.12 ( https://nmap.org ) at 2018-06-26 10:20 ?D1ú±ê×?ê±??
Nmap scan report for 10.10.107.222
Host is up (0.0058s latency).
Not shown: 993 closed ports
PORT      STATE SERVICE    VERSION
80/tcp    open  soap       gSOAP 2.7
443/tcp   open  tcpwrapped
515/tcp   open  printer
631/tcp   open  soap       gSOAP 2.7
8080/tcp  open  soap       gSOAP 2.7
8291/tcp  open  unknown
9100/tcp  open  jetdirect?
MAC Address: C8:D3:FF:0D:E4:95 (Unknown)

Service detection performed. Please report any incorrect results at https://nmap
.org/submit/ .
Nmap done: 1 IP address (1 host up) scanned in 35.09 seconds
```

图 3-60　NMap 版本检测

● OS 检测(O)：NMap–O 目标 IP。

NMap 的 OS 检测技术在渗透测试中用来了解远程主机的操作系统和软件是非常有用的，利用 NMap 的操作系统指纹识别技术可以识别设备类型（路由器、工作组等）、运行的操作系统、操作系统的详细信息、目标和攻击者之间的距离跳。如果远程主机有防火墙、IDS 和 IPS 系统，还可以使用-PN 命令来确保不 Ping 远程主机。同时为了准确地检测到远程操作系统，还可以使用-osscan-guess 猜测最接近目标的匹配操作系统类型，如图 3-61 所示。

```
C:\>nmap -O -PN -osscan-guess 10.10.107.222

Starting Nmap 7.12 ( https://nmap.org ) at 2018-06-26 10:29 ?D1ú±ê×?ê±??
Nmap scan report for 10.10.107.222
Host is up (0.0017s latency).
Not shown: 993 closed ports
PORT      STATE SERVICE
80/tcp    open  http
443/tcp   open  https
515/tcp   open  printer
631/tcp   open  ipp
8080/tcp  open  http-proxy
8291/tcp  open  unknown
9100/tcp  open  jetdirect
MAC Address: C8:D3:FF:0D:E4:95 (Unknown)
Device type: printer
Running: HP embedded
OS CPE: cpe:/h:hp:laserjet_cp4525 cpe:/h:hp:laserjet_m451dn
OS details: HP LaserJet M451dn, CM1415fnw, or CP4525
Network Distance: 1 hop

OS detection performed. Please report any incorrect results at https://nmap.org/
submit/ .
Nmap done: 1 IP address (1 host up) scanned in 11.48 seconds
```

图 3-61　NMap 操作系统检测

2. Nessus 漏洞扫描软件的安装使用

（1）Nessus 安装部署。

可从官网上免费下载对应操作系统的版本（tenable.com）安装使用，如图 3-62 和图 3-63 所示。

图 3-62　选择 Nessus 安装版本

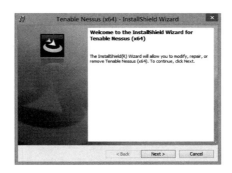

图 3-63　安装 Nessus

（2）Nessus 配置使用。

① 申请 Nessus 注册码。

访问官网地址（https://www.tenable.com/products/nessus-home），注册后获得激活 Nessus 的注册码，如图 3-64 所示。

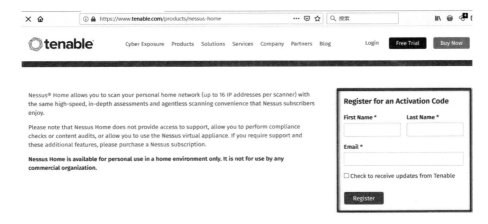

图 3-64　注册获取 Nessus 激活码

② 访问并激活 Nessus。

使用浏览器访问本机地址（https://localhost:8834/），输入获取的激活码，激活 Nessus 系统，如图 3-65 所示。

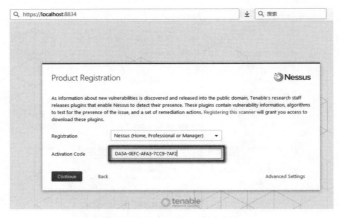

图 3-65　激活 Nessus 系统

③ 登录 Nessus 系统。

使用浏览器访问本机地址（https://localhost:8834/），输入安装时配置的用户名、口令登录 Nessus 系统，如图 3-66 所示。

图 3-66　登录 Nessus 系统

④ 配置 Nessus 实施漏洞扫描。

● 新建扫描任务。

在系统主界面中选择"New Scan"项新建扫描任务，如图 3-67 所示。

图 3-67　新建扫描任务

● 选择扫描模版。

选择一个可用的扫描模版，一般选择"Advanced Scan"项，如图 3-68 所示。

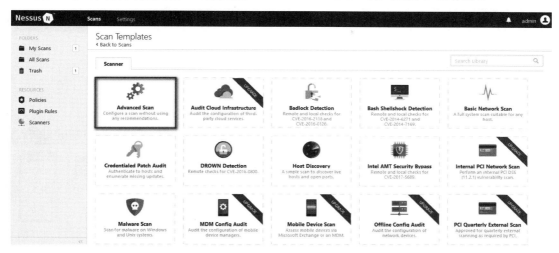

图 3-68 选择扫描模版

● 配置扫描参数。

在扫描参数配置主界面，需要填写扫描任务的名称（Name）、任务的描述（Description）、任务存放路径（Folder）、扫描目标（Targets），其他可以采用系统默认参数，配置完成后单击"Save"按钮保存配置信息，如图 3-69 所示。

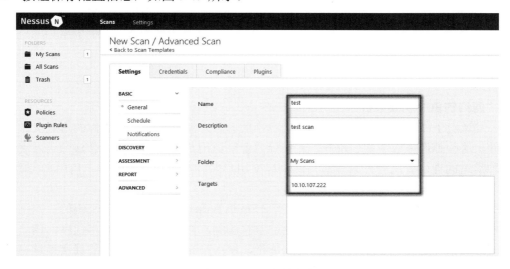

图 3-69 配置扫描任务

● 执行扫描任务。

配置完成后，在扫描任务界面单击"执行任务"按钮，执行扫描，如图 3-70 所示。

● 查看扫描进度和结果。

在任务开始执行后，可以单击任务列表查看扫描进度和扫描结果。在扫描结束后可以导出扫描结果，Nessus 支持报告导出成 pdf、html、cvs 等多种格式，如图 3-71 所示。

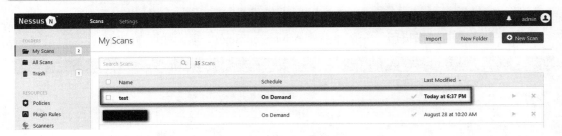

图 3-70　执行扫描任务

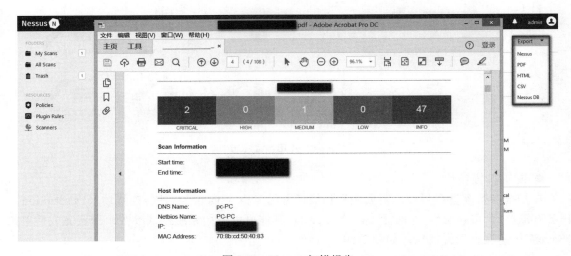

图 3-71　Nessus 扫描报告

案例实现

1."网络钓鱼"现象分析

（1）发送电子邮件，以虚假信息引诱用户中圈套。诈骗分子以垃圾邮件的形式大量发送欺诈性邮件，这些邮件多以中奖、顾问、对账等内容引诱用户在邮件中填入金融账号和密码，或是以各种紧迫的理由要求收件人登录某网页提交用户名、密码、身份证号、信用卡号等信息，继而盗窃用户资金。

如 2009 年 2 月发现的一种骗取美邦银行（Smith Barney）用户账号和密码的"网络钓鱼"电子邮件，该邮件利用了 IE 的图片映射地址欺骗漏洞，并精心设计了脚本程序，用一个显示假地址的弹出窗口遮挡住了 IE 浏览器的地址栏，使用户无法看到此网站的真实地址。当用户使用未打补丁的 Outlook 打开此邮件时，状态栏显示的链接是虚假的。

当用户单击链接时，实际连接的是 http://**.41.155.60:87/s。该网站页面酷似 Smith Barney 银行网站的登录界面，而用户一旦输入了自己的账号、密码，这些信息就会被黑客窃取。

（2）建立假冒网上银行、网上证券网站，骗取用户账号、密码实施盗窃。诈骗者建立的域名和网页内容都与真正网上银行系统、网上证券交易平台极为相似的网站，引诱用户输入账号、密码等信息，进而通过真正的网上银行、网上证券系统或者伪造银行储蓄卡、证券交易卡盗窃资金。还有的利用跨站脚本，即利用合法网站服务器程序上的漏洞，在站点的某些网页中插入恶意 Html 代码，屏蔽住一些可以用来辨别网站真假的重要信息，利用 Cookies 窃取用户信息。

如曾出现过的某假冒工商银行网站，网址为 http://www.1cbc.com.cn，而真正银行网站是 http://www.icbc.com.cn，如图 3-72 所示，犯罪分子利用数字 1 和字母 i 非常相近的特点蒙蔽粗心的用户。

假中国工商银行网站　　　　　　　　　　真中国工商银行网站

图 3-72　假冒中国工商银行的钓鱼网站

如 2004 年 7 月发现的某假公司网站 http://www.1enovo.com，而真正网站为 http://www.lenovo.com，诈骗者利用了小写字母 l 和数字 1 很相近的障眼法。诈骗者通过 QQ 散布"××集团和××公司联合赠送 QQ 币"的虚假消息，引诱用户访问。

一旦访问该网站，首先会生成一个弹出窗口，上面显示"免费赠送 QQ 币"的虚假消息。而就在该弹出窗口出现的同时，恶意网站主页面在后台即通过多种 IE 漏洞下载病毒程序 lenovo.exe（TrojanDownloader.Rlay），并在 2 秒后自动转向到真正网站的主页，用户在毫无觉察中就感染了病毒。

病毒程序执行后，将下载该网站的另一个病毒程序 bbs5.exe，用来窃取用户的账号、密码和游戏装备。当用户通过 QQ 聊天时，还会自动发送包含恶意网址的消息。

（3）利用虚假的电子商务进行诈骗。此类犯罪活动往往是建立电子商务网站，或是在比较知名、大型的电子商务网站上发布虚假的商品销售信息，诈骗者在收到受害人的购物汇款后就会销声匿迹。如 2003 年，罪犯佘某建立"奇特器材网"网站，发布出售间谍器材、黑客工具等虚假信息，诱骗顾客将购货款汇入其用虚假身份在多个银行开立的账户，然后转移钱款。

除少数不法分子自己建立电子商务网站外，大部分采用在知名电子商务网站上，如"易趣""淘宝""阿里巴巴"等，发布虚假信息的方法，以所谓"超低价""免税""走私货""慈善义卖"的名义出售各种产品，或以次充好，以走私货充行货，很多人在低价的诱惑下上当受骗。网上交易多是异地交易，通常需要汇款。诈骗者一般要求消费者先付部分款，再以各种理由诱骗消费者付余款或者其他各种名目的款项，得到钱款或被识破后，就立即切断与消费者的联系。

（4）利用木马和黑客技术等手段窃取用户信息后实施盗窃活动。木马制作者通过发送邮件或在网站中隐藏木马等方式大肆传播木马程序，当感染木马的用户进行网上交易时，木马程序即以键盘记录的方式获取用户账号和密码，并发送给指定邮箱，使用户资金受到严重威胁。

如 2009 年网上出现的盗取某银行个人网上银行账号和密码的木马 Troj_HidWebmon 及其

变种，它甚至可以盗取用户数字证书。如木马"证券大盗"可以通过屏幕快照将用户的网页登录界面保存为图片，并发送给指定邮箱。黑客通过对照图片中鼠标的单击位置，就可能破译出用户的账号和密码，从而突破软键盘密码保护技术，严重威胁股民网上证券交易的安全。

如 2004 年 3 月陈某盗窃银行储户资金一案，陈某通过其个人网页向访问者的计算机种植木马，进而窃取访问者的银行账户和密码，再通过电子银行转账实施盗窃行为。

再以某市新华书店网站 http://www.**xhsd.com 被植入"QQ 大盗"木马病毒 Trojan/PSW. QQRobber.14.b 为例，当进入该网站后，页面显示并无可疑之处，但主页代码却在后台以隐藏方式打开另一个恶意网页 http://www.dfxhsd.com/icyfox.htm（Exploit.MhtRedir），后者利用 IE 浏览器的 MHT 文件下载执行漏洞，在用户不知情中下载恶意 CHM 文件 http://www.dfxhsd .com/ icyfox.js，并运行内嵌其中的木马程序 Trojan/PSW.QQRobber.14.b。木马程序运行后，将把自身复制到系统文件夹，同时添加注册表项，在 Windows 启动时，木马得以自动运行，并将盗取用户 QQ 账号、密码甚至身份信息。

（5）利用用户弱口令等漏洞破解、猜测用户账号和密码。诈骗者利用部分用户贪图方便设置弱口令的漏洞，对银行卡密码进行破解。如 2004 年 10 月，三名诈骗者从网上搜寻某银行储蓄卡卡号，然后登录该银行网上银行网站，尝试破解弱口令，并屡屡得手。

实际上，诈骗者在实施网络诈骗的犯罪活动过程中，经常采取以上几种手法交织、配合进行，还有的通过手机短信、QQ、MSN 进行各种各样的"网络钓鱼"不法活动。

2. 防范措施

针对以上诈骗者通常采取的网络欺诈手法，广大网上电子金融、电子商务用户可采取如下的防范措施。

（1）针对电子邮件欺诈，广大网民如收到有如下特点的邮件就要提高警惕，不要轻易打开和听信。一是伪造发件人信息，如 ABC@abcbank.com；二是问候语或开场白往往模仿被假冒单位的口吻和语气，如"亲爱的用户"；三是邮件内容多为传递紧迫的信息，如以账户状态将影响到正常使用或宣称正在通过网站更新账号资料信息等；四是索取个人信息，要求用户提供密码、账号等信息。还有一类邮件是以超低价或海关查没品等为诱饵诱骗消费者。

（2）针对假冒网上银行、网上证券网站的情况，广大网上电子金融、电子商务用户在进行网上交易时要注意以下几点：一是核对网址，看是否与真正网址一致；二是设置和保管好密码，不要选如身份证号码、出生日期、电话号码等作为密码，建议用字母、数字混合密码，尽量避免在不同系统使用同一密码；三是做好交易记录，对网上银行、网上证券等平台办理的转账和支付等业务做好记录，定期查看"历史交易明细"和打印业务对账单，如发现异常交易或差错，立即与有关单位联系；四是管好数字证书，避免在公用的计算机上使用网上交易系统；五是对异常动态提高警惕，如不小心在陌生的网址上输入了账户和密码，并遇到类似"系统维护"之类提示时，应立即拨打有关客服热线进行确认。万一资料被盗，应立即修改相关交易密码或进行银行卡、证券交易卡挂失；六是通过正确的程序登录支付网关，不要通过搜索引擎找到的网址或其他不明网站的链接进入。

（3）针对虚假电子商务信息的情况，广大网民应掌握以下诈骗信息特点，不要上当：一是虚假购物、拍卖网站看上去都比较"正规"，有公司名称、地址、联系电话、联系人、电子邮箱等，有的还留有互联网信息服务备案编号和信用资质等；二是交易方式单一，消费者只能通过银行汇款的方式购买，且收款人均为个人，而非公司，订货方法一律采用先付款后发货的方式；三是诈取消费者款项的手法如出一辙，当消费者汇出第一笔款后，骗子会来电以各种理由要求汇款人再汇余款、风险金、押金或税款之类的费用，否则不会发货，也不退款，消费者迫于第一笔款已汇出，抱着侥幸心理继续再汇款；四是在进行网络交易前，要对交易网站和交易对方的资质进行全面了解。

（4）其他网络安全防范措施：一是安装防火墙和防病毒软件，并经常升级；二是注意经常给系统打补丁，堵塞软件漏洞；三是禁止浏览器运行 JavaScript 和 ActiveX 代码；四是不要上一些不太了解的网站，不要执行从网上下载后未经杀毒处理的软件，不要打开 MSN 或者 QQ 上传送过来的不明文件等；五是提高自我保护意识，注意妥善保管自己的私人信息，如本人证件号码、账号、密码等，不向他人透露，尽量避免在网吧等公共场所使用网上电子商务服务。

习题

一、填空题

1．网络攻击的步骤包括_____、_____、_____、_____、_____。

2．_____是 Windows 系列自带的一个可执行命令，利用它可以检查网络是否能够连通。

3．_____主要通过人工或者网络手段间接获取攻击对象的信息资料。

4．常见搜索引擎主要有_____、_____、_____等。

5．_____指令显示所有 TCP/IP 网络配置信息、刷新动态主机配置协议（Dynamic Host Configuration Protocol，DHCP）和域名系统（DNS）设置。

6．_____指令在网络安全领域通常用来查看计算机上的用户列表、添加和删除用户、和对方计算机建立连接、启动或者停止某网络服务等。

二、思考题

1．为什么要研究网络攻击技术？

2．简述网络攻击的一般过程。

3．常见的信息收集方法有哪些？试用社交工程方法收集信息。

4．为什么要清除目标系统的日志？

5．简述扫描的技术原理。

6．简述 Ping 指令的用途。

7．简述穷举测试的技术原理。

三、实践题

试从微软网站下载 Windows XP 的漏洞扫描工具，查看自己的计算机有哪些漏洞，然后用 Windows XP 自动更新工具给操作系统打上相应的补丁程序。

实训　利用软件动态分析技术破解 WinZip 9.0

一、实训目的

1．理解软件分析技术的原理。

2．掌握常见动态分析工具的使用方法。

3．利用动态分析工具 Soft-ICE 破解 WinZip 9.0。

二、实训基础

软件分析技术一般分为静态分析技术和动态分析技术两种。

1．静态分析。

静态分析是从反汇编出来的程序清单上分析，从提示信息入手，了解软件的编程思路，以便顺利破解。动态分析是指利用动态分析工具一步一步地执行软件，进行破解。

2．动态分析。

首先对软件进行粗跟踪，即每次遇到调用 CALL 指令、重复操作指令 REP、循环操作 LOOP 指令及中断调用 INT 指令等，一般不要跟踪进去，而是根据执行结果分析该段程序的功能。

其次对关键部分进行细跟踪。对软件进行了一定程度的粗跟踪之后，便可以获取软件中需要的模块或程序段，这样就可以针对性地对该模块进行具体而详细的跟踪分析。

一般情况下，对关键代码的跟踪可能要反复进行若干次才能读懂该程序，每次要把比较关键的中间结果或指令地址记录下来，这样会对下一次分析有很大的帮助。

三、实训内容

1．安装动态分析工具 Soft-ICE。

2．利用 Soft-ICE 破解 WinZip 9.0，使之成为注册版本。

四、实训步骤

1．下载、安装动态分析软件 Soft-ICE，并启动 Soft-ICE，熟悉其具体操作。

2．启动 WinZip 9.0，弹出一个未注册窗口，单击"Enter Registration Code..."按钮，出现注册窗口。输入用户名及任意注册码，如"123456"。

3．使用快捷键"Ctrl+D"，调出 Soft-ICE 窗口。输入命令"S 30:0 lffffffff 123456"，找到一个内存地址，在此内存地址处设断点，然后按回车键。

4．输入命令"X"，按回车键退出 Soft-ICE 窗口。

5．单击注册窗口中的"OK"按钮，Soft-ICE 被再次激活。

6．按"F12"键，直至看到"TEST EAX, EAX"语句。在执行到此语句的上一个"CALL"时，按"F8"键进入。然后按"F10"键，执行到"PUSH ESI"处时，输入"D EAX"，在 Soft-ICE 的数据窗口中就可以看到注册码了。

7．退出 Soft-ICE 窗口，在 WinZip 9.0 的注册窗口中重新输入用户名及得到的注册码，单击"OK"按钮，即可注册成功。

第4章

密码技术与应用

学习目标

- 了解密码技术的基本概念和原理。
- 掌握数据加密模型和衡量加密算法的主要标准。
- 理解对称密码体制和非对称密码体制的特点。
- 理解各种传统的加密算法及网络加密技术。
- 掌握 DES 加密算法和 RSA 加密算法的原理。
- 了解网络安全协议与密码技术的应用。
- 掌握几种加密软件的使用。

引导案例

某企业在全国各地拥有多家分支机构，为了实现企业内部文件的上传功能，需要进行加密处理。如何有效地实现文件的数据加/解密是网络管理者必须考虑的问题。本章将全面剖析密码技术的基本原理和实现方法。

4.1 密码技术概述

在信息安全领域，如何实现信息的有效性和保密性是非常重要的，密码技术是保障信息安全的核心技术。通过密码技术可以在一定程度上提高数据传输与存储的安全性，保证数据的完整性。目前，密码技术在数据加密、安全通信及数字签名等方面有了广泛的应用。

4.1.1 密码技术应用与发展

人们在生活与工作中很容易遇见一些信息安全问题，例如，自己存储在计算机里的文件被别人偷看或非法复制；银行卡账号与口令等信息被黑客截获；在网络商品交易时无法确定信息的发送者是否合法等。这些安全问题的产生主要是由于采用明文进行信息保存和传输造成的。网络通信中所普遍采用的 TCP/IP 协议和服务也并不安全，容易在信息传输过程中造成泄密，同时也很难确定信息发送者的身份。针对这种情况，最有效的安全防护手段就是采用密码技术。

密码技术是密码学的具体应用，是研究如何保密地传递信息的学科，在现代特别指对信息及其传输的数学性研究，常被认为是数学和计算机科学的分支。密码学的基本思路是加密者对需要进行伪装的机密信息（明文）进行变换，得到另外一种看起来似乎与原有信息不相关的表示（密文）。如果合法的接收者获得了伪装后的信息，就可以通过事先约定的密钥，从中分析得到原有的机密信息，而不合法的用户（密码分析者）往往会因为分析过程代价过于巨大或时间过长，以至于无法进行或失去破解的价值。

密码学包括两个分支：密码编码学和密码分析学。密码编码学主要研究对信息进行变换，以保护信息在传递过程中不被敌方窃取、解读和利用的方法，而密码分析学则与密码编码学相反，它主要研究如何分析和破译密码。两者既相互对立又相互促进。

密码编码学的数学性很强，几乎所有的密码体制都程度不同地使用了数学方法。密码算法往往利用现代数学中一些难以破解的问题来实现，而密码分析学就是要找出密码在数学结构中的缺陷。

密码技术是保障信息安全最核心的技术措施和理论基础，它采用密码学的原理与方法以可逆的数学变换方式对信息进行编码，把数据变成一堆杂乱无章、难以理解的字符串。

总体来看，密码技术是结合数学、计算机科学、电子与通信等诸多学科于一身的交叉学科。特别是计算机密码技术在计算机信息安全及电子商务和保密通信领域都具有很现实的意义。

1. 密码学的发展和起源

密码学是一门古老而深奥的学科，早在公元前 2000 年左右，埃及、巴比伦、美索不达米亚和希腊文明就开始使用一些方法来保护重要的书面信息。早期的加密方法非常简单，据传恺撒大帝曾用一种初级的密码技术来加密消息，对那些能够分享秘密的人，便告诉他们如何重新组合回原来的消息，这种密码便是著名的"恺撒密码"。自古以来，密码技术一般只在军事、情报、外交等部门使用，普通用户涉及很少，但是随着计算机技术及网络的不断普及，如何通过密码技术来保护用户信息安全已成为一个重要课题。

近代的加密技术主要应用于军事领域，如美国独立战争、美国内战和两次世界大战。特别是两次世界大战中对军事信息保密传递和破获敌方信息的需求，使密码学得到了空前的发展，并广泛应用于军事情报部门的决策。密码技术在某些程度上直接影响了战局的发展，比较有名的就是德国 Enigma 密码机，如图 4-1 所示。在第二次世界大战中，德国人利用它创建了加密信息，但是英国人获知了该机的密码原理

图 4-1　德国 Enigma 密码机

后，研制出一部密码破译机，它几乎可以破译截获德国的所有情报，而德国军方却对此一无所知。美国在太平洋战争中成功破译了日本海军的密码，并截获了日本舰队司令官山本五十六发给各指挥官的命令，在中途岛击溃了日本海军，并击毙了山本五十六，导致了太平洋战争的决定性转折。如今，密码学不仅用在国家军事安全上，已经将重点更多地集中在其他的实际应用中了。

中国古代发明了一些秘密通信的手段，如宋代曾公亮、丁度等编撰的《武经总要》中有"字验"的记载。北宋前期，在作战中曾用一首五言律诗的 40 个汉字，分别代表 40 种情况或要求，这种方式已具有了密本体制的特点。而近代山西钱庄票号也通过密码替换技术来保护汇票的可靠性。1871 年，上海电报公司选用 6899 个汉字，代以四码数字，成为中国最初的商用明码本，同时也设计了由明码本改编为密本及进行加乱的方法。

当今世界各主要国家的政府都十分重视密码工作，很多国家设立了专门的机构，拨出巨额经费，集中数以万计的专家和科技人员，投入大量先进设备进行密码编制和分析工作。与此同时，各民间企业和学术界也对密码日益重视，不少数学家、计算机学家和其他有关学科的专家纷纷投身于密码学的研究行列，这更加速了密码学的发展。

2. 计算机密码技术

随着计算机及互联网的普及，现代密码技术则以计算机密码技术为主，现代密码学是在计算机科学和数学的基础上发展起来的。本章后续部分将重点介绍计算机密码技术。

不同于传统加密技术的主要对象是文字书信，计算机密码技术是以对计算机与网络通信过程中数字化信息的加/解密方法作为研究对象的。在计算机系统中普遍采用的是二进制数据，所以二进制数据的加密方法在计算机信息安全中有着广泛的应用，这也正是现代密码学研究的主要应用对象。

随着计算机网络和计算机通信技术的发展，计算机密码学得到前所未有的重视并迅速普及和发展起来。在国外，它已成为计算机安全主要的研究方向，也是计算机安全课程教学中的主要内容。

1949 年前，密码学是一门艺术，到了 1975 年，密码学已成为科学。1976 年以后，随着公钥密码的发展，密码的使用和普及变得更加方便。

3. 密码技术的主要应用领域

密码技术可广泛应用于信息安全的各个领域，主要有以下内容。

（1）数据保密。用于数据的加/解密及保密数据通信，实现对信息、文件及通信内容的保密，防止信息被非法识别。

（2）认证。用于实体身份认证及数据源发认证，防止身份冒用。

（3）完整性保护。用于防止数据在传输过程中被插入、篡改、重发。

（4）数字签名和抗抵赖（Non-repudiation）。主要用于源发抗抵赖和交付抗抵赖，这在电子商务和政务中有着重要的作用。

随着计算机技术的发展，用户对数据安全的要求越来越高，一些相关密码技术应用产品已经民用化，如图 4-2 所示为文件加密软件界面，通过该软件可以对磁盘上的文件进行加密处理。如图 4-3 所示为采用密码技术的移动硬盘产品，将数据存储和加密有机地结合在一起，即使其他人获得该硬盘，也无法读取有效数据。

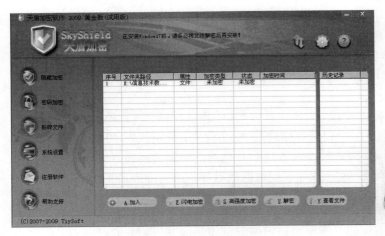

图 4-2　文件加密软件界面　　　　　图 4-3　采用密码技术的移动硬盘产品

总体来看，密码技术涉及信息安全的各个领域，从某种意义上说，密码技术是现代信息安全技术的基础。

4.1.2　密码技术基本概念

前面已经介绍了，所谓密码技术就是数据加/解密的基本过程，就是对明文的文件或数据按某种算法进行处理，使其成为不可读的一段代码，通常称为"密文"。密文只有在输入相应的密钥之后才能显示出本来内容，通过这样的途径可达到保护数据不被非法窃取、阅读的目的。该过程的逆过程为解密，即将该编码信息转化为原来数据的过程，如图 4-4 所示。

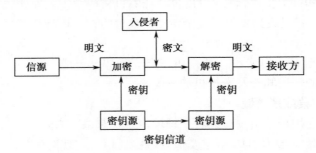

图 4-4　密码系统的工作原理

一个完整的信息加密系统所涉及的相关术语和概念包括：

（1）明文（Plaintext），消息的初始形式；

（2）密文（CypherText），加密后的形式；

（3）加密算法（Encryption Algorithm），对明文进行加密操作时所采用的一组规则；

（4）解密算法（Decryption Algorithm），接收方对密文解密所采用的一组规则；

（5）密钥（Key），可视为加/解密算法（密码算法）中的可变参数，改变密钥即改变明文与密文之间等价的数学函数关系。

从密码技术流程看，发送方用加密密钥通过加密设备或算法将信息加密后发送出去，接收方在收到密文后，用解密密钥将密文解密，恢复为明文。如果传输中有人窃取，也只能得到无法理解的密文，从而对信息起到保密作用。

这个过程用数学方式表示就是：

明文记为 P 且 P 为字符序列，则 $P=[P_1,P_2,\cdots,P_n]$；

密文记为 C，则 $C=[C_1,C_2,\cdots,C_n]$；

明文和密文之间的变换记为 $C=E(P)$ 及 $P=D(C)$。

其中，C 表示密文，E 为加密算法，P 为明文，D 为解密算法，要求密码系统满足 $P=D(E(P))$。

加密算法与解密算法是密钥构成密码体制的两个基本要素。密码算法是稳定的，难以做到绝对保密，可以公开，可视为一个常量。密钥则是一个变量，一般不可公开，由通信双方掌握。密钥分为加密密钥（Encryption Key）和解密密钥（Decryption Key），两者可以相同也可以不同。加密算法和解密算法的操作通常都是在一组密钥的控制下进行的。

在密码技术发展的早期，人们把数据的安全依赖于算法是否保密，很显然这是不够安全的。1883 年，Kerchoffs 第一次明确提出编码原则：加密算法应建立在算法的公开不影响明文和密钥安全的基础之上。这一原则成为判定密码强度的衡量标准，实际上也成为传统密码和现代密码的分界线。

随着计算机技术的发展，使基于复杂计算的密码成为可能。人们又认为，数据的安全基于密钥而不是算法的保密。1976 年，Diffie 和 Hellman 提出非对称密钥加密算法；1977 年，RSA 公钥算法由 Rivest、Shamir 和 Adleman 提出；1990 年，上海交通大学教授来学嘉和瑞士学者 James Massey 联合提出国际数据加密算法（IDEA）；20 世纪 90 年代，对称密钥加密算法进一步成熟；2001 年，Rijndael 成为 DES 的替代者。密码算法一直在不断地发展变化着。

普通用户一般并不需要掌握加密的原理，就能利用现有的加密软/硬件生成并管理密钥，还可以对磁盘或文件及数据库信息等完成加密和解密操作。

4.1.3　密码的分类与算法

密码技术由于发展的时间比较长，所以可以从不同角度根据不同的标准对其进行分类。

1. 按历史发展阶段划分

（1）手工密码。以手工方式完成加密作业，或者以简单器具辅助操作的密码。

（2）机械密码。以机械密码机或电动密码机完成加/解密作业的密码。这种密码从第一次世界大战出现到第二次世界大战中得到普遍应用。

（3）电子机内乱密码。通过电子电路以严格的程序进行逻辑运算，以少量治乱元素生产大量的加密乱数，其治乱是在加/解密过程中完成的而不需要预先制作。

（4）计算机密码。以计算机密码软件进行算法加/解密为特点，适用于计算机数据保护和网络通信等广泛用途的密码。

2. 按保密程度划分

（1）理论上保密的密码。对明文始终不能得到唯一解的密码，也叫理论不可破的密码，如客观随机一次一密的密码。

（2）实际上保密的密码。在理论上可破，但在现有客观条件下，无法通过计算来确定唯一解的密码。

（3）不保密的密码。在获取一定数量的密文后可以得到唯一解的密码。

3. 按密钥方式划分

（1）对称式密码。收发双方使用相同密钥的密码。传统的密码都属于此类。

（2）非对称式密码。收发双方加/解密采用不同密钥的密码，如公钥密码。

4. 按密码算法分

信息加密算法共经历了三个阶段：古典传统密码算法、对称密码算法和非对称密码算法。对称密码算法（Symmetric Cipher）是指加密密钥和解密密钥相同，或者实质上等同，可从一个易于推出另一个，也称单密钥算法。非对称密钥算法（Asymmetric Cipher）是指加密密钥和解密密钥不相同，从一个很难推导出另一个，又称公开密钥算法（Public-key Cipher）。公开密钥算法用一个密钥（公钥）进行加密，而用另一个密钥（私钥）进行解密。常见的密码算法有以下8种。

（1）对称式密码算法（Data Encryption Standard，DES）。对称式密码算法数据加密标准，速度较快，适用于加密大量数据的场合。

（2）3DES（Triple DES）。基于DES，对一段数据用三个不同的密钥进行三次加密，加密强度更高。

（3）RC2和RC4。用变长密钥对大量数据进行加密，速度比DES快。

（4）国际数据加密算法（International Data Encryption Algorithm，IDEA）。国际数据加密算法使用128位密钥提供非常强的安全性。

（5）公共密码算法（RSA）。支持变长密钥的公共密钥算法，需要加密的文件块的长度也是可变的。

（6）数字签名算法（Digital Signature Algorithm，DSA）。一种标准的DSS（数字签名标准）。

（7）AES（Advanced Encryption Standard）。高级加密标准，速度快，安全级别高，目前AES标准的一个具体实现是Rijndael算法。

（8）单向散列算法。单向散列函数一般用于产生消息摘要、密钥的加密等，常见的有MD5（Message Digest Algorithm 5）和SHA（Secure Hash Algorithm）两种。MD5是RSA数据安全公司开发的一种单向散列算法，已经被广泛使用，可以用来把不同长度的数据块进行暗码运算成一个128位的数值；SHA是一种较新的散列算法，可以对任意长度的数据运算生成一个160位的数值。

其他密码算法还有ElGamal、Deffie-Hellman、椭圆曲线算法（ECC）等。具体到实际应用过程中，加密所用的算法可以是多种算法的组合或不同组成部分或不同阶段使用不同的算法。

4.1.4 现代高级密码体系

密码技术一直在不断发展，一些新的密码技术也在不断被开发和应用。现代密码体系中一些新算法和技术的应用使密码技术得到更深层的发展，如零知识证明和量子密码技术，下面进行简单的介绍。

1. 零知识证明

密码学中讲的零知识证明（Zero-knowledge Proof）是指在不让对方获知任何资讯的情况下证明一件事，实例是身份辨别。示证者在证明自己身份时不泄露任何信息，验证者得不到示证者的任何私有信息，但又能有效证明对方的身份。

例如，甲要向乙证明自己拥有某个房间的钥匙，假设该房间只能用钥匙打开，其他任何方法都打不开。这时一种方法是甲把钥匙给乙，乙用这把钥匙打开该房间，从而证明甲拥有该房间的钥匙。另一种方法是乙确定该房间内有某个物体，甲用自己拥有的钥匙打开该房间，然后把物体出示给乙，从而证明自己确实拥有该房间的钥匙。后面这个方法属于零知识证明。好处是在整个证明的过程中，乙始终不能看到钥匙的样子，从而避免了钥匙的泄露。采用零知识证明技术使密钥的管理变得更方便。

2. 后量子密码与量子加密技术

加密算法都是建立在特定数学难题基础之上的。在当前的网络通信协议中，使用范围最广的密码技术是 RSA 密码系统、ECDSA/ECDH 等 ECC 密码系统及 DH 密钥交换技术，这些通用密码系统建立在大数分解（Integer Factorization）和离散对数（Discrete Logarithm）等经过长期深入研究数学问题的困难性上。但随着量子计算机技术不断取得突破，特别是以肖氏算法为典型代表的量子算法，其相关运算操作在理论上可以实现从指数级别向多项式级别的转变，那些仅能抵抗经典计算机暴力破解的密码算法面临被提前淘汰的困境。量子计算能力的威胁使部署量子安全选项的需求更加紧迫，作为功能对立的两个领域，量子计算能力与量子安全选项的发展呈现出双螺旋上升的趋势，一方的显著进步必然带动另一方的迫切需求。根据是否基于量子物理原理，量子安全选项可划分为两种基本类型，即后量子密码与量子加密技术。

后量子密码（Post-quantum Cryptography）又称为抗量子密码（Quantum-resistant Cryptography）是被认为能够抵抗量子计算机攻击的密码体制。此类加密技术的开发采取传统方式，即基于特定数学领域的困难问题，通过研究开发算法使其在网络通信中得到应用，从而实现保护数据安全的目的。后量子密码的应用不依赖于任何量子理论现象，但其计算安全性可以抵抗当前已知任何形式的量子攻击。尽管大数分解、离散对数等问题能够被量子计算机在合理的时间区间内解决，但是基于其他困难问题的密码体制依然能够对这种未来威胁形成足够防御能力。当前，国际后量子密码研究主要集中于基于格密码（Lattice-based Cryptography）、基于编码（Code-based Cryptosystems）的密码系统、多元密码（Multivariate Cryptography）及基于哈希算法签名（Hash-based Signatures）等领域。

量子加密技术是量子通信科学发展的成果之一，又被称为量子密钥分发（Quantum Key Distribution）。依靠包括叠加态、量子纠缠和不确定性等在内的量子物理独特性质，量子密钥分发技术可以检测和规避窃听企图，在实现传统密钥交换功能的同时使密钥分发的保密性得到完全的保障。更具体而言，量子密钥分配方案在原理上采用单个光子传输，根据海森堡测不准原理，测量这一量子系统会对该系统的状态产生不可逆转的干扰（波包的坍缩），窃听者所能得到的只是该系统测量前状态的部分信息。这一干扰必然会对合法的通信双方之间的通信造成差错。通过这一差错，通信双方不仅能觉察出潜在的窃听者，而且可估算出窃听者截获信息的最大信息量，并由此通过传统的信息论技术提取出无差错的密钥。但这种方案也面临着包括成本和传播距离等因素的限制，而且攻击者还能够通过拒绝服务式攻击严重削弱量子密钥分发的效率。

上述两种加密手段目前都处于发展阶段，依然存在诸多问题需要解决。

4.2　古典密码技术

在计算机出现之前，密码学的算法主要是通过字符之间代替或易位实现的，一般称这些密码体制为古典密码或传统加密技术，其中包括移位密码、单表替换密码、多表替换密码等。研究古典密码的原理，对于理解、构造和分析现代密码是十分有益的。

古典加密的主要应用对象是对文字信息进行加/解密。以英文为例，文字由字母表中的一个个字母组成，字母表可以按照排列组合顺序进行一定的编码，把字母从前到后用数字表示。大多数加密算法都有数学属性，这种表示方法可以对字母进行算术运算，字母的加减法将形成对应的代数码。

古典密码有着悠久的历史，在古代，人们为了确保通信的机密，有意识地使用一些简单的方法对信息进行加密。16世纪，米兰的物理学家和数学家Cardano发明的掩格密码，可以事先设计好方格的开孔，将所要传递的信息和一些其他无关的符号加密成无序的信息，使截获者难以分析出有效信息。畅销书《达·芬奇密码》中也借鉴了大量的关于古典密码的相关知识。

总体来看，古典密码学主要有两种基本的构造模块（或两者结合），分别是替代密码（明文由其他的字母、数字或符号所代替）和置换密码（明文通过某种处理得到类型不同的映射）。

4.2.1　替代密码

所谓替代密码是指明文中的一个字符被替换为密文中的另一个字符，接收方对密文进行逆替换就可以恢复明文。

据记载，在古罗马帝国时期，恺撒大帝曾经设计过一种简单的替代密码，用于战时通信。这种加密方法就是将明文的字母按照字母顺序，往后依次递推相同的位置，即可得到加密的密文，而解密的过程正好和加密的过程相反。具体实现如下所述。

对英文的26个字母分别向前移3位。

明文：a b c d … x y z

密文：d e f g … a b c

按此算法，若明文为 bei jing，则密文为 ehl mlqj。

转换为数学模型就是将26个字母分别对应于整数0～25。

加密：$C=E(P)=(P+k) \bmod 26$；

解密：$P=D(C)=(C-k) \bmod 26$；

其中，密钥 $k=3$。

很显然，该密码系统并不安全，很容易被分析出规律。首先，简单的单表替代密码没有掩盖明文不同字母出现的频率；其次，移位替代的密钥空间有限，只有25个密钥，用蛮力攻击即可攻破。后来，人们将其进一步改善，如15世纪佛罗伦萨人Alberti发明圆盘密码，该密码系统被设计成在两个同心圆盘上，内盘按不同（杂乱）的顺序填好字母或数字，而外盘按照一定顺序填好字母或数字，转动圆盘就可以找到字母的置换方法，很方便地进行信息的加密与解密。恺撒密码与圆盘密码本质是一样的，都属于单表置换，即一个明文字母对应的密文字母是确定的，截获者可以分析字母出现的频率，对密码体制进行有效的攻击。类似的表替代密码还有反字母表和随机乱序字母表。

（1）反字母表。反字母表就是丹·布朗在《达·芬奇密码》中提到的埃特巴什码（Atbash Cipher）。它的原理是取一个字母，指出它位于字母表正数第几位，再把它替换为从字母表倒数同样位数得到的字母，如E被替换为V、N被替换为M等，如表4-1所示。

表 4-1　反字母表

明码表	A	B	C	D	E	F	G	H	I	J	K	L	M	N	O	P	Q	R	S	T	U	V	W	X	Y	Z
密码表	Z	Y	X	W	V	U	T	S	R	Q	P	O	N	M	L	K	J	I	H	G	F	E	D	C	B	A

按此算法，若明文为 NING MENG，则密文为 MRMT NVMT。

（2）随机乱序字母表，即单字母替换密码。重排密码表 26 个字母的顺序，可以增加很多替代空间，理论上能有效地防止用筛选的方法检验所有的密码表。这种加密方法持续使用了几个世纪，直到阿拉伯人发明了频率分析法。以其中的一种可能排列替换表为例，如表 4-2 所示。

表 4-2　随机乱序字母表

明码表	A	B	C	D	E	F	G	H	I	J	K	L	M	N	O	P	Q	R	S	T	U	V	W	X	Y	Z
密码表	Q	W	E	R	T	Y	U	I	O	P	A	S	D	F	G	H	J	K	L	Z	X	C	V	B	N	M

按此算法，若明文为 NING MENG，则密文为 FOFU DTFU。

后来，为了提高密码破译的难度，人们又发明了多表置换的密码，即一个明文字母可以表示为多个密文字母，多表密码加密算法的结果将使对单表置换用的简单频率分析方法失效，维吉尼亚密码就是一种典型的加密方法。维吉尼亚密码是使用一个词组（语句）作为密钥，词组中每一个字母都作为移位替换密码密钥确定一个替换表，它循环地使用每一个替换表完成明文字母到密文字母的变换，最后所得到的密文字母序列即为加密得到的密文。例如，$M=$data security，$k=$best，可以先将 M 分解为长度是 4 的序列 data　secu　rity，每一节利用密钥 $k=$best 加密得密文 $C=E_k(M)=$eflt　tiun　smlr。当密钥 K 取的词组很长时，截获者就很难将密文破解。

本章由于篇幅限制，只简单介绍了常见的几种替换密码，若读者有兴趣可以自己设计一套替换密码规则。

4.2.2　置换密码

置换密码（Permutation Cipher）又称换位密码（Transposition Cipher），其基本原理是密文与明文的字母保持相同，但输出顺序被打乱了。比如，简单的纵行换位，就是将明文按照固定的宽度写在一张图表纸上，然后按照垂直方向读取密文。这种加密方法也可以按下面的方式解释：明文分成长度为 m 个元素的块，每块按照 n 来排列。这意味着一个重复且宽度为 m 的单字母的多表加密过程，即分块换位是整体单元的换位。简单的换位可用纸笔容易实现，而且比分块换位出错的机会少。

以周期为 e 的置换为例，采用置换密码是将明文字母划分为组，每组 e 个字母，密钥是 $1，2，\cdots，e$ 的一个置换 f，然后按照公式 $Y_i+ne=Xf(i)+ne$（其中 $i=1,\cdots,e$；$n=0,1,\cdots$），将明文 $X_1X_2X_3\cdots$ 加密为密文 $Y_1Y_2Y_3\cdots$。解密过程则按照下式进行：$X_j+ne=Yf^{-1}(j)+ne$（其中 $j=1,\cdots,e$；$n=0,1,\cdots$）。

例如，已知明文为"COMPUTER　GRAPHICS　MAY　BE SLOW BUT AT LEAST ITS EXPENSIVE"，写成阵列分块后如表 4-3 所示。

表4-3 置换密码表

	1	2	3	4	5	6	7	8	9	10
1	C	O	M	P	U	T	E	R	G	R
2	A	P	H	I	C	S	M	A	Y	B
3	E	S	L	O	W	B	U	T	A	T
4	L	E	A	S	T	I	T	S	E	X
5	P	E	N	S	I	V	E			

根据规则，输入时按照行输入，输出时则按列依次输出，则转换后的密文为"CAELP OPSEE MHLAN PIOSS UCWTI TSBIV EMUTE RATSG YAERB TX"。

在置换密码中，密文字符和明文字符相同，对密文的频数分析将揭示和英语有相似的或然值。这给了密码分析者很好的线索，使其能用各种技术去决定字母的准确顺序以得到明文。

虽然现代密码也用置换手段，但由于它对存储空间要求很大，有时还要求消息为某个特定的长度，因此比较麻烦，所以替换密码要常用得多。

4.2.3 密码分析

所谓密码分析，就是指在未知密钥的前提下，从密文中恢复出明文或推导出密钥，对密码进行分析的尝试。主要是通过分析密码系统中的缺陷或通过数学统计手段及语言特点，或者借助计算机等技术手段去试图破译单条消息或试图识别加密的消息格式，以便借助直接的解密算法破译后续的消息。

密码破译是随着密码的使用而逐步产生和发展的。1412 年，波斯人卡勒卡尚迪所编的百科全书中载有破译简单替代密码的方法。到 16 世纪末期，欧洲一些国家设有专职的破译人员用以破译截获的密信，使密码破译技术有了相当的发展。1863 年普鲁士人卡西斯基所著《密码和破译技术》及 1883 年法国人克尔克霍夫所著《军事密码学》等著作，都对密码学的理论和方法做过一些论述和探讨。1949 年，美国人香农发表了《秘密体制的通信理论》，应用信息论的原理分析了密码学中的一些基本问题。

密码分析的基础实际就是大部分的密码并非绝对安全。无论是古典密码还是现代密码，一方面要尽可能地使密码更加安全，另一方面还要便于实现，这实际上是矛盾的。从理论上讲，人们可以编制无穷复杂的密码，但在实践中，则必须根据使用情况做出某种妥协，换言之，就是在一定程度上牺牲密码编码的安全性，来获取密码操作的可行性和方便性。目前，密码分析的方法主要如下。

（1）唯密文攻击（Ciphertext Only）。

（2）已知明文攻击（Known Plaintext）。

（3）选择明文攻击（Chosen Plaintext）。

（4）选择密文攻击（Chosen Ciphertext）。

（5）选择密钥攻击（Chosen Key）。

以古典密码的分析为例，如果仔细观察这些字母替代方法的核心就不难发现：其实明文字母和密文字母的关系，无非就是"一对一""一对多""多对多"这么几种。总的来说，"一对多"会导致密文长度大大加长，在实际应用时受到很大限制，而"多对多"又受制于语言规律。为更好地理解什么是密码分析，下面简单介绍 2 种常见的古典密码分析方法。

1. 穷举分析

可以简单地实验每个密钥（穷密钥搜索），直到找到合适的密码为止，特别是借助计算机分析手段，效率将有很大的提高。

例如，假设密文是"LI ZH ZLVK WR UHSODFH OHWWHUV"，并且估计是由明文通过移位形成的密文，只是不知道密钥（移几位），那么这个时候可以依次分别移动 1 位、2 位……再根据常识就可以破解出原来的明文，如表 4-4 所示。

表 4-4 穷举分析操作步骤与结果

分 析 操 作	分 析 结 果
移动 1 位	KH YG YKUJ VQ TGRNCEG NGVVGTU
移动 2 位	JG XF XJTI UP SFQMBDF MFUUFS
移动 3 位	IF WE WISH TO REPLACE LETTERS
移动 4 位	HE VD VHRG SN QDOKZBD KDSSDQR
…	…
移动 25 位	MJ AI AMWL XS VITPEGI PIXXIVW

从该表根据常识不难分析，移动 3 位得到的结果是最令人满意的，因此基本可以确定，密钥实际就是 3。

可能这种方法看起来很笨，实际上，穷举分析非常适合有一定规律变化的密码分析。如果采用计算机技术来分析，则破解时间将变得更快。

2. 根据字母频率分析

众所周知，英文文字是以字母为最小文字单位的。不管单词如何千变万化，说到底，还是这些字母在不断改变排列顺序而已。因此，如果能够将明文字母一个个改变，其实也就相当于改变了原来的词汇和语句的模样，进而也就守住了秘密。从这个意义上讲，"一对一"的模式获得了最大的成功，被普遍地应用在各种加密场合。与之类似，密码分析人员可以整理出各种语言（拼音化文字）中的字母出现频率。通过如图 4-5 所示不难看出，什么字母出现概率最大？毫无疑问就是"e"。事实上，不仅在英语和德语中，在法语、瑞典语、拉丁语、丹麦语、荷兰语、芬兰语……在许多语言中，字母 e 都是频率冠军。当分析人员搜集到足够多的原始密文资料后，通过分析会发现，不管对手怎么替换，出现频率最高的这个字母只能是 e。因此，只要找到密文中出现频率最高的字母，就可以把它还原成明文的 e。按这个思路，通过分别辨认和标定其他字母，再做一些小的微调和语言学上的猜测，完全可以将密文一点点地还原成明文。

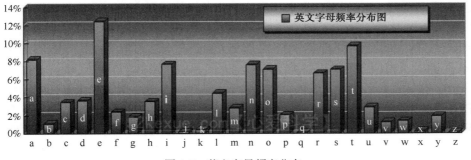

图 4-5 英文字母频率分布

这种分析方法利用了语言学的知识，从这个角度看，对人类行为和社会的研究，包括语言和习惯，实际上也在密码分析上有很重要的作用。

随着计算机加密技术的发展，如何利用计算机与数学知识来分析密码是当今密码破解的一个重点方向。考虑到计算机密码技术普遍采用数学难题来实现，因此，计算机密码的分析主要是依靠对数学的不断研究。

4.3 对称密码技术

现代密码算法不再依赖算法的保密性，而是把算法和密钥分开，其中，密码算法可以公开，但密钥是保密的，密码系统的安全性在于保持密钥的保密性。如果加密密钥和解密密钥相同，或者实质上等同（从一个可以推出另外一个），一般称其为对称密钥、私钥或单钥密码体制。对称密码技术加密速度快，使用的加密算法简单，安全强度高，但密钥的完全保密很难实现，此外，大系统中的密钥管理难度也很大。

对称密码技术又可分为序列密码和分组密码两大类。序列密码每次加密一位或一字节的明文，也称为流密码。序列密码是手工和机械密码时代的主流方式。分组密码将明文分成固定长度的组，用同一个密钥和算法对每一组加密，输出也是固定长度的密文。最典型的就是 1977 年美国国家标准局颁布的 DES 算法。

4.3.1 对称密码技术原理

对称加密算法是应用较早的加密算法，技术成熟，常用的对称加密算法有 DES、IDEA 和 AES 等。在对称加密算法中，数据发信方将明文（原始数据）和加密密钥一起经过特殊加密算法处理，使其变成复杂的加密密文，之后发送出去。收信方收到密文后，若想解读原文，则需要使用加密用过的密钥及相同算法的逆算法对密文进行解密。在对称加密算法中，使用的密钥只有一个，发、收信双方都使用这个密钥对数据进行加密和解密，这就要求解密方事先必须知道加密密钥，对称密钥密码体制的通信模型如图 4-6 所示。

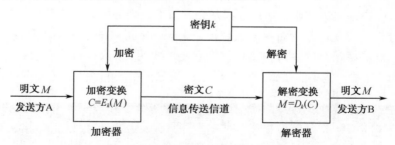

图 4-6　对称密钥密码体制的通信模型

对称密码系统的安全性依赖于以下两个因素：第一，加密算法必须是足够强的，仅基于密文本身去解密信息在实践上是不可能的；第二，加密方法的安全性依赖于密钥的秘密性，而不是算法的秘密性。对称加密系统可以以硬件或软件的形式实现，其算法实现速度极快，软件实现的速度达到了每秒数兆或数十兆比特。对称密码系统的这些特点使其有着广泛的应用。

对称加密算法的特点是算法公开、计算量小、加密速度快、加密效率高；不足之处是通信双方都使用同样的密钥，安全性得不到保证。

此外，每位用户每次使用对称加密算法时，都需要使用其他人不知道的唯一密钥，这会使得发、收信双方所拥有的密钥数量呈几何级数增长，密钥管理成为用户的负担。例如，在拥有众多用户的网络环境中使 n 个用户之间相互进行保密通信，若使用同一个对称密钥，则一旦密钥被破解，整个系统就会崩溃；使用不同的对称密钥，密钥的个数几乎与通信人数成正比（需要 $n×(n-1)$ 个密钥）。由此可见，若采用对称密钥，大系统的密钥管理几乎不可能实现。另外，对称加密算法不能实现数字签名。对称加密算法在分布式网络系统上使用较为困难，主要是因为密钥管理困难，使用成本较高。

4.3.2　对称加密算法

对称加密算法（Data Encryption Standard，DES）是由美国 IBM 公司在 20 世纪 70 年代发展起来的，并经政府的加密标准筛选后，于 1976 年 11 月被美国政府采用。DES 随后被美国国家标准局和美国国家标准协会（American National Standard Institute，ANSI）承认。

1. DES 的特点与应用

DES 采用分组密码体制，使用 56 位密钥对 64 位的数据块进行加密，并对 64 位的数据块进行 16 轮编码。在每轮编码时，由 56 位的完整密钥得出一个 48 位的密钥值。

（1）DES 的主要特点如下。

① 安全性不依赖于算法的秘密性，仅以加密密钥的保密为基础。

② 提供高质量的数据保护，防止数据未经授权的泄露和未被察觉的修改。

③ 具有足够的复杂性，使得破译非常困难。

④ 容易实现，能够以软件或硬件形式出现。

（2）DES 是一种世界公认的较好加密算法。自它问世以来，成为密码界研究的重点，经受住了许多科学家的研究和破译，在民用密码领域得到了广泛的应用，为贸易、金融等非官方部门提供了可靠的通信安全保障。DES 具体应用于以下领域。

① 计算机网络通信。对计算机网络通信中的数据提供保护是 DES 的一项重要应用，但这些被保护的数据一般只限于民用敏感信息。

② 电子货币系统。采用 DES 的方法加密电子货币系统中的信息，可准确、快速地传送数据，并可较好地解决信息安全问题。

③ 保护用户文件。用户可自选密钥对重要文件加密，防止未授权用户窃密。

④ 用户识别。DES 还可用于计算机用户识别系统中。

2. DES 的实现步骤

DES 实现加密需要 3 个步骤。

（1）变换明文。对给定的 64 位的明文 X，首先通过一个置换 IP 表来重新排列 X，从而构造出 64 位的 X_0，$X_0 = IP(X) = L_0 R_0$，其中 L_0 表示 X_0 的前 32 位，R_0 表示 X_0 的后 32 位。

（2）按照规则迭代。规则为：

$$L_i = R_{i-1}$$

$$R_i = L_{i-1} \oplus f(R_{i-1}, K_i) \qquad (i=1, 2, 3, \cdots, 16)$$

经过第一步变换已经得到 L_0 和 R_0 的值，其中符号 $\oplus$ 表示的数学运算是异或，f 表示一种置换，由 S 盒置换构成，K_i 是一些由密钥编排函数产生的比特块。

（3）对 $L_{16}R_{16}$ 利用 IP^{-1} 进行逆置换，就得到了密文 Y，如图 4-7 所示。

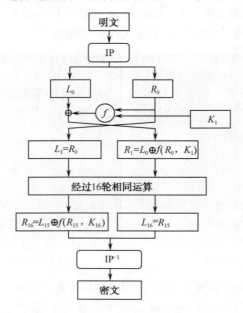

图 4-7　DES 基本框架

DES 具有极高的安全性，到目前为止，除用穷举搜索法对 DES 进行攻击外，还没有发现更有效的办法。而 56 位长的密钥的穷举空间为 2^{56}，这意味着如果一台计算机的速度是每秒检测 100 万个密钥，则搜索完全部密钥就需要将近 2285 年的时间，具体的密钥长度与破解难度如表 4-5 所示。随着科学技术的发展，可以考虑把 DES 密钥的长度再增长一些，以此来达到更高的保密程度。此外，由 DES 可以知道，其中只用到 64 位密钥中的 56 位，而第 8，16，24，…，64 位有 8 个位并未参与 DES，这正是 DES 在应用上的误区。由于 DES 完全公开，其安全性完全依赖于对密钥的保护，必须有可靠的信道来分发密钥，如采用信使递送密钥等。因此，它不适合在网络环境下单独使用。DES 在计算机速度提升后的今天被认为是不安全的，因此，用它来保护银行信息安全显然是不够保险了，但用它来保护一台普通服务器，却仍是一种好的办法。

表 4-5　密钥长度与破解难度

密钥长度（位）	个 人 攻 击	小 组 攻 击	大 公 司	军事情报机构
40	数周	数日	数毫秒	数微秒
56	数百年	数十年	数小时	数秒钟
64	数千年	数百年	数日	数分钟
80	不可能	不可能	数百年	数百年
128	不可能	不可能	不可能	数千年

3. 三重 DES

针对 DES 密钥短的问题，科学家又研制了 80 位的密钥，以及在 DES 的基础上采用三重 DES 和双密钥加密的方法。三重 DES（或称 3DES）方法的强度大约和 112 位的密钥强度相当。这种方法用两个密钥对明文进行三次运算。设两个密钥是 k_1 和 k_2，其算法的步骤如下。

（1）用密钥 k_1 进行 DES 加密。

（2）用 k_2 对步骤（1）的结果进行 DES 解密。

（3）用步骤（2）的结果使用密钥 k_1 进行 DES 加密。

如此一来，其效果相当于将密钥长度加倍。通过这些技术的扩展，DES 依旧可以在现代密码系统中继续使用。

4.3.3 国际数据加密算法

国际数据加密算法（IDEA）由瑞士学者提出，也是一种数据块加密算法。它在 1990 年正式公布并在之后得到增强。这种算法是在 DES 基础上发展起来的，类似于三重 DES。它设计了一系列加密轮次，每轮加密都使用从完整的加密密钥中生成的一个子密钥。它也是对 64 位大小的数据块加密的分组加密算法，密钥长度为 128 位。

与 DES 的不同处在于，IDEA 基于"相异代数群上的混合运算"思想设计算法，采用软件和硬件实现同样快速，且比 DES 在实现上快得多。IDEA 自问世以来，已经历了大量的验证，对密码分析具有很强的抵抗能力，在多种商业产品中被使用。由于 IDEA 是在美国之外提出并发展起来的，避开了美国法律上对加密技术的诸多限制，因此，有关 IDEA 和实现技术的书籍都可以自由出版和交流，极大地促进了 IDEA 的发展和完善。

4.3.4 高级加密标准

高级加密标准（AES）是美国联邦政府采用的商业及政府数据加密标准，预计将在未来几十年里代替 DES 而在各个领域中得到广泛应用。AES 提供 128 位密钥，其加密强度是 56 位 DES 的 1021 倍甚至还多。假设制造一部可以在 1 秒内破解 DES 密码的机器，那么使用这台机器破解一个 128 位 AES 密码需要大约 149 万亿年的时间。

1998 年，美国召开了第一次 AES 候选会议，并公布了 15 个 AES 候选算法。经过一年的考察，MARS、RC6、Rijndael、Serpent、Twofish 共 5 种算法通过了第二轮的选拔。2000 年 10 月，确定 Rijndael 作为 AES 算法。Rijndael 是带有可变块长和可变密钥长度的迭代块密码算法，块长和密钥长度可以分别指定成 128、192 或 256 位。目前，这些对称加密算法都在不同的场合得到具体应用，如表 4-6 所示。

表 4-6 对称加密算法的性能对比

算 法	密钥长度（位）	分组长度（位）	循 环 次 数
DES	56	64	16
三重 DES	112、168	64	48
AES	128、192、256	128	10、12、14
IDEA	128	64	8

4.4 非对称密码技术

若加密密钥和解密密钥不相同，从其中一个难以推出另一个，则称为非对称密码技术或双钥密码技术。非对称密码算法使用两把完全不同但又完全匹配的一对钥匙——公钥和私钥。在使用非对称密码算法加密文件时，只有使用匹配的公钥和私钥，才能完成对明文的加密和解密过程。用户可以把密钥（公钥）公开地分发给任何人，适用于保密通信，但它也存在算法复杂、加密速度慢的问题。

4.4.1 非对称密码算法的基本原理

非对称加密算法的基本原理是每个用户都有一对预先选定的密钥：一个是可以公开的，以 k_1 表示；另一个则是秘密的，以 k_2 表示。公开的密钥 k_1 可以像电话号码一样进行注册公布，因此非对称加密系统又称公钥系统，非对称密码算法原理如图 4-8 所示。它有两种表现形式，一种是公钥加密然后用私钥解密，另一种是私钥加密然后公钥解密，两者需要满足以下条件。

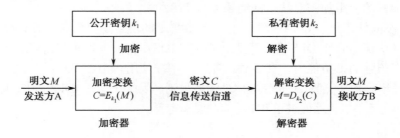

图 4-8　非对称密码算法原理

① k_2 是 k_1 的逆，即 $k_2[E(X)]=k_1$。

② k_2 和 k_1 都容易计算。

③ 由 k_1 出发去求解 k_2 十分困难。

从上述条件可看出，在公开密钥密码体制下，加密密钥不等于解密密钥。加密密钥可对外公开，使任何用户都可将传送的信息用公开密钥加密发送，而该用户唯一保存的私人密钥是保密的，也只有它能将密文复原、解密。虽然解密密钥理论上可由加密密钥推算出来，但这种算法设计在实际上是不可能的，或者虽然能够推算出来，但要花费很长的时间而成为不可行的，所以将加密密钥公开也不会危害密钥的安全。

与之相反，用户也能用私人密钥对使用公共密钥加密的数据加以处理。但该方法对于加密敏感报文而言并不是很有用，这是因为每个人都可以获得解密信息的公共密钥。但它可以应用于下面的一种情形：当一个用户用自己的私人密钥对数据进行了处理，可以用它提供的公共密钥对数据加以处理，这提供了"数字签名"的基础。

在实际应用中，可以采用混合加密体制，其原理如图 4-9 所示，也就是用双钥和单钥密码相结合的混合加密体制，即加/解密时采用单钥密码，密钥传送则采用双钥密码。这样既解决了密钥管理的困难，又解决了加/解密速度的问题。

由于非对称算法拥有两个密钥，因此特别适用于分布式系统中的数据加密。自从 1976 年提出了公钥密码体制的思想以后，人们提出了很多密码体制实现的方案，而这些方案的安全性都是建立在某个数学难题基础上的。但是，当初被人们提出的观点要么太过复杂难以实现，要么已经被破解不能再加以利用。目前只剩下既具有一定安全性又相对比较容易实现的两类：一类是基于大整数因子分解问题的，其中最典型的代表是 RSA；另一类是基于离散对数问题的，如 ElGamal

公钥密码和影响比较大的椭圆曲线公钥密码。

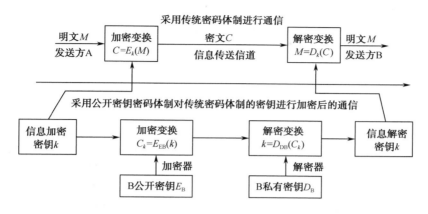

图 4-9　混合加密体制原理

4.4.2　RSA 算法

RSA（Rivest Shamir Adleman）算法是基于大数不可能被质因数分解假设的公钥体系。简单地说就是找两个很大的质数，一个用来做对外公开的公钥（Public Key），另一个不告诉任何人，称为私钥（Private Key）。

RSA 算法主要用到一个著名的数学定理，即费尔马小定理（Fermat's Little Theorem）。这种数学上的单向限门函数的特点是一个方向求值很容易，但其逆向计算却很困难。许多形式为 $Y=f(X)$ 的函数，对于给定的自变量 X 值，很容易计算出函数 Y 的值；而由给定的 Y 值，在很多情况下依照函数关系 $f(X)$ 计算 X 值十分困难。正是基于这种理论，RSA 算法产生了。这种算法为公用网络上信息的加密和鉴别提供了一种基本的方法。它通常是先生成一对 RSA 密钥，其中的一个是保密密钥，由用户保存；另一个为公开密钥，可对外公开，甚至可在网络服务器中注册。

为提高保密强度，RSA 密钥一般推荐使用 1024 位，这就使加密的计算量很大。为减少计算量，在传送信息时，常采用传统加密与公开密钥加密相结合的方式，即采用改进的 DES 或 IDEA 对话密钥加密，然后使用 RSA 密钥加密对话密钥和信息摘要，对方收到信息后，用不同的密钥解密并可核对信息摘要。

RSA 体制的密钥生成可以简单描述如下，其流程如图 4-10 所示。

（1）选择两个大质数 p 和 q。

（2）计算出 $n=p×q$ 及 $(n)=(p-1)(q-1)$。

（3）选择一个随机整数 e（加密密钥），且满足 $1<e<\phi(n)$，满足 $\gcd(b,(n))=1$。

（4）计算解密密钥 $d=e^{-1} \bmod \phi(n)$。

（5）对每一个密钥 $k=(n,p,q,d,e)$，定义加密变换为 $E_k(p)=p^e/n=C$，

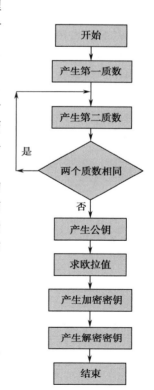

图 4-10　RSA 生成密钥流

定义解密变换为 $D_k(C)= C^d/n = p$。

（6）公布整数 n 和加密密钥 e。以 $\{e,n\}$ 作为公开密钥，以 $\{p,q,d\}$ 作为私有密钥。

RSA 的数学证明比较枯涩，为方便起见，以一个较小的质数为例。

（1）密钥生成。

假设选择 p=7、q=19。

可以计算出 $n=p\times q$=7×19=133。

计算出 $M=\phi(n)$ =(p-1)×(q-1)=(7-1)×(19-1)=108。

选择一个随机生成较小的整数 e，使 e 与 108 互质，其中 5 是最小的，于是选择 e=5 生成 d，使 $d\times e/M$=1，也就是 d×5/108=1（d 乘以 5 除以 108 余数为 1），于是可以推算出 d=65。至此，公钥 e=5、n=133，私钥 d=65、n=133，密钥计算完毕。

（2）加/解密过程。

RSA 的原则是被加密的信息应该小于 p 和 q 的较小者，所以在这个例子中，要指明被加密的数字要小于 7，于是取明文码 6 为例。

加密：$C=p^e/n$=6^5/133=7776/133=62，于是密文为 62，把 62 传出去。

解密：$p=C^d/n$=62^{65}/133，经过运算，余数为 6，则可以得到原始明文是 6。

从该例不难看出，此过程中私钥的保密性和对于大整数的因式分解是困难的，这就保证了信息传递过程中的安全性。

RSA 算法的加密密钥和加密算法是分开的，使得密钥分配更为方便。它特别适合在计算机网络环境中运用。如果某个用户想与另一个用户进行保密通信，只需从公钥目录上查出对方的加密密钥，用它对所传送的信息加密发出即可。对方收到信息后，用自己所掌握的解密密钥将信息解密。由此可以看出，RSA 算法解决了大量网络用户密钥管理的难题。

RSA 算法的优点主要在于原理简单、易于使用，但随着分解大整数方法的进步及完善、计算机速度的提高及计算机网络的发展（可以使用成千上万台机器同时进行大整数分解），作为 RSA 加/解密安全保障的大整数要求越来越大。为了保证 RSA 使用的安全性，其密钥的位数一直在增加，如目前一般认为 RSA 需要 1024 位以上的字长才有安全保障。但是，密钥长度的增加导致了其加/解密的速度大为降低，硬件实现也变得越来越难以忍受，这对使用 RSA 的应用带来了沉重的负担，对进行大量安全交易的电子商务更是如此，从而使得其应用范围越来越受到制约。

RSA 算法并不能完全替代 DES，它们的优点、缺点正好互补。RSA 算法的密钥很长，加密速度慢，而采用 DES，正好弥补了 RSA 算法的缺点，即 DES 用于明文加密，RSA 算法用于 DES 密钥的加密。由于 DES 加密速度快，适合加密较长的报文，而 RSA 算法可解决 DES 密钥分配的问题。美国的保密增强邮件（PEM）就是采用了 RSA 算法和 DES 结合的方法，目前已成为 E-mail 保密通信标准。RSA 算法与 DES 算法加密速度的比较如表 4-7 所示。

表 4-7　RSA 算法与 DES 算法加密速度的比较

密 码 体 制		硬件速度（b/s）	软件速度（b/s）
RSA	加　密	220k	0.5k
	解　密	—	32k
DES		1.2G	400k

4.4.3 ECC 算法

椭圆曲线加密算法（Elliptic Curve Cryptography，ECC）是一种基于离散对数的、安全性更高、算法实现性能更好的公钥系统。

实际上，椭圆曲线指的是由魏尔斯特拉斯（Weierstrass）方程所确定的平面曲线。椭圆曲线离散对数问题定义如下：给定质数 P 和椭圆曲线 E，对 $Q=kP$，在已知 P、Q 的情况下求出小于 P 的正整数 k。可以证明，已知 k 和 P 计算 Q 比较容易，而由 Q 和 P 计算 k 则比较困难，至今没有有效的方法来解决这个问题，这就是椭圆曲线加密算法原理之所在。

相对于 RSA 算法的安全性而言，基于离散对数问题的公钥密码在目前技术下 512 位模长就能够保证其安全性。特别是椭圆曲线上离散对数的计算要比有限域上的离散对数的计算更困难，目前的技术只需要 160 位模长即可，非常适合智能卡的实现，因此受到国内外学者的广泛关注。一些公司声称已开发出了符合该标准的椭圆曲线公钥密码。我国学者也提出了一些公钥密码，并在公钥密码的快速实现方面也做了一定的工作。

椭圆曲线加密方法与 RSA 算法相比，有以下优点。

（1）安全性能更高。ECC 算法和其他几种公钥系统相比，其抗攻击性具有绝对的优势。如 160 位 ECC 算法与 1024 位 RSA 算法、DSA 算法具有相同的安全强度。而 210 位 ECC 算法则与 2048 位 RSA 算法具有相同的安全强度，其安全性比较如表 4-8 所示。

表 4-8 RSA 算法和 ECC 算法的安全性比较

攻破时间（MIPS 年）	RSA 密钥长度（位）	ECC 密钥长度（位）	RSA/ECC 密钥长度比
10^4	512	106	5:1
10^8	768	132	6:1
10^{11}	1024	160	7:1
10^{20}	2048	210	10:1
10^{78}	21 000	600	35:1

（2）计算量小，处理速度快。尤其是在私钥的处理速度上（解密和签名），ECC 算法远比 RSA 算法、DSA 算法快得多。

（3）存储空间占用小。ECC 算法的密钥尺寸和系统参数与 RSA 算法、DSA 算法相比要小得多，也就意味着其所占的存储空间要小得多。这对于加密算法在 IC 卡上的应用具有特别重要的意义。

（4）带宽要求低。当对长消息进行加/解密时，三类密码系统有相同的带宽要求，但应用于短消息时 ECC 算法对带宽要求却低得多。公钥加密系统多用于短消息，如用于数字签名和对称系统的会话密钥传递。带宽要求低使 ECC 算法在无线网络领域具有广泛的应用前景。

ECC 算法的这些特点使其将取代 RSA 算法，成为通用的公钥加密算法。例如，SET 协议的制定者已把它作为下一代 SET 协议中默认的公钥密码算法。虽然椭圆曲线算法在某些方面还有一定的不足之处，如算法比较复杂，不能主动确定公钥，而必须先选定私钥，然后才能计算公钥，这样导致公钥的产生具有随机性。但是利用 ECC 算法实现的认证、数字签名和数字信封在运算速度、密钥长度和每比特位强度上都比其他的公钥算法有着很大的优势。因此，椭圆曲线密码体制在电子商务安全交易中的应用具有非常广阔的前景。

归纳起来，可以比较对称与非对称密码算法的安全性，总体来说主要有以下几个方面的不同。

（1）在管理方面，非对称的公钥密码算法只需要较少的资源就可以实现，在密钥的分配上，两者之间相差一个指数级别（一个是 n，另一个是 n^2）。所以对称密码算法不适应广域网的使用，而且更重要的一点是它不支持数字签名。

（2）在安全方面，由于公钥密码算法基于未解决的数学难题，在破解上几乎是不可能的。对于对称密码算法，到了 AES 阶段虽说从理论来说是不可能破解的，但从计算机的发展角度来看，公钥更具有优越性。

（3）从速度上来看，AES 的软件实现速度已经达到了每秒数兆或数十兆比特，是公钥的 100 倍，如果用硬件来实现的话这个比值将扩大到 1000 倍。

从中不难得出这样的结论，对称与非对称加密技术实际上不是谁替代谁的问题，而是应该考虑如何综合两者的优点，采用混合的形式才更加符合客观实际。

4.5　散列算法

在信息安全技术中，经常需要验证消息，如密钥的完整性，散列（Hash）函数就提供了这种服务，它对不同长度的输入消息，产生固定长度的输出。这个固定长度的输出称为原输入消息的"散列"或"消息摘要"（Message Digest）。散列函数是信息的提炼，通常其长度要比信息小得多，且为一个固定长度。加密性强的散列一定是不可逆的，这就意味着通过散列结果，无法推出任何部分的原始信息。同时，一般也不能找出具有相同散列结果的两条信息。具有这些特性的散列结果就可以用于验证信息是否被修改。单向散列函数虽然不能直接用于加密，一般用于产生消息摘要等，但完全可以用于密钥加密，这对密钥的管理具有很重要的意义。

4.5.1　散列算法的基本原理

散列算法也称散列函数，是用来产生一些数据片段（如消息或会话项）的散列值的算法。散列算法具有在输入数据中可以更改结果散列值每个比特的特性，因此，散列算法对于检测消息或密钥等信息对象中的任何微小变化都很有用。典型的散列算法包括 MD2、MD4、MD5 和 SHA/SHA-1。

一个安全的散列函数 H 必须具有以下属性。

（1）对于不定长度的输入有一个固定的输出。

（2）对于任意给定的 x，$H(x)$ 的计算相对简单。

（3）对于任意给定的代码 h，要发现满足 $H(x)=h$ 的 x 在计算上是不可行的。

对于任意给定的块 x，要发现满足 $H(y)=H(x)$ 而 $y=x$ 在计算上是不可行的。满足 $H(x)=H(y)$ 的 (x,y) 在计算上是不可行的。

简单地说，单向函数就是后向函数，只能计算以后的值，不能计算以前的值。

当前的散列算法都具有一个一般的模式。其主要计算步骤如下。

（1）添加数据，使输入数组的长度是某个数（一般为512）的倍数。

（2）对添加的数据进行分组。

（3）初始化输出值，根据输出值和分组进行计算，得到一个新的输出值。

（4）继续步骤（1），直到所有分组都计算完毕。

（5）输出结果值。

4.5.2 常见散列算法

（1）MD2 算法。MD2 算法是 Rivest 在 1989 年开发出来的，在处理过程中首先对信息进行补位，使信息的长度是 16 的倍数，然后以一个 16 位的校验和追加到信息的末尾，并根据这个新产生的信息生成 128 位的散列值。

（2）MD4 算法。Rivest 在 1990 年又开发出 MD4 算法。MD4 算法也需要信息的填充，它要求信息在填充后加上 448 位并能够被 512 整除。用 64 位表示消息的长度，放在填充比特之后生成 128 位的散列值。

（3）MD5 算法。MD5 算法是由 Rivest 在 1991 年设计的，在 RFC 1321 中描述。MD5 按 512 位数据块为单位处理输入，并产生 128 位的消息摘要。

（4）SHA/SHA-1 算法。SHA（Secure Hash Algorithm）算法由 NIST 开发，并在 1993 年作为联邦信息处理标准公布。1995 年又公布了其改进版本 SHA-1。

为便于理解，先介绍一个基于 MD5 算法的散列生成软件 WinMD5，这是一款对文件进行 MD5 值检测的软件。该软件使用极其简单，运行后，把需要计算 MD5 值的文件用鼠标拖到正在处理的框里边，界面将直接显示其 MD5 值及所测试的文件名称，可以保留多个文件测试的 MD5 值，选定所需要复制的 MD5 值，按"Ctrl+C"组合键就可以复制到其他地方了。

在本例中，如图 4-11 所示，首先打开一个 readme.txt 文件计算出其散列值，然后修改该文件内容，并保存成 readme2.txt ，再次打开 readme2.txt 文件计算散列值，不难看出，哪怕仅修改一个字母，散列值也会发生变化，这就防止了别人对数据进行篡改。

图 4-11　WinMD5 散列值计算软件界面

在 2004 年国际密码学会议（Crypto,2004）上，来自中国山东大学的王小云教授做的关于破译 MD5 算法、HAVAL-128 算法、MD4 算法的报告，令在场的国际顶尖密码学专家为之震惊，这意味着这些算法将从应用中淘汰。采用中国研究人员的方法，黑客可以产生两个截然不同的文件，但生成相同的散列，这对散列算法安全性带来很大的隐患。

因此，选取密码算法应从密钥的简单性、成本的低廉性、管理的简易性、算法的复杂性、保密的安全性及计算的快速性方面去考虑。因此，未来算法的发展也必定是从这些角度出发的，而且在实际操作中往往会把这些算法结合起来。或许将有一种集两种算法优点于一身的新型算法出现，到那时，信息保密的实现必将更加快捷和安全。

4.6 密钥的管理

密码系统中的算法都是公开的，因此，密码系统的安全主要靠密钥的管理，因此，密钥管理是数据加密技术中的重要一环。

实际上，密钥的管理是非常复杂的，假设在某机构中有 100 个人，如果他们任意两个人之间可以进行秘密对话，那么共需要多少密钥呢？每个人需要知道多少密钥呢？也许很容易得出答案，如果任何两个人之间要使用不同的密钥，则总共需要 4950 个密钥，而且每个人应记住 99 个密钥。如果机构的人数是 1000、10 000 或更多，用这种办法就显然不适合了，所以管理密钥是一件非常复杂的事情。

密钥管理主要涉及密钥的产生、存储、分发、销毁等环节，如图 4-12 所示。密钥管理不好，同样可能被无意识泄露。因此，并不是有了密钥就可以高枕无忧了，任何保密都只是相对的，是有时效的。

图 4-12　密钥管理的主要内容

一个好的密钥管理系统应该做到以下几点。

（1）密钥在存储和分发过程中难以被窃取。

（2）在一定条件下窃取了密钥也没有用，密钥有使用范围和有效期。

（3）密钥的更新过程对用户透明，用户不一定要亲自掌管密钥。

密钥的分发是指产生并让使用者获得密钥的过程，密钥的传递分集中传递和分散传递两类。集中传递是指将密钥整体传递，这时需要使用主密钥来保护会话密钥的传递，并通过安全渠道传递主密钥。分散传递是指将密钥分解成多个部分，用秘密分享的方法传递，只要有部分到达就可以恢复，这种方法适用于在不安全的信道中传递。

在存储上，密钥既可以作为一个整体保存，也可以分散保存。整体保存的方法有人工记忆、外部记忆装置、密钥恢复、系统内部保存；分散保存的目的是尽量降低由于某个保管人或保管装置的问题而导致密钥泄露。

密钥的备份可以采用同密钥分散保存一样的方式，以免知道密钥的人太多。密钥的销毁要有管理和仲裁机制，否则密钥被有意或无意地丢失后，会造成对使用行为的否认。

4.6.1 密钥管理的分配策略

根据密钥体制的不同，采取的密钥管理分配策略也不相同。

1. 单钥体制的密钥管理

两个用户在使用单钥体制进行通信时，必须预先共享秘密密钥，并且应时常更新。假设有用户 A 和 B，两者之间共享密钥的方法如下。

（1）A 选取密钥并通过物理方法发送给 B。

（2）第三方选取密钥并通过物理方法发送给 A 和 B。

（3）A、B 事先已有一个密钥，其中一方选取新密钥，用已有密钥加密新密钥发送给另一方。

（4）A 和 B 分别与第三方 C 有一个保密信道，C 为 A、B 选取密钥，分别在两个保密信道上发送给 A 和 B。

2. 公钥体制的密钥管理

公钥的分配可以通过公用目录表的形式来实现，公钥动态目录表的建立、维护及公钥的分布一般由可信的实体和组织承担，具体包括以下内容。

（1）管理员为每个用户建立一个目录，目录包括两个数据项：用户名和用户的公开密钥。

（2）每个用户都应亲自或以某种安全的认证通信方式在管理者处为自己的公开密钥注册。

（3）用户可以随时替换自己的密钥。

（4）管理员定期公布或定期更新目录。

（5）用户可以通过电子手段访问目录。

公开密钥管理的一个方面是基于公证机制，即需要一个通信的 A、B 双方都信任的第三方 N 来证明 A 和 B 公开密钥的可靠性，这需要 N 分别对 A 和 B 的公开密钥进行数字签名，形成一个证明这个公开密钥可靠性的证书。在一个大型网络中，这样的公证中心可以有多个，另外这些公证中心若存在信任关系，则用户可以通过一个签名链验证公证中心签发的证书。

公开密钥管理的另一个方面是撤销过去签发但现在已经失效的密钥证书。

4.6.2 密钥的分发

密钥的分配技术解决的是在网络环境中需要进行安全通信的端实体之间建立共享的对称密钥问题。密钥的分发主要有人工密钥分发、基于中心的密钥分发和基于认证证书的密钥分发。

1. 人工密钥分发

人工密钥分发是采用人工形式通过存储介质来交换传输密钥的，实现起来比较难以扩展，一般不提倡在网络系统使用。不过，对于小规模网络来说也可以少量采取。

2. 基于中心的密钥分发（Kerberos 认证协议）

基于中心的密钥分发主要是利用可信任的第三方进行密钥的分发，即密钥分配中心方式 KDC（Key Distribution Center）是比较典型的 Kerberos。

在 KDC 方式中，每个节点或用户只需保管与 KDC 之间使用的加密密钥，而 KDC 为每个用户保管一个互不相同的加密密钥。当两个用户需要通信时，需向 KDC 申请，KDC 将工作密钥（会话密钥）用这两个用户的加密密钥分别进行加密后送给这两个用户。在这种方式下，用户既不用保存大量的工作密钥，还可以实现一报一密，但缺点是该方式通信量大，需要有较好的鉴别功能，用以识别 KDC 和用户。

KDC 方式还可以变形为电话号码本方式，适用于非对称密码体制。通过建立用户的公开密码表，在密钥的连通范围内进行散发，也可以采用目录方式进行动态查询。用户在进行保密通信前，先产生一个工作密钥并使用对方的公开密钥加密传输，对方获悉这个工作密钥后，再使用对称密码体制与其进行保密通信。

一种 KDC 的具体解决方案 Kerberos 已被广泛应用，它由麻省理工学院发明，使保密密钥的管理和分发变得十分容易。Kerberos 建立了一个安全的、可信任的密钥分发中心 KDC，每个用户只要知道一个和 KDC 进行通信的密钥就可以了，而不需要知道成百上千个不同的密钥。

假设 A 想要和 B 进行秘密通信，则 A 先和 KDC 通信，用只有 A 和 KDC 知道的密钥进行加密，A 告诉 KDC 想和 B 进行通信，KDC 为 A 和 B 之间的会话随机选择一个对话密钥，并生成一个标签，这个标签由 KDC 和 B 之间的密钥进行加密，并在 A 启动和 B 对话时，A 会把这个标签交给 B。这个标签的作用是让 A 确信和他交谈的是 B，而不是冒充者。因为这个标签是由只有 B 和 KDC 知道的密钥进行加密的，所以即使冒充者得到 A 发出的标签也不可能进行解密，只有 B 收到后才能够进行解密，从而确定了与 A 对话的人就是 B。

当 KDC 生成标签和随机会话时，就会把只有 A 和 KDC 知道的密钥进行加密，然后把标签和会话密钥传给 A，加密的结果可以确保只有利用这个会话密钥才能和 B 进行通话。同理，KDC 把会话密码用只有 KDC 和 B 知道的密钥加密，并把会话密钥给 B。

3. 基于认证证书的密钥分发

PKI（Public Key Infrastructure）是一种行业标准或行业解决方案，在 X.509 方案中，默认的加密体制是公钥密码体制。为进行身份认证，X.509 标准及公共密钥加密系统提供了数字签名的方案。用户可生成一段信息及其摘要（信息"指纹"）。用户通过专用密钥对摘要加密以形成签名，接收者用发送者的公共密钥对签名解密，并将之与收到的信息"指纹"进行比较，以确定其真实性。

PKI 是提供公钥加密和数字签名服务的系统或平台，目的是管理密钥和证书。它能够为所有网络应用透明地提供采用加密和数字签名等密码服务所必需的密钥和证书管理。一个机构通过采用 PKI 框架管理密钥和证书可以建立一个安全的网络环境。

4. Diffie-Hellman 算法

Diffie-Hellman 算法是由 Whitfield Diffie 和 Martin Hellman 在 1976 年公布的一种密钥一致性算法。它是一种建立密钥的方法，而不是加密方法。它所产生的密钥可用于加密、进一步的密钥管理或任何其他的加密方式。由于该算法本身限于密钥交换的用途，被许多商用产品用于密钥交换技术，因此该算法通常称为 Diffie-Hellman 密钥交换。这种密钥交换技术的目的在于使两个用户安全地交换一个密钥以便用于以后的报文加密。

Diffie-Hellman 密钥交换算法的安全性依赖于这样一个事实：虽然计算以一个质数为模的指数相对容易，但计算离散对数却很困难；对于大的质数，计算出离散对数几乎是不可能的。

4.7 密码技术与安全协议

安全协议是建立在密码体制基础上的一种交互通信协议，它运用密码算法和协议逻辑来实现认证和密钥分配。安全协议是许多分布式系统安全的基础，确保这些协议的安全运行是极为重要的。

目前，大量的基于密码技术的安全协议已经产生，比较有代表性的有 IPSec 协议、SSL 协议、SSH 协议、TLS 协议、PGP 协议、PEM 协议、S-HTTP 协议、S/MIME 协议等。安全协议在金融系统、商务系统、政务系统、军事系统和社会生活中的应用日益普遍。

4.7.1　TCP/IP 协议与安全缺陷

伴随着国际互联网和 Internet 的发展和普及，TCP/IP 协议组成为目前使用最广泛的网络互联协议，也是互联网唯一支持的协议。TCP/IP 的 IPv4 版本提供的一些常用服务使用的协议，如 Telnet、FTP 和 HTTP 协议在安全方面都存在一定的缺陷。IP 网络传输的信息可能被偷看（无法保密），也可能被篡改（无法保证完整性），对接收到的信息无法验证其是否真的来自可信任的发送者（无身份验证），同时，也无法限制非法或未授权用户侵入自己的主机等。这就要求在 TCP/IP 各层对应的安全协议应通过密码技术实现信息传输的不可否认性、抗重播性、数据完整性等。

为了弥补 TCP/IP 协议的安全缺陷，人们制定了各种安全措施，有的在应用层实施，如 E-mail 客户端使用 PGP 来保障电子邮件安全；在传输层实施，如 TLS、SSH、SSL 等；在网络层则针对 IP 包利用 IPSec 协议提供数据保密性、数据完整性、数据源认证和抗重播的安全服务。相对于 IPv4 而言，未来二代 Internet 所使用的 IPv6 版本在安全性方面要好很多。

4.7.2　IP 层安全协议 IPSec

在 TCP/IP 协议中，IP（网络）层是由两个主机之间通信所必需的协议和过程组成的。其他层应用协议和传输层协议可以不用修改"无缝"地从网络层获得安全保障。因此，在 IP 层上提供安全服务具有较好的安全一致性和共享性及应用范围，可以有效减少密钥协商的开销，也降低了产生安全漏洞的可能性。

IPSec 是 IETF（因特网工程任务组）于 1998 年 11 月公布的 IP 安全标准，其目标是为 IPv4 和 IPv6 提供具有较强的互操作能力、高质量和基于密码的安全。IPSec 对于 IPv4 是可选的，对于 IPv6 则是强制性的。IPSec 规定了如何在对等层之间选择安全协议，确定安全算法和密钥交换，向上提供了访问控制、数据源认证、数据加密等网络安全服务，如图 4-13 所示。

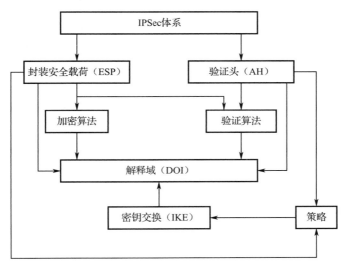

图 4-13　IPSec 的体系结构

IPSec 体系由一系列协议组成，包括验证头（AH）、封装安全载荷（ESP）、Internet 安全关联及密钥管理协议 ISAKMP 的 Internet IP 安全解释域（DOI）、密钥交换（IKE）和用于网络认证及加密的一些算法等。其安全规范中包含大量的文档，它们是 RFC2401、2402、2406 和 2408等，这些文档分别对安全体系结构、包身份验证、包加密和密钥管理进行了规范说明。图 4-13所示为 IPSec 的体系结构、组件及各组件间的相互关系。

（1）ESP（封装安全载荷）：规定了包加密（可选身份验证）与 ESP 的使用相关的包格式和常规应用方法，提供可靠性保证。

（2）AH（验证头）：规定了使用 AH 进行包身份验证相关的包格式和一般问题，主要定义了认证的应用方法，提供数据源认证和完整性保证。

（3）加密算法：描述各种加密算法如何用于 ESP 中。

（4）验证算法：描述各种身份验证算法如何用于 AH 和 ESP 身份验证选项。

（5）IKE（密钥交换）：利用 ISAKMP 语言来定义密钥交换，是对安全服务进行协商的手段。IKE 交换的最终结果是：一个通过验证的密钥以及建立在通信双方同意基础上的安全服务，也即所谓的"IPSec 安全关联"。

（6）SA（安全关联）：一套专门将安全服务/密钥和需要保护的通信数据联系起来的方案。它保证了 IPSec 数据报封装及提取的正确性，同时将远程通信实体和要求交换密钥的 IPSec 数据传输联系起来。即 SA 解决的是如何保护通信数据、保护什么样的通信数据及由谁来实行保护的问题。

其中，AH 和 ESP 是 IPSec 协议体系的核心。它们都有两种工作模式：传输模式和隧道模式。传输模式用于两台主机之间，保护传输层协议头，实现端到端的安全，原 IP 包的地址部分不处理，仅对数据净荷进行加密。隧道模式用于主机与路由器或两部路由器之间，保护整个IP 数据包，包括全部 TCP/IP 或 UDP/IP 包头和数据，它用自己的地址作为源地址加入新的 IP包头。两种模式的 IPv4 包形式如图 4-14 所示。

图 4-14　两种模式的 IPv4 包形式

IPSec 默认的自动密钥管理协议是 IKE（Internet Key Exchange，Internet 密钥交换，RFC 2409）。IKE 规定了自动验证 IPSec 对等实体、协商安全服务和产生共享密钥的标准，用于通信双方进行身份认证、协商加密算法和散列算法及生成公钥。IKE 是一个混合协议，实际使用的是 ISAKMP 协议（Internet 安全关联和密钥管理协议）、Oakley 协议（密钥确定协议）和描述支持匿名和快速密钥刷新的密钥交换的 SKEME 协议。

IPSec 使用身份认证机制进行访问控制，即两个 IPSec 实体试图进行通信前，必须通过 IKE协商 SA，协商过程中要进行身份认证，身份认证采用公钥签名机制，使用数字签名标准（DSS）算法或 RSA 算法，而公钥通常是从证书中获得的；IPSec 使用 ESP 隧道模式，对 IP 包进行封装，可达到一定程度的机密性，防止对通信的外部属性（源地址、目的地址、消息长度和通信频率等）的泄露。

IPSec 可以实现端到端安全和虚拟专用网络（VPN）等。实际应用中可以在公司防火墙或路由器中实施。由于 IPSec 对应用层服务透明实施时，不必改变用户或服务器系统中的软件。对终端系统实施时，上层软件和应用也不会受到影响，不必对用户进行安全机制方面的培训，减少了密钥管理维护的难度。

简而言之，IPSec 非常适合提供基于主机对主机的安全服务，相应的安全协议可以用来在 Internet 上建立安全的 IP 通道和虚拟私有网。IPSec 主要的缺点是由于 IP 层一般对属于不同进程和相应条例的包不做区别，对所有发往同一地址的数据包，将按照同样的加密密钥和访问控制策略来处理，这可能导致性能下降。此外，针对面向主机的密钥分配策略是使用面向用户的密钥分配的，不同的连接会得到不同的加密密钥，而密钥的管理与分配是一个很复杂的问题，这样一来需要对相应的操作系统内核进行比较大的改动。

2. IPSec 的应用

前面已介绍过，IPSec 可在终端主机（数据包的始发设备）、路由器（网关）或两者中同时进行实施和配置，用户可根据安全需求，决定 IPSec 在何处配置。在主机中实施有两种方式：一种是与操作系统集成，即将 IPSec 插入 IP 层；另一种是将 IPSec 插入 IP 层与数据链路层之间，称为堆栈中的块（Bump In The Stack，BITS）。采用主机实施的优点：保障端到端的安全性；可实现 IPSec 的所有安全模式；能够对数据流提供安全保障；能够保存用户身份验证的基本参数。在路由器（网关）中实施也有两种方式：一种是将 IPSec 集成在路由器的软件中，其方法与主机中的操作系统集成相同；另一种是将 IPSec 在硬件设备中实现，并将该设备直接接入路由器的物理接口，称该方式为线缆中的块（Bump In The Wire，BITW）。

为方便 IPSec 的部署、增强网络通信安全和对客户机器的管理，微软公司首先在 Windows 2000 中引进了 IPSec，Windows 2000、Windows XP 和 Windows 2003 中的系统都可以使用 IPSec，并且 IPSec 策略可通过 Active Directory 域和组织单元的组策略配置来分配，这使得 IPSec 策略能以域、站点或组织单元级分配，因此简化了部署。

下面以 Windows XP 为例介绍 IPSec 的具体实现。

例如，如果要在两台 Windows XP 主机之间建立 IPSec 安全通道，启用本地 IPSec 安全策略，禁止其他用户通过 Ping 命令探测本机，其操作步骤如下。

（1）选择"开始"→"运行"，在"运行"对话框中输入"MMC"，单击"确定"按钮后，启动"控制台"窗口。

（2）单击"控制台"窗口中的"添加/删除管理单元"选项，弹出"添加/删除管理单元"对话框，单击"独立"标签页的"添加"按钮，弹出"添加独立管理单元"对话框。

（3）在列表框中选择"IP 安全策略管理"选项，单击"添加"按钮，在"选择计算机"对话框中，选择"本地计算机"选项，最后单击"完成"按钮。这样就在"MMC 控制台"启用了 IPSec 安全策略，如图 4-15 所示。

（4）设置 IP 过滤器。在选择完计算机后，设置 IP 过滤器是非常重要的。在上一步结束后，可以在"添加/删除管理单元"对话框中看到安全策略已经被添加到窗口中，如图 4-16 所示，在该界面中单击"确定"按钮。

（5）选择如图 4-17 所示窗口左侧的"IP 安全策略，在本地计算机"选项，会在右侧窗口中出现 3 种内置的策略类型，选择所需的就可以了。如果想继续修改策略的属性，如身份验证方式，则可用鼠标右击该策略，在菜单中选择"属性"即可。此时，会出现默认的 IP 筛选器信息。

图 4-15 在"添加独立管理单元"对话框中启用 IPSec 安全策略　　图 4-16 完成本地计算机 IP 安全策略的添加

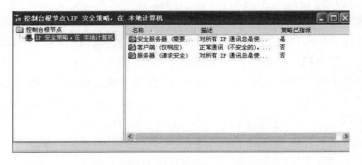

图 4-17 选择 IP 安全策略的类型

（6）身份验证方式的设置是非常重要的，Windows 默认的验证方式是 Kerberos，这是一个很优秀的第三方认证方法，如图 4-18 所示。

（7）当然，用户也可以单击"添加"按钮，添加新的 IP 筛选器（安全规则），如图 4-19 所示。

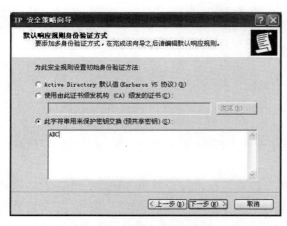 

图 4-18 设置身份验证属性　　　　　　　　图 4-19 "IP 安全规则"列表

通过上述步骤，IPSec 就设置完成了，如果想测试 IPSec 是否已经设置成功，则可以通过 Ping 命令来查看。

4.7.3 传输层安全协议

传输层安全协议的目的是保护传输层的安全，并在传输层上提供实现保密、认证和完整性的方法。尽管 IPSec 可以提供端到端的网络安全传输能力，但它无法处理位于同一端系统之中不同用户之间的安全需求，因此需要在传输层和更高层提供网络安全传输服务来满足这些要求。为满足高层协议的安全需求，在传输层开发出了一系列的安全协议，如 SSH、SSL、TLS 等。

1. SSH 传输层协议

传统的网络服务程序，如 FTP、Telnet 等，在网络上用明文传送口令和数据，容易被黑客截获，这些服务程序的安全验证方式使攻击方可以冒充真正的服务器，这种所谓的"中间人攻击"使得安全信任关系出现很严重的问题。为解决此类问题，人们开发出了 SSH（Secure Shell，安全外壳），最初是由程序员 Tatu Yloenen 开发的，包括 SSH 和服务软件。SSH 提供了验证（Authentication）机制与安全的通信环境，实现了密钥交换协议及主机和客户端认证协议。通过使用 SSH 可以在本地主机和远程服务器之间设置"加密通道"，在传送数据时把所有数据都加密传输，再由接收方进行解密，由于 SSH 采用加密传输，所以可以防止网络窃听，也能够防止"中间人攻击"和 DNS、IP 欺骗。SSH 在运行方式上被设计为工作于自己的基础之上，而不是利用包装（Wrappers）或通过 Internet 守护进程 Inetd。具体实现时，SSH 软件包由两部分组成，即服务器端软件包和客户端软件包。

SSH 分为 SSH1、SSH2 两个版本，SSH1 是一个完全免费的软件包；SSH2 在商业使用时需要付费，SSH2 中加入了很多功能，同时兼容 SSH1，可以对 SSH1 的客户端提供很好的服务支持。

1）SSH 协议组成

SSH 协议是建立在应用层和传输层基础上的安全协议，主要由以下 3 部分组成。

（1）传输层协议：提供如认证、信任和完整性检验等安全措施，此外还可以提供数据压缩功能。通常情况下，这些传输层协议都建立在面向连接的 TCP 数据流上。

（2）用户认证协议层：实现服务器与客户端用户间的身份认证，运行在传输层协议上。

（3）连接协议层：分配多个加密通道至一些逻辑通道上，运行在用户认证层协议上。

2）SSH 的应用实例

SSH 既可以代替 Telnet，又可以为 FTP、POP 甚至 PPP 提供一个安全的"通道"，在具体配置时，通常需要注意的问题是 SSH 服务器的安装与设置、SSH 客户端的安装与设置及密钥的管理。首先，需要在服务器端安装 SSH 服务器软件，这样的服务器软件比较多，如 COPSSH 服务器软件和 WinSSHD 服务器软件等。Linux 环境下也有很多优秀的 SSH 服务器免费软件。在 SSH 客户端方面，其种类比较繁多，其中 Putty 和 SecureCRT 是这些产品中最有名的，这些客户端软件包含了分别用来完成 SSH 各个功能的多个工具。下面介绍 SecureCRT 中 SSH 连接的使用方法。

① 安装 SSH 服务器软件和客户端软件，本例中服务器端采用 WinSHHD 服务器软件，安装步骤略。客户端采用 SecureCRT 软件。

② 为客户端创建公钥（Create Public Key），SecureCRT 可以生成密钥对，不过其最大只支持 2048 位的密钥，单击"Tools"→"Create Public Key"，选择密钥算法和密钥长度，输入完口令后，单击"Start WinSSHD"按钮等待计算机生成密钥对，如图 4-20 和图 4-21 所示。

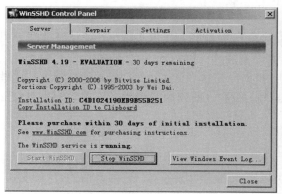

图 4-20　WinSSHD 服务器端软件

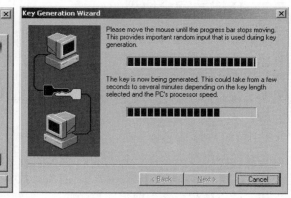

图 4-21　创建密钥对

③ 建立连接。如图 4-22 所示，选择 SSH 连接，并填入要连接的主机名称（或者 IP 地址）、用户名，再选择基于公钥方式的认证，单击"Properties..."按钮进入密钥配置对话框。在弹出的对话框中画圈的位置填入公钥文件，如图 4-23 所示。然后单击刚才建立的连接，根据提示单击几个对话框之后就连接上远程的服务器了。

图 4-22　设置目标主机参数

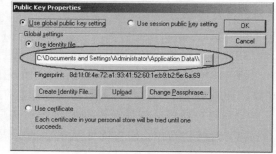

图 4-23　设置公钥参数

连接成功后，出现如图 4-24 所示的窗口，在该窗口中可以完成其他的网络操作，与常规连接不同之处在于命令执行与传输过程是加密的。通过上述例子不难看出，和传统的 Telnet 等应用服务相比，SSH 模式只是在密钥管理上复杂了一点，但带来的安全性却是不言而喻的。

2．SSL 与 TLS

SSL（Security Socket Layer，安全套接字协议层）最早由 Netscape 公司于 1994 年 11 月提出并率先实现（SSLv2），之后经过多次修改，最终被 IETF 所采纳，并制定为传输层安全（Transport Layer Security，TLS）标准。近几年来，SSL 的应用领域不断拓宽，许多在网络上传输的敏感信息，如电子商务、金融业务中的信用卡号或 PIN 码等机密信息都纷纷采用 SSL

协议来进行安全保护。

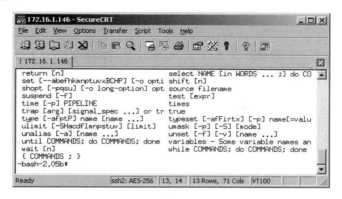

图 4-24　SecureCRT 客户端连接窗口

SSL 协议位于 HTTP 协议层和 TCP 协议层之间，可以在客户和服务器之间建立一条加密通道，通过加密传输来确保数据的机密性，通过信息验证码（Message Authentication Codes，MAC）机制来保护信息的完整性，通过数字证书来对发送和接收者的身份进行认证，能够对信用卡和个人信息提供较强的保护，确保所传输的数据不被非法窃取。

SSL 协议包括 SSL 记录协议、SSL 握手协议。SSL 记录协议用于规范数据传输格式，封装高层的协议，为 SSL 连接提供机密性和消息完整性服务；SSL 握手协议用于规定如何协商相互的身份认证、加密算法、保护加密密钥等，在任何应用程序的数据传输之前使用。SSL 握手协议包含两个阶段：第一个阶段用于建立私密性通信信道；第二个阶段用于客户认证。SSL 握手协议工作流程如图 4-25 所示。

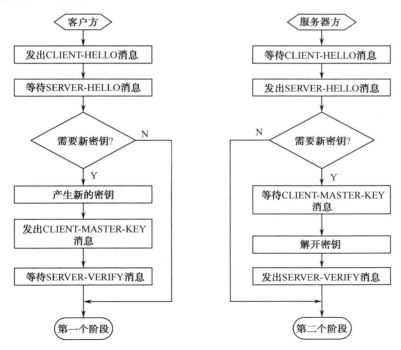

图 4-25　SSL 握手协议工作流程

SSL 认证算法采用 X.509 电子证书标准，通过使用 RSA 算法进行数字签名来实现。微软公司推出的 SSL2 的改进版本称为 PCT（私人通信技术）。SSL 和 PCT 是十分相似的，它们的主要差别在于规范版本号字段的标志位上取值有所不同：SSL 该位取 0，PCT 该位取 1。这样区分之后，就可以对这两个协议都给予支持了。需要补充的是，1996 年 4 月，IETF（www.ietf.org）授权一个传输层安全（TLS）工作组着手制定一个传输层安全协议（TLSP），以便作为标准提案向 IESG 正式提交。TLSP 在许多地方类似 SSL。IETF 将 SSL 进行了标准化，即 RFC 2246，并将其称为传输层安全协议。TLS 也是一种用来确保互联网上通信应用和其用户隐私的协议。从技术上讲，TLS 1.0 与 SSL 3.0 的差别非常小。由于本书中没有涉及两者间的细小差别，因此这两个名字暂且等价。TLS 也由两层构成：TLS 记录协议和 TLS 握手协议。

SSL 的优势在于其与应用层协议独立无关。高层的应用层协议（如 HTTP、FTP、Telnet）能透明地建立于 SSL 之上。SSL 在应用层协议通信前就已经完成了加密算法、通信密钥的协商及服务器认证工作。SSL 也存在一些问题，如 SSL 提供的保密连接有很大的漏洞。另外，SSL 对应用层不透明，只能提供交易中客户与服务器间的双方认证，在涉及多方的电子交易中，SSL 并不能协调各方面的安全传输和信任关系。

下面以 SSL 在 Web 服务中的应用为例来说明其具体应用。当具有 SSL 功能的浏览器（Navigator、IE）与 Web 服务器（Apache、IIS）通信时，其步骤如下。

（1）Web 服务器与浏览器（客户端）利用数字证书确认对方的身份。数字证书是由可信赖的第三方发放的，并被用于生成公共密钥，在客户端可看到如图 4-26 所示的安全提示。

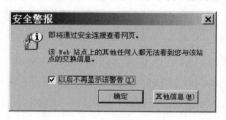

图 4-26 "安全警报"提示

（2）当最初的认证完成后，浏览器向服务器发送 48 字节，利用服务器公共密钥加密主密钥。

（3）Web 服务器利用自己的私有密钥解密这个主密钥。最后，浏览器和服务器在会话过程中用来加/解密的对称密钥集合就生成了。加密算法可以为每次会话显式地配置或协商，最广泛使用的加密标准为 DES（数据加密标准）和 RC4。

一旦完成上述启动过程，安全通道就建立了，保密的数据传输就可以开始了。进入安全网页，在 IE 的状态栏里双击小锁能看到站点证书信息，同时也能看到整个证书链。实际上现在浏览器和 Web 服务器之间交换的所有信息都已经被加密。

在此过程中，尽管初始认证和密钥生成对于用户来说是透明的，但对于 Web 服务器来说，它们是非透明的。由于必须为每次用户会话执行启动过程，因此给服务器 CPU 造成了沉重负担并产生了严重的性能瓶颈。

很显然，SSL 增加了安全性，但这也是以牺牲 CPU 资源与降低网络传输效率为代价的，所以只有那种安全性比较高的网站才适合在 Web 服务器上布置 SSL。根据不完全统计，Web 服务器在布置 SSL 后再处理访问请求的最大负荷，传输效率只能达到原来的 10%左右，因此，在使用前请对其访问量做出合理的判断及对服务器的性能进行衡量。

Internet 号码分配当局（IANA）已经为具备 SSL 功能的应用分配了固定端口号，例如，带 SSL 的 HTTP（Https）被分配的端口号为 443，带 SSL 的 SMTP（Ssmtp）被分配的端口号为 465，带 SSL 的 NNTP（Snntp）被分配的端口号为 563。

4.7.4 应用层安全协议

应用层安全协议提供远程访问和资源共享，包括 Telnet 服务、FTP 服务、SMTP 服务和 HTTP 服务等，很多其他应用程序驻留并运行在此层，并且依赖于底层的功能。该层是最难保护的一层。网络层和传输层的安全协议允许为主机（进程）之间的数据通道增加安全属性，但不可能区分在同一个通道上传输的每个具体文件的安全性要求。如果确实想要区分就必须借助于应用层的安全性。

1. 电子邮件安全协议

E-mail 可以说是 Internet 最早且使用最多的一种应用。为了保证其安全运行，在理想的状态下，应该有一个 Internet E-mail 的安全标准，所有的 E-mail 作者和厂商都要执行它。电子邮件安全协议的安全问题主要体现在以下方面。

（1）数据发送、传输采用明文方式，容易被嗅探监听。

（2）接收方不能完全确认发信人就是真实的发信人本身。

（3）信件在传输过程中是否被篡改不能被确认。

（4）垃圾邮件及邮件炸弹问题。

（5）用户口令安全。传统的邮件口令很容易被窃取或破解。

解决这些安全问题可以利用的主要技术就是数据加密和数字签名，目前的做法是在 SMTP 及 POP 协议基础上补充相应的安全邮件协议标准。这其中包括官方的标准和事实的标准，其中比较常用的是 PEM、S/MIME、PGP。下面简单介绍有关安全协议的标准。

在 RFC 1421~1424 中，IETF 规定了使用私用强化邮件（PEM）为基于 SMTP 的电子邮件系统提供安全服务。S/MIME 是在 PEM 的基础上建立起来的，S/MIME 能很好地保密全部的 MIME 信息。被发送的保密信息也使用 MIME 进行标记和打包，使它们易于被绝大部分 E-mail 软件识别和处理。PGP（Pretty Good Privacy）是 Phil Zimmermann 开发的一个软件包，PGP 也符合 PEM 的绝大多数规范，但不必要求 PKI 的存在。相反，PGP 采用了分布式的信任模型，即由每个用户自己决定该信任哪些用户。因此，PGP 不是去推广一个全局的 PKI，而是让用户建立自己的信任网。尽管标准委员会并没有规定用 PGP 作为安全 E-mail 的标准，但它在全球的广泛应用已经成为事实上的标准。

2. 安全 HTTP

在应用层中，Web 服务是非常重要的，很多电子商务及网络银行都依靠 Web 站点来实现，这时，传统的 HTTP 协议的安全性就不能满足需要了，SSL 与 SET 安全协议在应用层可借助 S-HTTP（Secure HyperText Transfer Protocol）来实现安全，它由 Netscape 开发并内置于其浏览器中，用于对数据进行压缩和解压操作，并返回网络上传送回的结果。安全 HTTP 实际上应用了 SSL 作为 HTTP 应用层的子层，提供了对多种单向散列（Hash）函数和多种单钥体制的支持。安全 HTTP 和 SSL 是从不同角度提供 Web 的安全性的，安全 HTTP 对单个文件进行"私人/签字"的区分，SSL 则把参与通信相应进程之间的数据通道按"私用""已认证"进行监管。

4.7.5　密码技术在网络通信中的应用

1.　在网络通信中加密码传输的措施

在信息安全领域，密码技术对网络通信有着更实际的意义，其采用以下措施进行加密传输。

（1）链路加密。链路加密是对仅在物理层前的数据链路层进行加密。接收方是传送路径上的各台节点机，信息在每台节点机内都要被解密和再加密，依次进行，直至到达目的地。

使用链路加密装置能为某链路上的所有报文提供传输服务，即经过一台节点机的所有网络信息传输均需加/解密，每一个经过的节点都必须有密码装置，以便加/解密报文。如果报文仅在一部分链路上加密而在另一部分链路上不加密，则相当于未加密，仍然是不安全的。与链路加密类似的节点加密方法是，在节点处采用一个与节点机相连的密码装置（被保护的外围设备），密文在该装置中被解密并被重新加密，明文不通过节点机，避免了链路加密关节点处易受攻击的缺点。

（2）端—端加密。端—端加密是为数据从一端传送到另一端提供的加密方式。数据在发送端被加密，在最终目的地（接收端）解密，中间节点处不以明文的形式出现。采用端—端加密是在应用层完成的，即传输层的上层完成。除报头外的报文均以密文的形式贯穿于全部传输过程。只是在发送端和最终端才有加/解密设备，而在中间任何节点报文均不解密，因此，不需要有密码设备。同链路加密相比，该加密可减少密码设备的数量。另外，信息是由报头和报文组成的，报文为要传送的信息，报头为路由选择的信息。由于网络传输中要涉及路由选择，在链路加密时，报文和报头均要加密，而在端—端加密时，由于通道上的每个中间节点虽不对报文解密，但为将报文传送到目的地，必须检查路由选择信息，因此，只能加密报文，而不能对报头加密。

总之，链路加密对于用户来说比较容易，使用的密钥较少，而端—端加密比较灵活，用户可见。对链路加密中各节点安全状况不放心的用户可使用端—端加密的方式。

2.　加密技术在网络通信中的应用

加密技术在网络通信中的应用是多方面的，但最为广泛的还是在电子商务和 VPN（Virtual Private Network，虚拟专用网）的应用，下面分别进行简述。

（1）在电子商务方面的应用。

电子商务要求顾客可以在网上进行各种商务活动，不必担心自己的信用卡会被人盗用。过去，用户为了防止信用卡的号码被窃，一般是通过电话订货，然后再使用信用卡进行付款。现在，人们通过使用 RSA 加密技术，提高信用卡交易的安全性，从而使电子商务走向实用成为可能，如图 4-27 所示。

（2）加密技术在 VPN 中的应用。

现在，越来越多的公司走向国际化，一个公司可能在多个国家或地区都有办事机构或销售中心，每个机构都有自己的局域网 LAN（Local Area Network），再将这些 LAN 连接在一起组成一个公司的广域网，这就是通常所说的虚拟专用网。当数据离开发送者所在的局域网时，首先被用户端连接到互联网的路由器进行硬件加密，数据在互联网上是以加密的形式传送的，当到达目的 LAN 的路由器时，该路由器就会对数据进行解密，如图 4-28 所示，这样，LAN 中的用户就可以看到真正的信息了。

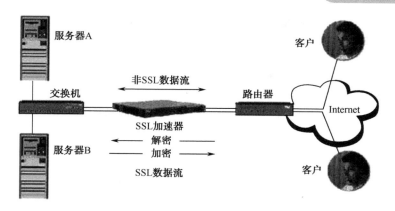

图 4-27 SSL 在电子商务中的应用

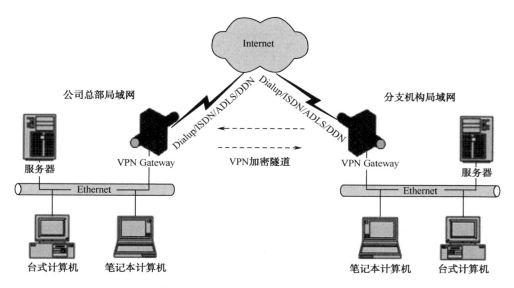

图 4-28 加密技术在 VPN 中的应用

技能实施

4.8 任务 古典密码之恺撒密码应用

4.8.1 任务实施环境

安装 Windows 操作系统的计算机和 C++语言编译环境。通过对恺撒密码的 C++源程序进行修改，了解和掌握对称密码体制的运行原理和编程思想。

4.8.2　任务实施过程

本实践根据恺撒密码原理，编写循环移位密码算法。代码演示了在选择不同密钥时，加密和解密的结果。请读者分析代码，了解加密和解密实现的具体过程，根据实践原理，创建明文信息。选择一个密钥，编写循环移位密码算法程序，实现加/解密操作。

1.　创建明文

创建明文过程可描述为：

```
unsigned char *str = (unsigned char *)malloc(sizeof(char)*1024)
for(i=0;i<1025;i++)
    scanf("%c", str+i);
    if(str[i] == '\n')
        str[i]='\0';
        break;
```

选择密钥过程可描述为：

```
scanf("%c", code);
code[1]='\0';
```

加密过程可描述为：

```
int Encrypt(unsigned char* str, unsigned char* code)
for(i=0;i<str_length;i++)
    str[i]+=key;
        if(str[i]>122)
        str[i]-=26;
    return CRYPT_OK;
```

2.　解密过程

解密过程可描述为：

```
int key = code[0]-97;
for(i=0;i<str_length;i++)
    str[i]-=key;
    if(str[i]<97)
        str[i]+=26;
return CRYPT_OK;
```

3.　算法编辑过程

（1）打开文件。

打开 VC++6.0 编辑界面，在"资源管理器"或"我的电脑"中找到已存在的循环移位算法，如图 4-29 所示。双击此文件名，自动进入 VC 集成环境，并打开该文件，程序显示在编辑窗口中，也可选择"文件"菜单下的"打开"命令或按"Ctrl+O"组合键，从中选择所需文件。

（2）运行文件。

单击工具栏"Build"按钮或按"F7"键即可通过编译、连接生产目标后缀为 obj 的目标文件，如图 4-30 所示。若连接成功，则可生成一个后缀为 exe 的可执行文件。

（3）查看结果。

单击工具栏上的"Execute"按钮或按"F5"键，将显示程序运行结果如图 4-31 所示。

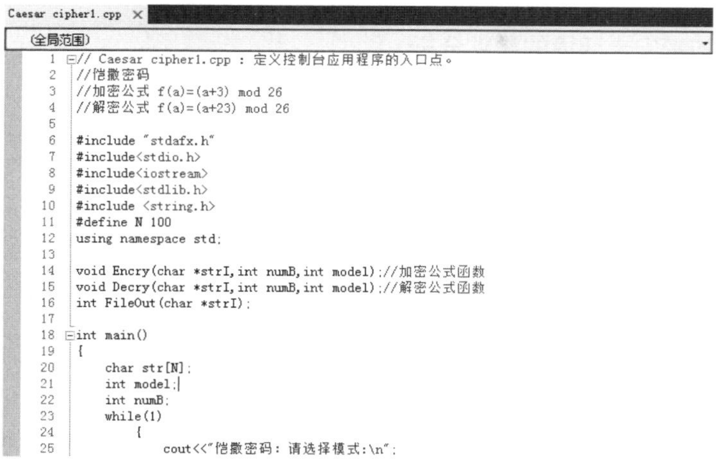

图 4-29　打开程序

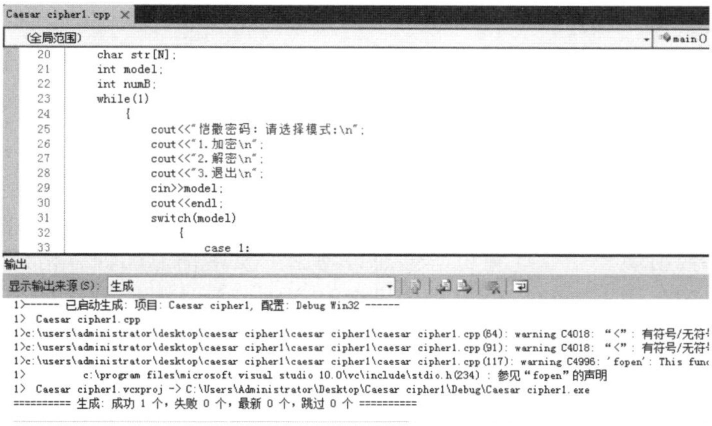

图 4-30　调试程序

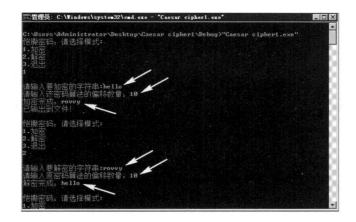

图 4-31　程序运行结果

案例实现

1. 企业数据加密安全环境的需求分析

随着企业信息化程度的不断提高，网络共享、电子邮件的应用及可移动存储设备、笔记本计算机和手持智能设备的大量使用，加剧了企业机密数据的泄露问题。企业机密数据的泄露不仅会给企业带来经济和无形资产的损失，还会带来一些社会性的问题。有些国家就针对一些特殊行业制定了相关的数据保护法案，来强制企业必须使用相应的安全措施来保护机密数据的安全。应用数据加密就是保护数据机密性的主要方法。需要遵守相应数据安全法案的企业就必须在企业中部署相应的企业数据加密解决方案来解决机密数据的泄露问题。

然而很多企业的数据加密方案很不理想，在部署企业数据加密解决方案时缺少充分的准备和规划，企业不经过测试就直接选择和部署，同时企业也缺乏足够的技术人员来执行企业数据加密解决方案的部署。

对于企业用户来说，如何利用现有的软件和硬件组合实现数据加密是很有用的安全技能之一。当然，加/解密的过程在保证安全的同时，尽量要方便使用且投资要少。部署企业数据加密解决方案应遵循以下步骤。

（1）确定加密目标，选择加密技术和产品。

（2）编写数据加密项目规划和企业数据加密解决方案。

（3）准备、安装和配置加密软件或硬件。

（4）企业数据加密解决方案的测试和最终使用。

因此，在对企业数据加密系统需求分析前，应该先确定加密的目标和需要加密的位置。如客户和雇员信息、财务信息、商业计划、研究报告、软件代码和文档、项目招标计划和设计图纸，这些机密信息会出现在企业计算机等信息设备上；机密信息的保存格式和存储设备类型；企业核心领导层及部门管理者和特殊雇员的设备是否需要额外保护；移动存储设备是否常用；网络电子邮件是否经常发送保密信息；网络的传输是否安全。在确定上述因素后，要对移动存储数据和网络传输数据提供不同的加密手段来实施数据加密。

2. 解决方案

用户可以通过安装加密软件或加密硬件来实现上述功能，此类软/硬件产品很丰富。对于移动的存储数据，建议购买含有加密技术的 U 盘或移动硬盘产品。此外，针对局域网和电子邮件及本机的安全，建议安装加密软件。此类产品有很多，对于企业来说，还是建议购买加密功能丰富、使用便捷、密钥管理方便的产品。其中 PGP（Pretty Good Privacy）软件由于廉价、稳定、简便易学而成为很多企业的首选。PGP 软件在具体实现中采用了基于公钥机制的混合加密算法，主要内容如下。

① 使用 IDEA 加密算法对文件进行加密，加密文件只能由知道密钥的人解密阅读。

② 使用公钥加密 RSA 对电子邮件进行加密，加密的电子邮件只有收件人才能解密阅读。

③ 使用公钥加密技术对文件或电子邮件进行数字签名，使用起草人的公开密钥鉴别真伪。

PGP 有多个版本，用户可以根据网络规模和应用进行选择。

① PGP 通用服务器版（PGP Universal Server）。

② PGP 通用网关邮件版（PGP Universal Gateway E-mail）。

③ PGP 桌面电子邮件版（PGP Desktop E-mail）。

④ PGP 网络共享版（PGP NetShare）。

⑤ PGP 全盘加密版（PGP Whole Disk Encryption）。

⑥ PGP 桌面专业版（PGP Desktop Professional）。

⑦ PGP 桌面存储版（PGP Desktop Storage）。

⑧ PGP 桌面企业版（PGP Desktop Corporate）。

⑨ PGP 便携加密版（PGP Portable）。

其中，对于中小企业用户来说，PGP 桌面存储版提供了比较全面的加密应用，可以全方位地保护企业敏感数据，包括通过电子邮件、实时信息及硬盘可移动的媒介保存和传输的信息，其主要功能如下。

① 可以在任何软件中进行加密/签名及解密/校验。

② 可以使用 PGPkeys 创建、查看、维护 PGP 密钥对，密钥管理方便。

③ 创建自解密压缩文档（Self Decrypting Archives，SDA）。

④ 创建 PGP Disk 加密文件。该功能可以创建一个.pgd 的文件，此文件用 PGP Disk 功能加载后，将以新保密分区的形式出现。同时高版本也可提高全盘加密功能，对整个磁盘的所有数据加密，即使拆卸后安装到其他计算机上也不能在没有密码的情况下使用数据。

⑤ 永久地粉碎销毁文件、文件夹，并释放出磁盘空间。

⑥ 即时消息工具加密。该功能可将支持的即时消息工具（IM，也称即时通信工具、聊天工具）所发送的信息完全经由 PGP 处理加密。

⑦ 使用 PGP 可实现对共享文件夹本身及其文件的安全管理，方便了需要经常在内部网络中共享文件的企业用户，免于受蠕虫病毒和黑客的侵袭。

⑧ PGP 还支持创建可移动加密介质（USB/CD/DVD）产品。

3. 组成与实现

在本方案中，为减少投资，建议对核心部门的数据进行软/硬件加密。硬件方面购买商品化的加密 U 盘和移动硬盘，保证数据在用此类设备交换时，能在意外丢失的情况下，数据不被窃取。除此以外，在桌面系统，统一部署 PGP 加密软件。

（1）PGP 安装。

PGP 安装很简单，下载后解压缩，然后双击安装文件，就会出现如图 4-32 所示的安装向导，选择语言选项，并确定同意协议授权后（见图 4-33），只需按提示逐步单击"Next"按钮完成即可，在复制完基本文件后，需要重新启动计算机。

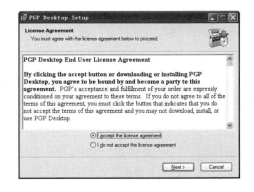

图 4-32　PGP 安装向导　　　　　　　图 4-33　PGP 安装授权协议

启动后，按要求输入 PGP 注册号，如图 4-34 所示。

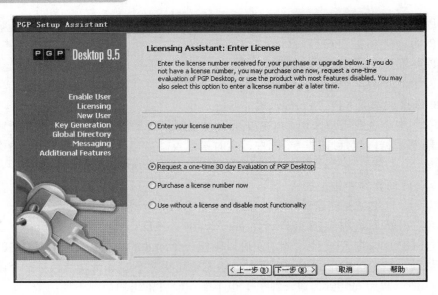

图 4-34　输入 PGP 注册号

完成以上操作就会出现如图 4-35 所示的画面，并可在菜单项目和桌面的右下角出现快捷图标。这样，用户就可以使用 PGP 了。

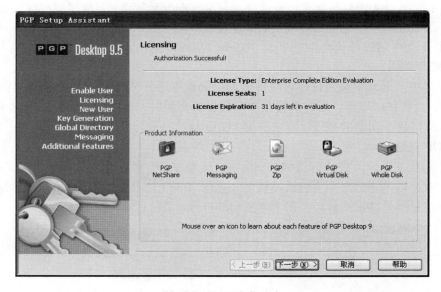

图 4-35　PGP 安装结束

（2）密钥管理。

使用 PGP 前，先要生成一对密钥，当然，第一次启动 PGP 后，系统会要求用户建立一对密钥。在建立密钥时，PGP 会提供一个向导，这个向导会要求用户输入密钥的基本信息，如用户名、邮件地址，用户也可以自己选择加密的算法类型和密钥的长度及过期时间，一般选择默认值就可以，如图 4-36 所示。

在输入密钥基本信息后，还需要输入密钥管理口令，这个口令在用到私钥时会起到作用，此外，口令输入时的键盘间隔时间是生成密钥的关键参数，如图 4-37 所示。

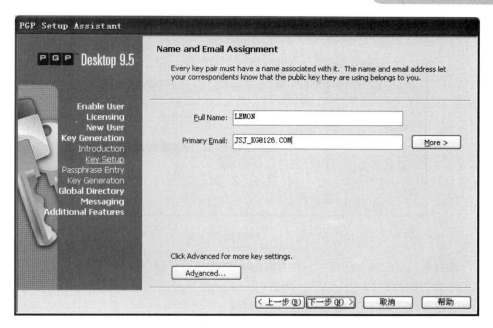

图 4-36　输入用户名和邮件地址信息

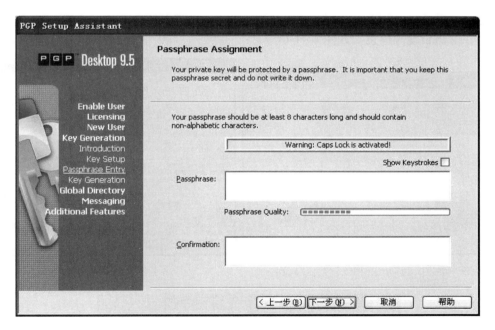

图 4-37　输入密钥管理口令

在 PGP 密钥管理中，尤其是公钥的管理，如要将公钥分发给其他对象，就应该先将公钥导出，形成一个公钥文件，其他人得到该文件后，可以将其再导入。导出的操作步骤：单击"开始"→"程序"→"PGP"→"PGP Desktop"选项，出现如图 4-38 所示的界面。该界面就是 PGP 的操作界面，用户可以在该界面中完成各项操作，包括密钥的生成、属性修改、删除等，以及对文件的压缩、虚拟加密磁盘的管理和对共享的管理等。

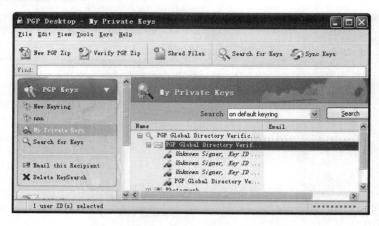

图 4-38　PGP 操作界面

这时，选择对应的密钥展开后，单击鼠标右键选择"EXPORT"（输出），输出时，需要确定公钥文件的存储位置和文件名等，当然也可以选择是否连同私钥一起输出。输出后的公钥文件可以通过电子邮件或 FTP 等提供给其他用户。

从图 4-39 中不难看出，输出后的公钥文件实际上是一个扩展名为 asc 的文本文件，其内容就是加密时用到的密钥，如图 4-40 所示，很显然，这样的一个密钥是很难被破解的。

当然，想要了解关于某个密钥的详细信息，可以选中某密钥并双击，就可以看到其密码的算法类型、密钥长度等信息，如图 4-41 所示。

图 4-39　确定公钥输出的相关位置信息图

图 4-40　公钥文件的内容

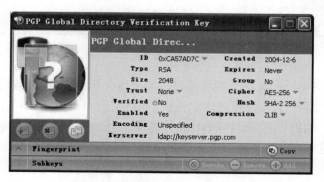

图 4-41　PGP 密钥的参数信息

（3）PGP 加/解密。

用 PGP 对文件加密非常简单，只需选中该文件，然后单击鼠标右键，在菜单中选择"PGP Desktop"选项，就会弹出一个子菜单，可以选择加密压缩及直接用密钥加密该文件或发送到 PGP 加密的网络共享中，如图 4-42 所示。加密后的文件无论是在本地存储还是在网络传播，如果不能提供对应的解密私钥，则都不能正确判读其正确内容，这样实现了信息数据的安全保护。

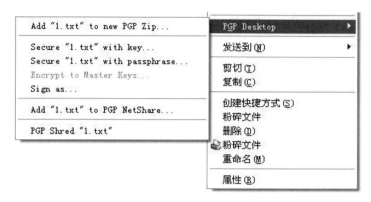

图 4-42　加密文件

解密的过程更简单，只要选择要解密的文件并双击，就会弹出一个对话框，然后选择解密用的密钥，回答管理口令即可完成解密。

当然，PGP 不但可以直接对文件加/解密，还可以对活动窗口及剪贴板的内容进行加/解密，也可以完成数字签名。此外，PGP 还可提供对文件的压缩加密处理及建立虚拟加密磁盘和网络共享的加/解密操作。由于篇幅限制，本章不详细介绍这些操作，读者可以自己安装并熟悉这些操作的使用。总之，通过 PGP，用户可以轻松掌握并完成密钥管理和加/解密的操作。

除 PGP 外，市场上还有很多相关产品，如"优盾信息安全管理软件"系统，可以有效解决上述问题，特别是文件分发问题，它也是一个不错的选择。当然，为保护企业数据安全，不能仅依靠上述加密产品，还应部署其他安全产品，如防火墙、企业权限管理及数据备份和灾难恢复等安全措施，才能真正有效地实施企业数据加密和保护。

习题

一、思考题

1．简述密码系统的组成，并解释以下概念：密码算法、明文、密文、加密、解密、密钥。

2．对称密码技术中密钥有多少个？能否通过一个密钥推导出另一个密钥？

3．在 DES 算法中，如何生成密钥？其依据的数学原理是什么？

4．RSA 算法依据的数学原理是什么？RSA 算法与 DES 算法相比，有哪些不同？

5．加密在现实中的应用有哪些？请举例说明。

6．为什么说使用非对称加密可以防止赖账行为？

7．什么是安全协议？安全协议所关注的问题有哪些？

8．请简述 IPSEC 安全协议的体系组成及各部分功能。AH 和 ESP 有什么区别？

9．SSH 传输层安全协议是否能替代 Telnet 等服务，其实现原理是什么？

10．SSL 安全协议的优点、缺点是什么？

11．PGP 密钥管理的特点是什么？是否安全？

二、实践题

1．下载一个文件加密软件（采用对称加密技术），完成加/解密，比较它与 PGP 工作流程的不同。

2．已知明文是"CHINA"，请自行按古典密码技术原理，编制几种可能的算法，并适当修改密钥，写出其对应的密文。

实训 PGP 加/解密应用

一、实训目的

1．掌握 PGP 的安装及密钥管理和对文件等数据信息的加/解密操作。

2．了解现代计算机密码技术的操作流程及基本方法。

二、实训内容

1．完成 PGP 的安装。

2．使用 PGP 创建密钥对。

3．导入、导出 PGP 公钥及签名。

4．使用 PGP 密钥对加/解密信息。

5．使用 PGP 加密、解密文件。

三、实训步骤

以下为本次实训的主要参考步骤，请记录操作过程中的关键环节及主要现象。

1．PGP 安装。

建议使用 PGP Desktop 9.0 Final 版本（可以在 http://www.pgp.com 中下载），解开压缩包后，申请一个注册号，运行安装文件，根据系统提示分别确定安装的路径及应用项目，安装完成后，重新启动计算机，输入注册号等信息后就可以使用了。

2．PGP 密钥生成。

PGP 可以管理多对密钥，用户应创建一对新的 PGP 密钥。

具体步骤：启动 PGP，在菜单中选择"Keys"→"New Keyring..."，即可在密钥生成向导的提示下，开始创建密钥对，操作过程和安装向导基本一样。

需要注意的是，在创建密钥时要输入以下信息：全名、邮件地址、需要两次输入密钥的管理口令（Pass Phrase），并选择加密算法与密钥长度（系统默认设置为 RSA 加密、加密长度是 2048 位），其他的选择默认值即可。

3．PGP 公钥发布。

要想发布密钥，需要先将密钥对导出形成一个密钥文件，具体步骤如下。

（1）导出密钥：导出本人的 PGP 公钥，保存文件名是"姓名.asc"的文件。

（2）共享公钥：将公钥文件共享给其他同学。

（3）导入密钥：下载其他同学的公钥文件到本地计算机中，双击该文件导入到密钥列表中。

4．PGP 对文件加/解密，以下操作应以组的形式出现，两人一组，配合完成。

（1）建立一个文本文件，将其内容加密。

（2）建立一个电子邮件，将电子邮件正文加密。

（3）将指定文件加密。

加密：加密方所选择的密钥应是对方的公钥，加密完成后将文件发送给其他同学。

解密：接收方打开加密后的文件或电子邮件，按要求输入自己设置的密钥口令即可解开文件。

第5章

<<<<<<

数字身份认证

学习目标

- 了解信息认证技术及数据摘要的应用。
- 知道数字签名的基本概念和算法实现。
- 掌握数字证书的概念及证书基本格式和运行流程。
- 掌握 PKI 的基本原理及具体应用。

引导案例

在电子商务和电子政务活动中，用户需要避免网上信息交换所面临的假冒、篡改、抵赖、伪造等种种威胁。在金融网络支付领域，这些问题显得尤其关键。目前各个银行都推出了网络银行服务，允许用户通过互联网实现账单支付、炒股、购物等活动。在银行、证券公司和用户三方就存在一个银证转账的过程，这是一个需要彼此身份认证的带有一定金融风险的过程，那么具体应如何建立一个安全、方便的银证转账系统，保证三方的利益不受侵害，是摆在银行、证券公司业务管理上的一个首要问题。这些操作都涉及信息认证的有关知识，通过本章的学习，读者将了解如何实现身份认证、信息完整性、不可否认和不可修改等信息认证手段。

5.1 信息认证技术

5.1.1 信息认证技术概述

认证技术是信息安全理论与技术的一个重要方面，也是电子商务与电子政务安全的主要实现技术，主要涉及身份认证和报文认证两个方面的内容。身份认证用于鉴别用户身份；报文认证用于保证通信双方的不可抵赖性和信息的完整性。在某些情况下，信息认证显得比信息保密更为重要。例如，在电子商务活动中，用户并不要求购物信息保密，而只需要确认网上商店不是假冒的（这就需要身份认证），确保自己与网上商店交换的信息未被第三方修改或伪造，并且网上商家不能赖账（这就需要报文认证）；商家也是如此。从概念上讲，信息的加密与信息的认证是有区别的。加密保护只能防止被动攻击，而认证保护可以防止主动攻击。被动攻击的主要方法就是截收信息；主动攻击的最大特点是对信息进行有意修改，使其推翻原来的意义。主动攻击比被动攻击更复杂，危害更大，攻击手段也比较多，后果特别严重。

身份认证是信息认证技术中一个十分重要的内容，它一般涉及两个方面：一是识别；二是验证。所谓识别就是要明确用户是谁，这就要求对每个合法的用户都要有识别能力。为了保证识别的有效性，就需要任意两个不同的用户都应具有不同的识别符。所谓验证就是指在用户声称自己的身份后，认证方还要对它所声称的身份进行验证，以防假冒。一般来说，用户身份认证可通过 3 种基本方式或其组合来实现。

① 用户所知道的某种秘密信息，如用户知道自己的口令。

② 用户持有某种秘密信息（硬件），即随身携带的合法物理介质，如智能卡中存储用户的个人化参数，访问系统资源时必须有智能卡。

③ 用户所具有的某些生物学特征，如指纹、声音、DNA 图案、视网膜扫描等。

报文认证用于保证通信双方的不可抵赖性和信息完整性，它是指双方建立通信联系后，每个通信者对收到的信息进行验证，以保证所收到的信息是真实的过程。验证的内容如下。

① 证实报文是由指定发送方产生的。

② 证实报文的内容没有被修改过，即证实报文的完整性。

③ 确认报文的序号和时间是正确的。

目前，在电子商务和政务系统中广泛使用的认证方法和手段主要有数字签名、数据摘要、数字证书、数字证书认证中心（CA），以及其他一些身份认证技术和报文认证技术。

5.1.2　数据摘要

散列函数可以用于实现数据认证机制。散列函数将把任意长度的输入（对于 SHA-1 算法来说，长度最大可为 264 位）映射为固定长度的输出（对于 SHA-1 算法来说是 160 位）。上述固定长度的输出就叫消息摘要或校验和或散列和。因为所有输入组成的集合显然远远大于由所有输出组成的集合，所以必然有多个输入被映射到同一个输出。然而，散列函数应当具有以下性质：要发现映射到同一个输出的多个输入在计算上是很困难的。换句话来说，在一个方向（从输入到输出方向）上计算散列函数会非常容易，然而在相反的方向上计算散列函数就会非常困难。正因如此，散列函数有时又叫单向函数，如图 5-1 所示。严格来说，散列函数 $y=h(x)$ 必须满足以下条件：

① 对于任意给定的 y，求出 x 使得 $h(x)=y$。

② 对于任意给定的 $x_1 \neq x_2$，求出 y_1，y_2，使得 $h(x_1)=h(x_2)$。

③ 求出 (x,y) 使得 $h(x)=h(y)$。

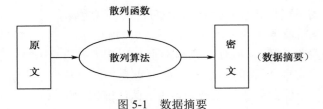

图 5-1　数据摘要

5.2　数字签名

5.2.1　数字签名的基本概念

在人们的工作和生活中，许多事务的处理都需要当事者签名，如政府文件、商业合同等。签名起到认证、审核的作用。在传统的以书面文件为基础的事务处理中，认证通常采用书面签名的形式，如手签、印章、指印等。在以计算机文件为基础的事务处理中则采用电子形式的签名，即数字签名。数字签名技术以加密技术为基础，其核心是采用加密技术的加/解密算法体制来实现对报文的数字签名。数字签名能够实现以下功能。

① 接收方能够证实发送方的真实身份。

② 发送方事后不能否认所发送过的报文。

③ 接收方或非法者不能伪造、篡改报文。

5.2.2　数字签名算法

数字签名建立在公共密钥体制基础上，是公共密钥加密技术的另一类应用。它的主要方式：报文的发送方从报文文本中生成一个散列值或报文摘要，并用自己的私人密钥对这个散列值进行加密形成发送方的数字签名，然后，这个数字签名将作为报文的附件和报文一起发送给报文的接收方。报文的接收方先从接收到的原始报文中计算出散列值或报文摘要，再用发送方的公共密钥对报文附加的数字签名进行解密。如果两个散列值相同，那么接收方就能确认该数字签名是发送方的。通过数字签名能够实现对原始报文的鉴别，其原理如图 5-2 所示。

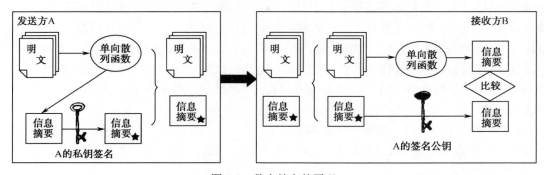

图 5-2　数字签名的原理

在公钥密码系统中，先解密（使用私钥）后加密（使用公钥）的结果仍然是消息本身。加/解密的公式如下。

$$E_{puk}(D_{prk}(M))=M$$

此公式可以用作数字签名机制。只有公钥的主人才知道私钥，因此只有他才能产生合法签名。另外，任何人都能验证签名，因为公钥是公开的。

如果使用 RSA 进行数字签名，则生成的计算公式如下。

$$S=D(h(M))=h(M)d\bmod n$$

其中 $h(M)$ 是散列函数。散列函数的输出（散列和）的长度是固定的，而且远远小于原消息的长度。生成签名的过程通常计算量很大，因此对散列和进行签名的开销会远远小于对初始消息的签名开销。

要验证签名，需要首先获得 M 与 S、签名者的公钥 (e,n) 及所使用的散列函数和生成 S 的签名算法的信息。随后验证者就可以计算消息散列和 $h(M)$ 并将其与对签名 S 的加密结果进行比较了。

判断 $E(S)=Se[h(M)]$ 是否成立。如果答案为是，则签名有效；如果答案为否，则签名无效。

签名只生成一次，但可以多次验证，因此验证过程必须很快。使用 RSA 时可以通过选择较小的公钥指数 e 来实现这一点。和纸制文档一样，数字文档也可以带有时间戳。

5.3 数字证书

5.3.1 数字证书的基本概念

数字证书是一段包含用户身份信息、用户公钥信息及身份验证机构数字签名的数据。用户的密钥对信息进行加密可以保证数字信息传输的机密性（信息除发送方和接收方外，不被其他人知悉），身份验证机构的数字签名可以确保证书信息的真实性（接收方收到的信息是发送方发出的），用户公钥信息可以保证数字信息传输的完整性（在传输过程中不被篡改），用户的数字签名可以保证数字信息的不可否认性（发送方不能否认自己的发送行为）。

数字证书是各类终端实体和最终用户在网上进行信息交流及商务活动的身份证明，在电子交易的各个环节，交易的各方都需验证对方数字证书的有效性，从而解决相互间的信任问题。

数字证书是一个经证书认证中心（CA）数字签名的包含公开密钥拥有者信息及公开密钥的文件。数字证书实质上就是一系列密钥，用于签名和加密数字信息。CA 作为权威、可信赖、公正的第三方机构，专门负责为各种认证需求提供数字证书服务，即专门解决公钥体系中公钥的合法性问题。CA 为每个使用公开密钥的用户发放一个数字证书，用于证明证书中列出的用户名称与公开密钥相对应。CA 的数字签名使攻击者不能伪造和篡改数字证书，认证中心颁发的数字证书均遵循 X.509 V3 标准。X.509 标准在编排公共密钥密码格式方面已被广泛接受，应用网络安全，其中包括 IPSec、SSL、SET、S/MIME。

5.3.2 应用数字证书的必要性

（1）数字信息安全主要包括以下几个方面。

① 身份验证（Authentication）。

② 信息传输安全（Information Transmission）。

③ 信息保密性（存储与交易）（Confidentiality）。

④ 信息完整性（Integrity）。

⑤ 交易的不可否认性（Non-repudiation）。

（2）对于数字信息的安全需求，可通过如下方法解决。

① 数据保密性——加密。

② 数据的完整性——数字签名。

③ 身份鉴别——数字证书与数字签名。

④ 不可否认性——数字签名。

（3）为了保证网上信息传输双方的身份验证和信息传输安全，目前可采用数字证书技术来实现传输数据的机密性、真实性、完整性和不可认性。

① 身份验证。身份验证是一致性验证的一种，验证是建立一致性（Identification）证明的一种手段。身份验证主要包括验证依据、验证系统和安全要求。它能保证只有合法用户才能进入系统，从而验证用户，确保证书信息的真实性。

② 访问控制。鉴别是访问控制的重要手段，是对网络主体进行验证的过程。访问控制规定何种主体对何种客体具有何种操作权力。访问控制是内部网络安全理论的重要方面，主要包括人员限制、数据标识、权限控制、控制类型和风险分析。

③ 数据完整性。数据完整性是指在数据处理过程中，在原来数据和现行数据之间保持完全一致的证明手段。它是通过真实性、机密性和数字签名来完成的。

④ 数据机密性。对传输中的数据流加密，以防止未经授权的用户通过通信线路截取网络上的数据。加密可在通信的三个不同层次进行，按实现加密的通信层次可分为链路加密、节点加密、端到端加密。一般常用链路加密和端到端加密这两种方式。数据机密性由加密算法保证。目前在金融系统和商界普遍使用的算法是美国数据加密标准 DES、RSA 等。

⑤ 不可否认性。确保用户不能否认自己所做的行为，同时提供公证的手段来解决可能出现的争议，包括对源和目的地双方的证明，一般是用数字签名来实现的，采用一定的数据交换协议，使得通信双方能够满足两个条件：接收方能够鉴别发送方所宣称的身份，发送方事后不能否认其发送过数据这一事实。

5.3.3　数字证书的内容及格式

认证中心所颁发的数字证书格式在 ITU 标准和 X.509 V3 里定义，数字证书主要包括证书申请者的信息和发放证书 CA 的信息，如图 5-3 所示。

X.509 数字证书内容由以下两部分组成：申请者的信息和发放证书 CA 的信息。

（1）申请者的信息。

① 版本：用来与 X.509 的将来版本兼容；

② 序列号：每一个由 CA 发行的证书必须有一个唯一的序列号；

③ 签名算法：CA 所使用的签名算法；

④ 颁发者：证书 CA 颁发者的名称；

⑤ 有效起始/终止日期：证书的有效期限；

⑥ 主题：证书主题名称；

图 5-3　X.509 数字证书内容

⑦ 被证明的公钥信息，包括公钥算法、公钥的位字

符串表示;

　　⑧ 包含额外信息的特别扩展。

（2）发放证书 CA 的信息。

　　数字证书包含发行证书 CA 的签名和用来生成数字签名的签名算法。任何人收到证书后都能使用签名算法来验证证书是否是由 CA 的签名密钥签发的。

5.3.4　数字证书认证中心及运作

　　数字认证中心（Certificate Authority，CA）对于数字证书的运作非常关键，职能主要包括证书申请、证书分发、证书接受、证书更新、证书撤销等。

1. CA 的作用

　　电子商务与电子政务的兴起，既带来了便利和机会，也带来了问题，特别是安全性（保密性、真实完整性和不可抵赖性）被提到了首要位置，没有安全性的保证或在这方面存在任何漏洞，都将使其变得不可行。

　　例如，在电子商务活动中，由于电子商务是通过因特网进行交易的，而因特网具有充分的开放性、管理松散和不设防的特点，所以电子商务的安全性显得特别突出。一般来讲，要想网上信息安全必须先实现以下要求：

　　（1）只有收件实体（持卡人/个人、商户/企业、网关/银行等）才能解读信息，即保密性（Confidentiality）；

　　（2）收件实体看到的信息确实是发件实体发送的信息，其内容未被篡改或替换，即真实完整性（Authenticity and Integrity）；

　　（3）发件实体日后不能否认曾发送过此信息，即不可抵赖性（Nonrepudiation）。

　　为实现以上信息安全要求，除了在通信传输中采用更强的加密算法等措施之外，还必须建立一种信任及信任验证机制，即参加电子商务的各方必须有一个可以被验证的标识，这就是数字证书。数字证书是各实体在网上信息交流及商务交易活动中的身份证明，该数字证书具有唯一性。它将实体的公开密钥同实体本身联系在一起，为实现这一目的，必须使数字证书符合 X.509 国际标准，同时数字证书的来源必须是可靠的。这就意味着应有一个网上各方都信任的机构，专门负责数字证书的发放和管理，确保网上信息的安全，这个机构就是证书认证中心。各级认证机构的存在组成了整个电子商务的信任链。如果认证机构不安全或发放的数字证书不具有公正性和权威性，电子商务就根本无从谈起。

　　数字证书认证中心是整个网上电子交易安全的关键环节。它主要负责产生、分配并管理所有参与网上交易的个体所需的身份认证数字证书。每一份数字证书都与上一级的数字签名证书相关联，最终通过安全链追溯到一个已知的并被广泛认为是安全、权威、足以信赖的根认证中心（根 CA）。

　　电子交易的各方都必须拥有合法的身份，即由 CA 签发的数字证书，在交易的各个环节，交易的各方都需检验对方数字证书的有效性，从而解决用户信任问题。CA 涉及电子交易中各交易方的身份信息、严格的加密技术和认证程序。基于其牢固的安全机制，CA 应用可扩大到一切有安全要求的网上数据传输服务。

　　数字证书认证解决了网上交易和结算中的安全问题，其中包括建立电子商务各主体之间的信任关系，即建立安全认证体系；选择安全标准，如 SET、SSL；采用高强度的加/解密技术。

其中安全认证体系的建立是关键，它决定了网上交易和结算能否安全进行。因此，数字证书认证中心的建立对电子商务的开展具有非常重要的意义。

2．CA 的主要功能

CA 的核心功能是发放和管理数字证书。

（1）接收验证最终用户数字证书的申请。

接收持卡人/个人、商户/企业、网关/银行的数字证书申请，验证申请请求的消息格式是否正确。如果正确，则保存相应信息；如果错误，则指出错误的原因。

（2）确定是否接受最终用户数字证书的申请。

根据持卡人/个人注册申请表请求或商户/企业、网关/银行初始数字证书申请请求中给出的申请类型、申请语言、账号信息，确定是否受理该数字证书申请。如果接受数字证书申请则分配一个 CA 本地编号，并将该编号和与数字证书申请相应的注册申请表发送给最终用户；如果拒绝接受数字证书申请则返回拒绝接受的原因。无论是否接受数字证书申请，返回给最终用户的应答信息都要经过 CA 的签名。

（3）向申请者颁发或拒绝颁发数字证书。

根据审核注册中心 RA（Registration Authority）的审定结果，系统自动判断是否颁发持卡人/个人的数字证书。根据有关政策，由 CA 的管理员决定是否颁发商户/企业和网关/银行的数字证书。如果同意颁发数字证书，需将新产生的数字证书在主数据库中保存一段时间，供最终用户查询。新数字证书要用 CA 的证书签名私钥签名，应答消息要用 CA 的数字签名证书签名。如果最终用户在数字证书申请请求中提供了加密密钥，应答消息还要进行加密。

（4）接收、处理最终用户的数字证书更新请求。

接收、验证最终用户数字证书更新请求，根据 RA 的要求和有关政策同意或拒绝颁发相应的数字证书。

（5）接收最终用户的数字证书查询。

根据最终用户数字证书查询请求中的 CA 本地编号判断与之相应的数字证书申请是否存在、是否已被处理。如果已被处理，则得到处理的结果。如果处理结果是同意签发数字证书，则将该数字证书返回给最终用户。如果在数字证书申请时，最终用户给出了加密密钥，则数字证书查询的结果还要用其加密。

（6）产生和发布黑名单（CRL）及品牌黑名单标识（BCI）。

由于 CA 或网关的私钥泄密等原因而造成废除 CA 或网关数字证书时，就要产生新的黑名单及品牌黑名单标识。黑名单由废证机构产生，一般来说，废证机构就是当初同意发证的机构。产生新的黑名单和品牌黑名单标识后要立即向所有的 CA 和网关发布。即使没有新的黑名单产生，品牌黑名单标识也要定时更新、发布。当最终用户向 CA 申请数字证书时，CA 如果发现最终用户系统中的黑名单或品牌黑名单标识不存在或者不是最新的，就要将最新的黑名单或品牌黑名单标识随应答消息发送给最终用户。

（7）数字证书归档。

随着已颁发数字证书数量的增加，CA 存储的信息量会越来越多，因此要将一部分已颁发且已发送给最终用户的数字证书从主数据库中备份到短期历史数据库中。当短期历史数据库中保存的数字证书过期后，就要备份到长期历史数据库中归档。由于纠纷仲裁等原因，必要时，CA 都能够以文件形式输出该数字证书。

（8）密钥归档。

过期的密钥必须归档，归档的密钥保存在密钥档案库中，一定要保证密钥档案库的完整性和保密性。

（9）CA 与 RA 之间的数据交换安全。

RA 是持卡人/个人数字证书申请的注册审核机构，既要从属于 CA 机构，又要在地理位置上与 CA 分离。RA 通常分布在各专业银行，所以 RA 与 CA 间的数据交换必须确保安全。RA 与 CA 间的通信可以借助于金融专用网和 Internet 等。

（10）CA 的安全审计。

当需要对与安全有关的事件进行审查和核对，或者出现问题时，则需要通过分析归档数据查出原因，弥补安全漏洞。因此必须保证管理员操作、密钥操作、证书操作及威胁到 CA 安全事件等记录的完整性。

5.3.5　专用证书服务系统

专用证书服务系统具有签发证书、废弃证书、验证证书、维护证书废弃列表、提供实时证书状态信息等一系列标准的功能。该系统分为单位端的管理平台子系统和公信端的签发服务子系统，整个系统的逻辑结构如图 5-4 所示。

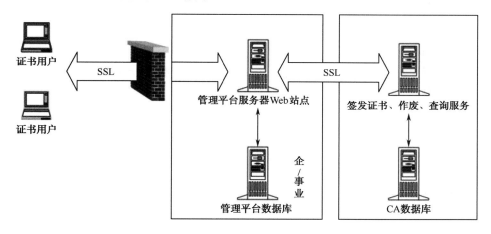

图 5-4　专用证书服务系统的逻辑结构

专业证书服务系统的特点如下：

（1）与企/事业单位达成协议，使用服务系统，并制定符合该单位需要的证书类型、内容和管理策略。

（2）用户通过浏览器可随时申请证书。

（3）该单位核查用户身份、管理用户信息、提交证书签发申请及作废等各种请求，统一管理所发放的证书。

（4）接受证书请求，负责证书的签发、作废和更新，从而充分发挥权威公正第三方的作用，保障证书的公信度。

（5）签发证书完成后，返回到该单位的服务器，并保存在其用户证书库中。

5.4 公钥基础设施 PKI

5.4.1 PKI 的基本概念

PKI（Public Key Infrastructure，公钥基础设施）就是利用公钥理论和技术建立的提供信息安全服务的基础设施。公钥体制是目前应用最广泛的一种加密体制，在这一体制中，加密密钥与解密密钥各不相同，发送信息的人利用接收方的公钥发送加密信息，接收方再利用自己专有的私钥进行解密。这种方式既保证了信息的机密性，又保证了信息具有不可抵赖性。目前，公钥体制广泛地应用于 CA 认证、数字签名和密钥交换等领域。

PKI 体系在统一的安全认证标准和规范基础上提供在线身份认证，是 CA 认证、数字证书、数字签名及相关安全应用组件模块的集合。作为一种技术体系，PKI 可以作为支持认证完整性、机密性和不可否认性的技术基础，从技术上解决网上身份认证信息完整性和抗抵赖等安全问题，为网络应用提供可靠的安全保障。但 PKI 绝不仅仅只涉及技术层面的问题，还涉及电子政务、电子商务及国家信息化的整体发展战略等多层面问题。PKI 作为国家信息化的基础设施，是相关技术、应用、组织、规范和法律法规的总和，是一个宏观体系，其本身体现了强大的国家实力。PKI 的核心是要解决信息网络空间中的信任问题，确定信息网络空间中各种经济、军事和管理行为主体（包括组织和个人）身份的唯一性、真实性和合法性，保护信息网络空间中各种主体的安全利益。

PKI 是信息安全基础设施的一个重要组成部分，是一种普遍适用的网络安全基础设施。PKI 是 20 世纪 80 年代由美国学者提出来的概念，实际上，授权管理基础设施、可信时间戳服务系统、安全保密管理系统、统一的安全电子政务平台等的构筑都离不开它的支持。数字证书认证中心（CA）、审核注册中心（RA）、密钥管理中心（KM）都是组成 PKI 的关键组件。作为提供信息安全服务的公共基础设施，PKI 是目前公认的保障网络社会安全的最佳体系。在我国 PKI 建设在几年前就已开始启动，金融、政府、电信等部门已经建立了 30 多家 CA 认证中心。如何推广 PKI 应用，加强系统之间、部门之间、国家之间 PKI 体系的互通互联，已经成为亟待解决的重要问题。

5.4.2 PKI 认证技术的体系结构

一个标准的 PKI 域必须具备以下主要内容。

1. 认证机构（CA）

CA 是 PKI 的核心执行机构，是保证电子商务、电子政务、网上银行、网上证券等交易的权威性、可信任性和公正性的第三方机构，是 PKI 的主要组成部分，业界人士通常称其为认证中心。从广义上讲，认证中心还应该包括证书审核注册机构（RA），它是数字证书的申请注册、签发和管理机构。

2. 证书和证书库

PKI 证书是数字证书或电子证书的简称，它符合 X.509 标准，是网上实体身份的证明。PKI 证书是由具备权威性、可信任性和公正性的第三方机构签发的，因此它是具有权威性的电子文档。

证书库是 CA 颁发证书和撤销证书的集中存放地，它像网上的"白页"一样，是网上的公共信息库，可供公众进行开放式查询。一般来说，查询的目的有两个：

（1）得到与之通信实体的公钥；

（2）验证通信对方的证书是否已进入"黑名单"。

证书库支持分布式存放，即可以采用数据库镜像技术，将 CA 签发的证书中与本组织有关的证书和证书撤销列表存放到本地，以提高证书的查询效率，减少向总目录查询的瓶颈。

3. 密钥备份及恢复

在 PKI 中，密钥备份及恢复是密钥管理的主要内容。用户由于某些原因将解密数据的密钥丢失，使已被加密的密文无法解开。为避免这种情况的发生，PKI 提供了密钥备份与密钥恢复机制：当用户证书生成时，加密密钥即被 CA 备份存储；当需要恢复时，用户只需向 CA 提出申请，CA 就会为用户自动进行恢复。

4. 密钥和证书的更新

一个证书的有效期是有限的，这种规定在理论上是基于对当前非对称算法和密钥长度的可破译性分析，在实际应用中是由于长期使用同一个密钥有被破译的危险，因此，为了保证安全，证书和密钥要有一定的更换频度。为此，PKI 对已发的证书必须有一个更换措施，这个过程称为"密钥更新或证书更新"。

证书更新一般由 PKI 系统自动完成，不需要用户干预，即在用户使用证书的过程中，PKI 会自动到目录服务器中检查证书的有效期。在有效期结束之前，PKI/CA 会自动启动更新程序，生成一个新证书来代替旧证书。

5. 证书历史档案

从以上密钥更新的过程中，不难看出，经过一段时间后，每一个用户都会形成多个旧证书和至少一个当前新证书。这一系列旧证书和相应的私钥就组成了用户密钥和证书的历史档案。记录整个密钥历史是非常重要的。例如，某用户几年前用自己的公钥加密数据或者其他人用自己的公钥加密数据无法用现在的私钥解密，那么该用户就必须从其密钥历史档案中，查找到几年前的私钥来解密数据。

6. 客户端软件

为方便客户操作，解决 PKI 的应用问题，在客户处装有 PKI 客户端软件，以实现数字签名、加密传输数据等功能。此外，客户端软件还负责在认证过程中，查询证书和相关证书的撤销信息及进行证书路径处理，对特定文档提供时间戳请求等。

7. 交叉认证

交叉认证就是多个 PKI 域之间实现互操作。交叉认证实现的方法主要有两种：一种是桥接 CA，即用一个第三方 CA 作为桥，将多个 CA 连接起来，成为一个可信任的统一体；另一种是多个 CA 的根 CA（RCA）互相签发根证书，当不同 PKI 域中的终端用户沿着不同的认证链检验认证到根时，就能达到互相信任的目的。

5.4.3 PKI 的应用

PKI 得到了广泛的应用，其中包括以下 4 个方面。

1. 电子商务

电子商务的参与方一般包括买方、卖方、银行和作为中介的电子交易市场。买方通过自己的浏览器上网，登录到电子交易市场的 Web 服务器并寻找卖方。当买方登录服务器时，互相之间需要验证对方的证书以确认其身份，这被称为双向认证。在双方身份被互相确认以后，建立起安全通道，再向商场提交订单。买方对这两种信息进行双重数字签名，分别用商场和银行的证书公钥加密上述信息。当商场收到这些交易信息后，留下订货单信息，并将支付信息转发给银行。商场只能用自己专有的私钥解开订货单信息并验证签名。同理，银行只能用自己的私钥解开加密的支付信息、验证签名并进行划账。银行在完成划账以后，通知起中介作用的电子交易市场、物流中心和买方，并进行商品配送。整个交易过程都是在 PKI 所提供的安全服务之下进行的，实现了安全、可靠、保密和不可否认性。

2. 电子政务

电子政务包含的主要内容有网上信息发布、办公自动化、网上办公、信息资源共享等。按应用模式也可分为 G2C、G2B、G2G，PKI 在其中的应用主要是解决身份认证、数据完整性、数据保密性和不可抵赖性等问题。

例如，某个特定的文件在公文流转时，应发给哪个部门或者哪一级公务员有权查阅，都需要进行身份认证，与身份认证相关的还有访问控制，即权限控制。认证通过证书进行，而访问控制通过属性证书或访问控制列表（ACL）完成。有些文件在网络传输中要加密以保证数据的保密性；有些文件在网上传输时要求不能被丢失和篡改；特别是一些保密文件的收发必须要有数字签名等。只有使用 PKI 提供的安全服务才能满足电子政务中的这些需求。

3. 网上银行

网上银行是指银行借助于互联网技术向客户提供信息服务和金融交易服务。银行通过互联网向客户提供信息查询、对账、网上支付、资金划转、信贷业务、投资理财等金融服务。网上银行的应用模式有 B2C 个人业务和 B2B 企业业务两种。

网上银行的交易方式是点对点的，即客户对银行。客户浏览器端装有客户证书，银行服务器端装有服务器证书。当客户上网访问银行服务器时，银行端首先要验证客户端证书，检查客户的真实身份，确认是否为银行的真实客户；同时服务器还要到 CA 的目录服务器，通过 LDAP 协议查询该客户证书的有效期和是否进入"黑名单"；认证通过后，客户端还要验证银行服务器端的证书；双向认证通过以后，建立起安全通道，客户端提交交易信息，经过客户的数字签名并加密后传送到银行服务器，由银行后台信息系统进行划账，并将结果进行数字签名返回给客户端。这样就做到了支付信息的保密性和完整性及交易双方的不可否认性。

4. 网上证券

网上证券包括网上证券信息服务、网上股票交易和网上银证转账等。一般来说，在网上证券应用中，股民客户端装有个人证书，券商服务器端装有 Web 证书。在线证券交易时，券商的服务器只需要认证股民证书，验证其是否为合法股民，这是单向认证过程，认证通过后，建立起安全通道。股民在网上的交易提交同样要进行数字签名，网上信息要加密传输；券商服务器收到交易请求并解密，进行资金划账并做数字签名，将结果返回给客户端。

总体来看，PKI 还是一门处于发展中的技术。如除了对身份认证的需求外，目前又提出了对交易时间戳的认证需求。PKI 的应用前景也绝不仅限于网上的商业行为，事实上，网络生活中的方方面面都有 PKI 的应用天地，不只在有线网络，甚至在无线通信中，PKI 技术都已经得到了广泛的应用。

技能实施

5.5 任务 在 Windows Server 2012 下搭建证书服务器

5.5.1 任务实施环境

安装 Windows Server 2012 操作系统。在进行安装证书服务之前，应先安装配置域服务，否则安装证书服务无法正常配置。

5.5.2 任务实施过程

1．登录 Windows Server 2012 服务器。

2．打开"服务器管理器"窗口，如图 5-5 所示。

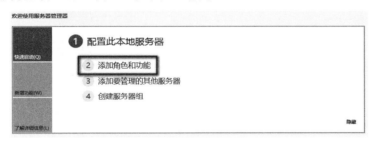

图 5-5 "服务器管理器"窗口

3．选择"添加角色和功能"选项，单击"下一步"按钮，勾选"基于角色或基于功能的安装"选项，单击"下一步"按钮，如图 5-6 所示。

图 5-6 添加角色和功能向导

4．勾选"从服务器池中选择服务器"选项，默认本机，单击"下一步"按钮，如图 5-7 所示。

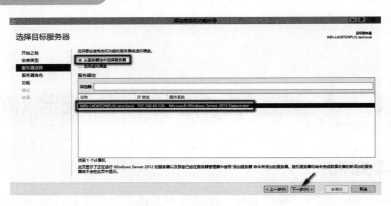

图 5-7　选择目标服务器

5．勾选"Active Directory 证书服务"选项，单击"下一步"按钮，如图 5-8 所示。

6．进入证书服务添加界面，单击"添加功能"按钮，在"功能选择"界面不做选择，单击"下一步"按钮，如图 5-9 所示。

图 5-8　选择服务器角色　　　　　　　　　　图 5-9　添加证书服务功能

7．勾选"证书颁发机构""证书颁发机构 Web 注册""证书注册策略 Web 服务"选项，然后单击"下一步"按钮，如图 5-10 所示。

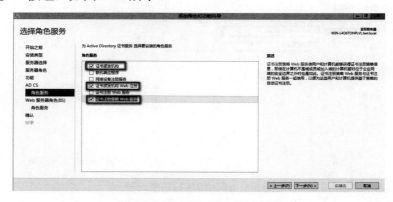

图 5-10　选择要安装的角色服务

8．后面都直接单击"下一步"按钮，直到如图 5-11 所示后，开始安装。

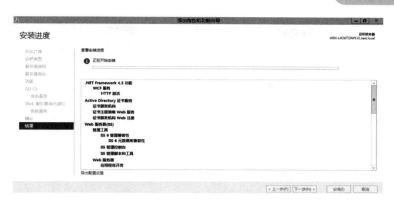

图 5-11　安装证书服务

9．单击"安装进度"界面的"配置目标服务器上的 Active Directory 证书服务"选项，进入证书服务配置界面，如图 5-12 所示。

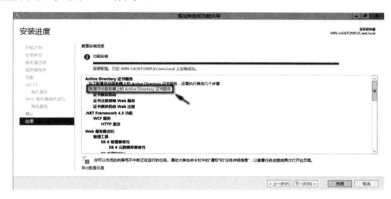

图 5-12　指定证书安装类型

10．在"凭据"界面直接单击"下一步"按钮，凭据会自动添加，如图 5-13 所示。

图 5-13　指定凭据

11．在"角色服务"界面选择要配置的角色服务为"证书颁发机构""证书颁发机构 Web 注册""证书注册策略 Web 服务"选项，单击"下一步"按钮，如图 5-14 所示。

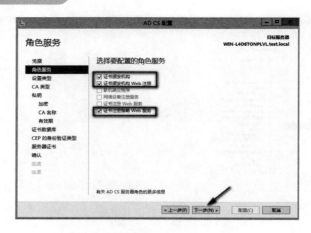

图 5-14　选择要配置的角色服务

12．在"设置类型"界面，指定 CA 的设置类型选择"企业 CA"选项，如果该选项为灰色不可选，则需要查看域配置是否正确，单击"下一步"按钮，如图 5-15 所示。

图 5-15　指定 CA 的设置类型

13．在"CA 类型"界面，指定 CA 类型默认为"根 CA"选项，继续单击"下一步"按钮，如图 5-16 所示。

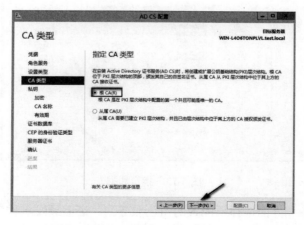

图 5-16　指定 CA 类型

14. 在"私钥"界面，选择默认为"创建新的私钥"选项，继续单击"下一步"按钮，如图 5-17 所示。

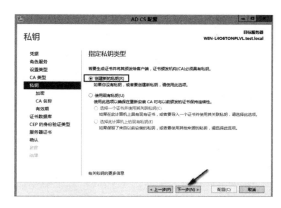

图 5-17 指定私钥类型

15. 在"CA 的加密"界面，选择加密算法，默认为"SHA1"选项，密钥长度设置为"2048"，继续单击"下一步"按钮，如图 5-18 所示。

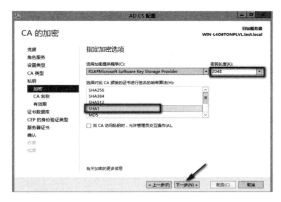

图 5-18 选择 CA 的加密算法

16. 在"CA 名称"界面，指定 CA 名称会直接默认生成，不用修改，继续单击"下一步"按钮，如图 5-19 所示。

图 5-19 指定 CA 名称

17．在"有效期"界面，指定证书有效期默认为"5 年"，如图 5-20 所示。

图 5-20　指定证书有效期

18．在"CA 数据库"界面，指定数据库存放位置，默认即可，继续单击"下一步"按钮，如图 5-21 所示。

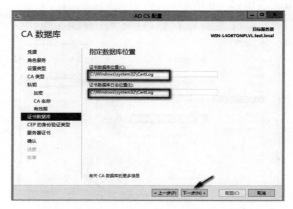

图 5-21　指定 CA 数据库存放位置

19．在"CEP 的身份验证类型"界面，由于 CEP 身份验证是一种基于证书密钥的续订设置，故使用默认的"Windows 集成身份验证"即可，继续单击"下一步"按钮，如图 5-22 所示。

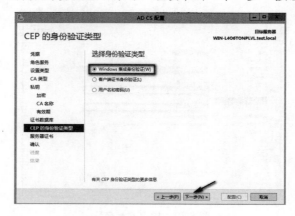

图 5-22　配置 CEP 的身份验证类型

20．在"服务器证书"界面，指定服务器身份验证证书，因为目前并没有设置 SSL 加密使用的现有证书，所以勾选"选择证书并稍后为 SSL 分配"选项，继续单击"下一步"按钮，如图 5-23 所示。

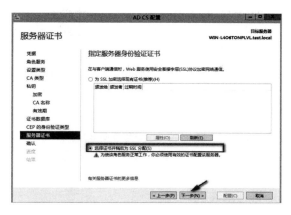

图 5-23　指定服务器身份验证证书

21．在"确认"界面，确认所进行的配置项，单击"配置"按钮进行配置，如图 5-24 所示。配置成功"结果"界面如图 5-25 所示。

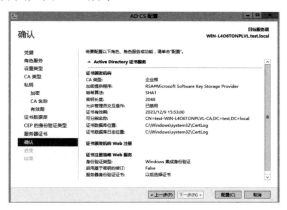

图 5-24　确认配置

图 5-25　配置成功

案例实现

1. 银证通系统中信息安全需求的背景分析

网上银行是借助互联网技术向客户提供金融信息服务和交易服务的新型银行业务应用模式。它能提供包括网上证券、网上外汇交易、网上黄金买卖、跨国理财、缴费等一系列服务。随着客户对证券交易便利性和快捷性需求的日益增加，网上证券交易已成为大势所趋。因此许多证券公司与银行合作，实现资源高效整合，合理分配，达到优势互补。此类服务通常需要应用到银证通业务，由于此业务涉及证券业务中的敏感交易数据，因此安全问题必须得到有效保证。

银证通服务的风险主要来源于数据安全和系统本身的可靠性，涉及网络系统安全、交易数据传输安全、应用系统的实时监控等。其中，交易数据的安全性是网上证券交易中最重要的一个环节，其安全性的设计要保证数据传输的保密性、完整性、真实性和不可抵赖性。这些信息安全需求可以采用信息认证机制来实现。

2. 解决方案

目前，可以采用 PKI/CA 体系保证网上银行服务的安全。在第 5.4 节已经介绍了关于 PKI 的内容，PKI 是利用公钥密码理论和技术建立的提供安全服务的基础设施。它将公钥密码和对称密码结合起来，从技术上解决了身份认证、信息的完整性和不可抵赖性等安全问题，为网络应用提供可靠的安全服务。银证通系统可以采用 PKI/CA 实现信息认证，而 PKI 最基本的元素是数字证书，所有的操作都是通过证书来实现的。因此，银证通系统的 PKI/CA 体系主要包括签署数字证书的认证中心（CA）、登记和批准证书签署的登记机构（RA）、数字证书库（CR）、密钥备份及恢复系统、证书作废系统、应用接口等基本构成部分。其中，CA 和数字证书是 PKI/CA 体系的核心。在现实中，还可以利用 PKI 实现类似于现实中的签名或印章，保证了传输数据的保密性、真实性、完整性和不可否认性。其签名和验证过程如下（假设签名方是甲，验证方是乙）：

（1）甲用对称密钥密码算法将文件加密生成密文，使用单向散列函数得到待签名文件的散列值 1，使用公钥算法的私钥将此散列值转换成数字签名，同时用乙的公钥加密对称密钥算法中的密钥；

（2）甲将密文、数字签名、加密密钥和时间戳放置到数字信封，发送给乙；

（3）乙使用公钥算法，用乙的私钥解密甲发送的加密文件的对称密钥；再用甲的公钥解密甲发送的数字签名得到文件的散列值 1；

（4）乙用获得的对称密钥解密文件，并使用相同的单向散列函数生成散列值 2，若该值与甲发送的散列值 1 相等，则签名得到验证。

该签名方法可在 PKI 域中进行相互认证或交叉认证，扩展了隶属于不同 CA 的实体间认证范围。

3. 系统实现

在网上银行的银证通业务系统实现中，网银客户将证券公司作为可信机构，并不需要第三方信任机构的参与。因此为了解决通信双方在进行通信前协商产生会话密钥的保密问题，可以为证券公司的网上交易系统建立自己的"认证机构 CA"，并生成相应的证书，而每位网银客户在进行银证通交易时，从认证机构 CA 获取其生成的数字证书，进行双向认证。同时，银证通业务可以采取在 TCP 层上实现 SSL（安全套接层）协议，用于提高应用程序之间的数据安全,达到客户和交易服务器的合法性认证,加密数据以隐藏方式传送和保护数据完整性的目的。

在网上银证通交易中利用 PKI 进行交易的签名加密,其签名加密的 PKI 认证设计如图 5-26 所示。

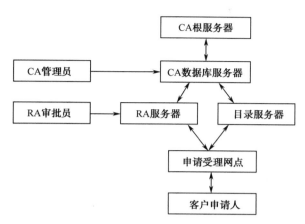

图 5-26　PKI 的认证设计

完成证书申请和签发,其过程如下。

(1)申请数字证书。申请人首先下载 CA 根证书,然后在申请证书过程中使用 SSL 与服务器建立连接,填写个人信息。客户浏览器自动生成密钥对,并将私钥用口令保护后保存在客户端的特定文件中。客户端浏览器将公钥和个人信息同时提交,客户的申请信息存放至 RA 注册机构。

(2)注册机构审核。注册机构审批员确认客户申请人身份,同时 RA 系统对审批员进行严格的身份认证后,由审批员审阅 RA 系统中的客户申请表,并加以批准。

(3)认证系统 CA 颁发证书。RA 向 CA 传送审批后的客户申请,CA 管理员审阅申请信息,如果批准,则由 CA 系统捆绑客户公钥和其个人信息,产生客户数字证书。

(4)下载获得有效数字证书。CA 将生成的客户数字证书输出到目录服务器以提供目录浏览服务,并由注册机构 RA 提供给申请人对应的证书序列号和授权码。申请人到指定的网址下载自己的数字证书,并用保存的私钥进行验证。正确的数字证书一般应下载到物理介质 USB-Key 中保存。

目前,在网上证券服务中,银行基本是实施第三方托管,即银行网点为客户办理储蓄存折或银行卡作为客户的资金账户,同时为客户开通网上银行服务。指定证券公司的交易系统采用目前成熟的 J2EE 架构作为交易平台,实现网上证券交易,其网上交易系统主要包括网上交易业务处理系统和支付网关。

该系统具体操作如下。

(1)网银客户登录网上银行,选择"网上证券"服务,在证券交易时间内开始进行股票买卖交易。

(2)在网银客户端和指定证券公司的网上交易系统双向认证后,客户端采用基于 PKI 的数字签名技术将实时证券交易数据签名加密,传送到证券的网上交易业务系统进行交易数据的验证。

(3)证券公司将划款指令由支付网关传送到银行,通过银行的金融虚拟专用网(VPN)将相应款项从客户的银行账户划转到指定证券公司的账户。

网上证券交易数据的签名加密和验证过程如图 5-27 所示。

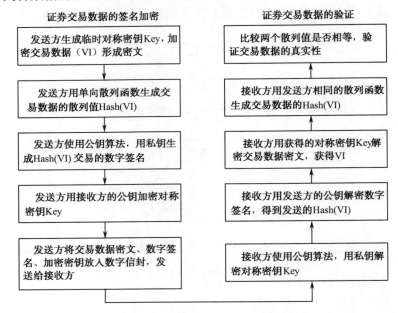

图 5-27　证券交易数据的签名加密和验证实现

说明： 网上银行客户端为发送方，指定证券公司的证券业务交易系统为接收方。

本方案将 PKI/CA 技术运用于网银的网上证券交易业务，采用了安全认证服务器证书。首先，实现了双向认证，以确保网上银行客户端和证券交易业务系统的真实性和唯一性，防止了伪造攻击；利用对称密码技术将证券交易数据加密，使用公钥算法将对称密钥加密再传送的数字签名技术，实现交易数据的机密性，防止了对交易数据的截取和篡改攻击，保证了交易双方的不可抵赖性。其次，由网上银行客户端自己产生的临时对称密钥，并不重复使用，也最大程度降低了密钥的泄露概率。因此，PKI/CA 体系从技术上保证了加密密钥的安全和证券交易数据的真实性、完整性和不可抵赖性。将 PKI/CA 体系应用于网银的网上证券交易业务，是 PKI 体系和网上银行应用服务安全需求的又一次完美结合。

习题

一、思考题

1. 简述数字签名的整个过程。

2. 简述数字证书认证中心（CA）的主要功能。

3. 简述 PKI 体系结构的主要构成。

4. 结合实际，写出 PKI 的主要应用领域。

二、实践题

1. 申请一个网络银行服务，同时掌握在本机上安装数字证书的过程。

2. 访问淘宝等在线电子商务站点，了解信息认证流程及具体操作步骤。

实训　个人数字证书签发安全电子邮件

一、实训目的

1．了解数字证书的基本原理。

2．掌握数字证书的使用方法。

二、实训基础

安全电子邮件 S/MIME（Secure/ Multipurpose Internet Mail Extensions）是因特网中用来发送安全电子邮件的协议。S/MIME 为电子邮件提供了数字签名和加密功能，该标准允许不同的电子邮件客户程序之间收发安全电子邮件。使用安全电子邮件 S/MIME，必须使用支持 S/MIME 功能的电子邮件程序。

Outlook Express 是用户常用的客户端电子邮件收发软件，能够自动查找安装在计算机上的数字证书，将其同邮件账户相关联，并自动将别人发送的数字证书添加到通讯簿中。可使用数字证书对邮件进行签名和加密。签名一个电子邮件就意味着将发送方数字证书附加到电子邮件中，接收方就可以确定发送方的真实身份。签名提供了验证功能，但无法保护信息内容的隐私，第三方有可能看到其中的内容。加密邮件意味着只有指定的收信人才能阅读该邮件的内容，为了发送签名邮件，发送方必须有自己的数字证书；为了加密邮件，发送方必须有收信人的数字证书。

三、实训内容

1．掌握在 Outlook Express 中设置电子邮箱和数字证书的方法。

2．掌握发送数字证书签名邮件和加密邮件的方法。

四、实训步骤

1．在 Outlook Express 中设置电子邮箱操作指导。

（1）在 Outlook Express 中选择菜单"工具"→"账号"，如图 5-28 所示。

（2）选择"添加"→"邮件"，如图 5-29 所示。

图 5-28　设置账号　　　　　　　　　　图 5-29　添加邮件信息

（3）输入显示名称、电子邮件地址的信息，如图 5-30、图 5-31 所示。

（4）设置接收邮件（POP3）的服务器和发送邮件（SMTP）的服务器，如图 5-32 所示。

（5）输入电子邮箱的账户名称和登录密码。

（6）单击"下一步"按钮，邮件设置成功。

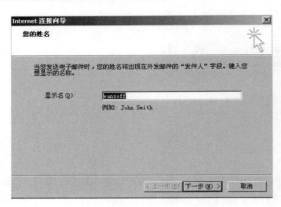

图 5-30　输入"显示名"的信息

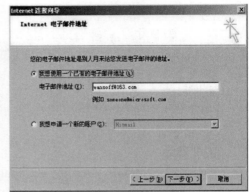

图 5-31　输入电子"邮件地址"的信息

2．在 Outlook Express 中设置数字证书操作指导。

（1）在 Outlook Express 中，单击"工具"→"账号"命令。

（2）选取"邮件"选项卡中用于发送安全邮件的邮件账号，然后单击"属性"按钮。

（3）选取"安全"选项卡中的签名标识复选框，然后单击"选择"按钮，如图 5-33 所示。

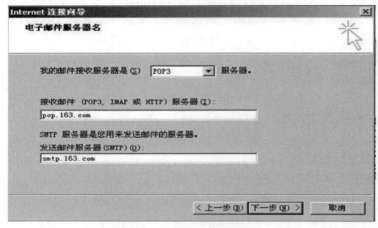

图 5-32　设置邮件服务器

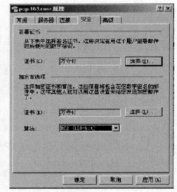

图 5-33　"安全"选项卡

（4）在"选择默认账户数字标识"对话框中选择要使用的数字证书，如图 5-34 所示。

图 5-34　选择数字证书

注意：对话框中只显示与该电子邮箱账号相对应的数字证书。如果想查看证书，需单击"查看证书"按钮，将会看到详细的证书信息。如果找不到签名和加密的数字证书，需要检查带私钥的个人数字证书是否已导入，根证书链是否已安装或电子邮箱与证书是否相对应（查看数字证书详细信息主题中所显示的邮件账户）。

（5）单击"确定"按钮，完成证书设置。至此，发送方可以发送带数字签名的邮件。

3．用 Outlook Express 发送数字签名邮件操作。

（1）单击 Outlook Express 窗口中的"新邮件"按钮，撰写新邮件内容，填写收件人邮箱地址和邮件主题，如图 5-35 所示。

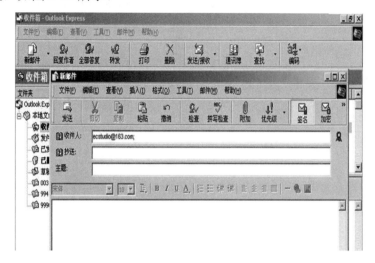

图 5-35　填写收件人地址及邮件主题

（2）选择"工具"→"数字签名"或单击工具条上的"签名"按钮，在收件人的右侧会出现一个"签名"标牌。

（3）单击新邮件窗口左侧的"发送"按钮，发出带签名的电子邮件。

（4）当收件人收到并打开有数字签名的邮件时，将看到"数字签名邮件"的提示信息（用户可以设置下次不提示该信息），单击"继续"按钮后，才可阅读到该邮件的内容。若邮件在传输过程中被他人篡改或发信人的数字证书有问题时，页面将出现"安全警告"提示。在收件箱中，当邮件未阅读或签名未检查时，签名证书标志出现在未拆封信封图标（在发件人姓名前）的右侧；当双击邮件进行安全检查后，证书标志出现在已拆封信封图标的左侧。

4．用 Outlook Express 6 发送加密邮件操作。

（1）如要发送加密电子邮件，发送方需要有收件人的数字证书。获得收件人数字证书的方法是可以让对方发送带有其数字签名的邮件。将该邮件打开后，会在右侧看到对方的证书标志，如图 5-36 所示。单击该标识，找到"安全"项，单击"查看证书"按钮，可以查看"发件人证书"。单击"添加到通讯簿"按钮，在通讯簿中保存发件人的加密首选项，这样对方数字证书就被添加到通讯簿中。有了对方的数字证书，就可以向对方发送加密邮件了。

（2）在 Outlook Express 6 中撰写新邮件或者回复已经收到的邮件，写好邮件内容后，选择"工具"→"加密"或单击工具栏上的"加密"按钮，邮件的右侧将会出现一个锁型加密标识，如图 5-37 所示。该邮件也可以同时使用发件人的数字签名。

（3）当收件人收到并打开已加密的邮件时，将看到"加密邮件"的提示信息，单击"继续"按钮后，可阅读该邮件的内容。当收到加密邮件时，可以确认该邮件没有被其他任何人阅读或篡改过，因为只有在收件人自己的计算机上安装了正确的数字证书，Outlook Express 才能自动解密电子邮件，否则，邮件内容将无法显示。

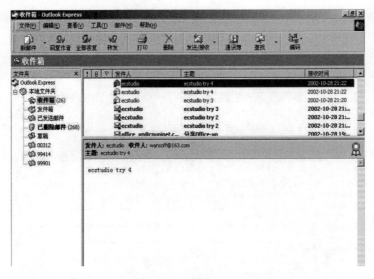

图 5-36　数字证书标志

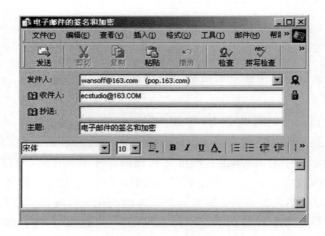

图 5-37　电子邮件的签名和加密

第 *6* 章

防火墙技术与应用

学习目标

- 了解防火墙的基本概念。
- 掌握防火墙的主要功能和缺陷。
- 深入理解防火墙的工作原理和机制。
- 掌握防火墙的分类。
- 了解防火墙的基本部署方式。
- 掌握防火墙的主要性能指标。

引导案例

随着计算机信息技术的日益发展与完善，互联网技术的普及和发展，给教育信息化工作的开展提供了很多的便利，网络成为教育信息化的重要组成部分。然而，网络的快速发展也给黑客提供了更多的危及计算机网络信息安全的手段和方法，网络信息安全也成为人们关注的焦点。上海市某教委的计算机网络连接形式多样、终端分布不均匀且具有开放性，这些特点非常容易受到黑客、病毒、蠕虫、恶意软件等攻击。因此，如何针对该教委建立一个安全、高效的网络系统，最终为广大师生提供全面服务，成为迫切需要解决的问题。本章学习的防火墙相关知识和技能将为问题的解决提供依据和能力。

6.1 防火墙概述

6.1.1 防火墙的概念

当构筑和使用木质结构房屋的时候，为防止火灾的发生和蔓延，人们将坚固的石块堆砌在房屋周围作为屏障，这种防护构筑物被称为防火墙。在今天的电子信息世界里，人们借助了这个概念，使用防火墙来保护网络内的数据不被窃取和篡改，这些防火墙是由先进的计算机系统构成的。

防火墙的应用十分广泛，它是内部网络和外部网络之间的第一道闸门，被用来保护计算机网络免受非授权人员的骚扰与黑客的入侵。这些防火墙犹如一道"护栏"隔在被保护的内部网络与不安全的非信任网络之间。防火墙在网关的位置过滤各种进出网络的数据，以保护内部网络主机。因此，防火墙被寄予了很高的期望，希望防火墙能对数据包进行过滤、能抗击各种入侵行为、能记录各种异常的访问行为、能进行带宽分配、能过滤恶意代码和数据内容等。人们甚至希望有了防火墙以后，就能解决所有的网络安全问题，防火墙如图 6-1 所示。

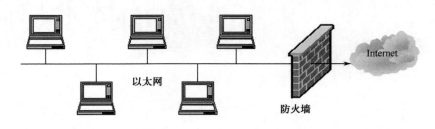

图 6-1　防火墙

从实现方式上，防火墙可以分为硬件防火墙和软件防火墙两类：硬件防火墙通过硬件和软件的结合来达到隔离内、外部网络的目的；软件防火墙是通过纯软件的方式来实现的。

1．相关概念

以下是与防火墙相关的常用概念。

（1）外部网络（外网）：防火墙之外的网络，一般为 Internet，默认为风险区域。

（2）内部网络（内网）：防火墙之内的网络，一般为局域网，默认为安全区域。

（3）非军事化区（DMZ）：为了配置管理方便，内网中需要向外网提供服务的服务器，如 WWW、FTP、SMTP、DNS 等，往往放在 Internet 与内部网络之间一个单独的网段，这个网段便是非军事化区。

（4）吞吐量：网络中的数据由一个个数据包组成，防火墙对每个数据包的处理都要耗费资源。吞吐量是指在不丢包的情况下单位时间内通过防火墙的数据包数量。这是测量防火墙性能的重要指标。

（5）最大连接数：和吞吐量一样，数字越大越好。但是最大连接数更贴近实际网络情况，网络中大多数连接是指所建立的一个虚拟通道。防火墙对每个连接的处理也耗费资源，因此最大连接数成为考验防火墙在这方面能力的指标。

（6）堡垒主机：一种被强化的可以防御进攻的计算机，被暴露于互联网之上，作为进入内部网络的一个检查点，以达到把整个网络的安全问题集中在某个主机上解决，从而省时省力，不用考虑其他主机的安全的目的。

（7）包过滤：也被称为数据包过滤。在网络层中对数据包实施有选择的通过，依据系统事先设定好的过滤规则，检查数据流中的每个数据包，根据数据包的源地址、目标地址及端口等信息来确定是否允许数据包通过。

（8）代理服务器：指代表内部网络用户向外部网络中的服务器进行连接请求的程序。

（9）状态检测技术：这是第二代网络安全技术。状态检测模块在不影响网络安全正常工作的前提下，采用抽取相关数据的方法对网络通信的各个层次实行检测，并作为安全决策的依据。

（10）虚拟专用网（VPN）：一种在公用网络中配置的专用网络。

（11）漏洞：指系统中的安全缺陷。漏洞可以使入侵者获取信息并导致不正确的访问。

（12）数据驱动攻击：入侵者把一些具有破坏性的数据藏匿在普通数据中传送到互联网主机上，当这些数据被激活时就会发生数据驱动攻击，如修改主机中与安全有关的文件，留出下次更容易进入该系统的后门。

（13）IP地址欺骗：突破防火墙系统最常用的方法是IP地址欺骗，它同时也是其他一系列攻击方法的基础。入侵者利用伪造的IP发送地址产生虚假的数据包，乔装成来自内部网的数据，这种类型的攻击是非常危险的。

2. 防火墙的安全策略

防火墙安全策略是指要明确定义允许使用或禁止使用的网络服务，以及这些服务的使用规定。每一条规定都应该在实际应用时得到实现。一个防火墙应该使用以下两种基本策略中的一种。

（1）除非明确允许，否则就禁止。这种方法堵塞了两个网络之间的所有数据传输，除了那些被明确允许的服务和应用程序。因此，应该逐个定义每一个允许的服务和应用程序，而任何一个可能成为防火墙漏洞的服务和应用程序都不能允许使用。这是一种最安全的方法，但从用户的角度来看，这样可能会有很多限制，不是很方便。一般在防火墙配置中都会使用这种策略。

（2）除非明确禁止，否则就允许。这种方法允许两个网络之间所有数据传输，除非那些被明确禁止的服务和应用程序。因此，每一个不信任或有潜在危害的服务和应用程序都应该逐个拒绝。虽然这对用户是一个灵活和方便的方法，但是它却存在严重的安全隐患。

在安装部署防火墙之前，一定要仔细考虑安全策略，否则会导致防火墙不能达到预期要求。

6.1.2 防火墙的功能与缺陷

1. 防火墙的基本功能

（1）包过滤。包过滤是防火墙所要实现的最基本功能之一，现在的防火墙已经由最初的地址、端口判断控制，发展到判断通信报文协议头的各部分，以及通信协议的应用层命令、内容、用户认证、用户规则甚至状态检测技术等。

特别要提到的是状态检测技术，一般是加载一个检测模块，在不影响网络正常工作的前提下，模块在网络层截取数据包，然后在所有的通信层上抽取有关的状态信息，据此判断该通信是否符合安全策略。由于它是在网络层截获数据包的，所以可以支持多种协议和应用程序，并可以很容易地实现应用的扩充。

审计和报警机制在防火墙结合网络配置和安全策略对相关数据完成分析以后，就要做出接受、拒绝、丢弃或加密等决定。如果某个访问违反安全规定，则审计和报警机制开始起作用，并进行记录和报告等操作。

审计是一种重要的安全措施，用以监控通信行为和完善安全策略，检查安全漏洞和错误配置，并对入侵者起到一定的威慑作用。报警机制是在通信违反相关策略以后，以声音、邮件、电话、手机短信息等多种方式及时报告给管理人员。

审计和报警机制在防火墙体系中是很重要的，有了审计和报警，管理人员才可能知道网络是否受到了攻击。该功能也有很大的发展空间，如日志的过滤、抽取、简化等。日志还可以进行统计、分析、存储，稍加扩展便又是一个网络分析与查询模块。

日志由于数据量比较大，主要通过两种方式解决：一种是将日志挂接在内网的一台专门存放日志的服务器上；另一种是将日志直接存放在防火墙本身的存储器上。虽然日志单独存放这种方式配置较为麻烦，但是存放的日志量可以很大。日志存放在防火墙本身时，须做额外配置，然而由于防火墙容量一般很有限，所存放的日志量往往较小。目前，这两种方案在国内、国外都有使用。

（2）远程管理。管理界面一般可完成对防火墙的配置、管理和监控等工作。管理界面的设计直接关系到防火墙的易用性和安全性。防火墙主要有两种远程管理界面：Web 界面和 GUI 界面。对于硬件防火墙，一般还有串口配置模块或控制台控制界面。

管理主机和防火墙之间的通信一般经过加密。国内普遍采用自定义协议、一次性口令管理主机与防火墙之间的通信（适用 GUI 界面）。

GUI 界面可以设计得比较美观和方便（GUI 界面只需要一个简单的后台进程就可以），并且可以自定义协议，为多数防火墙厂商所使用。一般使用 VB、VC 语言开发，也有部分厂家使用 Java 开发，并将此作为一个卖点（所谓跨平台）。Web 界面也有厂商使用，然而由于要增加一个 CGI 解释部分，减少了防火墙的可靠性，故应用不是太广泛。部分厂家增加了校验功能，即系统会自动识别用户配置上的错误，防止因配置错误而造成的安全隐患。

国内大部分防火墙厂商均是在管理界面上做文章，管理界面固然很重要，然而其毕竟不是一个防火墙的全部，一个系统功能设计完善的防火墙管理部分应当是设计的重点。

（3）NAT 技术。NAT 技术能透明地对所有内部地址做转换，使外部网络无法了解内部网络的内部结构，同时使用 NAT 技术的网络，与外部网络的连接只能由内部网络发起，极大地提高了内部网络的安全性。另外，NAT 可以解决 IP 地址匮乏的问题。

网络地址转换似乎已经成了防火墙的"标配"，绝大多数防火墙都加入了该功能。目前防火墙一般采用双向 NAT 技术：SNAT 和 DNAT。SNAT 用于对内部网络地址进行转换，对外部网络隐藏起内部网络的结构，并可以节省 IP 资源，有利于降低成本。

（4）代理。

① 透明代理。透明代理实质上属于 DNAT 的一种，它主要指在内网主机需要访问外网主机时，不需要做任何设置，完全意识不到防火墙的存在而完成内/外网的通信，但其基本原理是防火墙截取内网主机与外网的通信，由防火墙本身完成与外网主机的通信，然后把结果传回给内网主机。在这个过程中，无论内网主机还是外网主机都意识不到它们其实是在和防火墙通信。而从外网只能看到防火墙，这就隐藏了内网网络，提高了安全性。

② 传统代理。传统代理工作原理与透明代理相似，所不同的是它需要在客户端设置代理服务器。如前所述，代理能实现较高的安全性，不足之处是响应变慢。

（5）MAC 与 IP 地址的绑定。MAC 与 IP 地址绑定起来，主要用于防止受控（不可访问外网）的内部用户通过更换 IP 地址访问外网。因为它实现起来太简单了，内部只需要两个命令就可以实现，所以绝大多数防火墙都提供了该功能。

（6）流量控制（带宽管理）和统计分析、流量计费。流量控制可以分为基于 IP 地址的控制和基于用户的控制。基于 IP 地址的控制是对通过防火墙各个网络接口的流量进行控制；基于用户的控制是通过用户登录来控制每个用户的流量，从而防止某些应用或用户占用过多的资源，并且通过流量控制可以保证重要用户和重要接口的连接。

流量统计是建立在流量控制基础之上的。一般防火墙对基于 IP、服务、时间、协议等进行统计，并可以与管理界面实现挂接，实时或以统计报表的形式输出结果。流量计费同理也是非常容易实现的。

（7）VPN。VPN 在前边已经介绍过。在以往的网络安全产品中 VPN 是作为一个单独的产品出现的，现在更多的防火墙把两者捆绑到一起，这似乎体现了一种整合的趋势。

（8）URL 级信息过滤。这往往是代理模块的一部分，很多防火墙把这个功能单独提取出来，它实现起来是和代理结合在一起的。URL 过滤用来控制内部网络对某些站点的访问，如禁止访问某些站点、禁止访问站点下的某些目录、只允许访问某些站点或者其下目录等。

（9）其他特殊功能。如限制同时上网人数、限制使用时间、限制特定使用者才能发送 E-mail、限制 FTP 只能下载文件不能上传文件、阻塞 Java、ActiveX 控件等。有些防火墙加入了查毒功能，一般是与防病毒软件搭配。

2. 防火墙的缺陷

（1）防火墙可以阻断攻击，但不能消灭攻击源。"各人自扫门前雪，莫管他人瓦上霜"就是目前网络安全的现状。互联网上病毒、木马、恶意试探等造成的攻击行为络绎不绝，设置得当的防火墙能够阻挡这些攻击行为，但是无法清除攻击源。即使防火墙进行了良好的设置，使得攻击无法穿透防火墙，但各种攻击仍然会源源不断地向防火墙发出尝试。如接主干网 10 MB 网络带宽的某站点，其日常流量中平均有 512KB 左右是攻击行为。那么，即使成功设置了防火墙后，这 512KB 的攻击流量依然不会有丝毫减少。

（2）防火墙不能抵抗最新的未设置策略的攻击漏洞。就如杀毒软件与病毒一样，总是先出现病毒，杀毒软件经过分析出特征码后，将特征码加入病毒库内才能查杀。防火墙的各种策略，也是在该攻击方式经过专家分析后给出其特征进而设置的。如果世界上新发现某个主机漏洞的 Cracker，把第一个攻击对象选中了当前网络，那么防火墙也没有办法解决。

（3）防火墙的并发连接数限制容易导致拥塞或者溢出。由于要判断并处理流经防火墙的每一个包，因此防火墙在某些流量大、并发请求多的情况下，很容易导致拥塞，成为整个网络的瓶颈而影响性能。当防火墙溢出的时候，整个防线就如同虚设，那些原本被禁止的连接也能从容通过了。

（4）防火墙对服务器合法开放端口的攻击大多无法阻止。某些情况下，攻击者利用服务器提供的服务进行缺陷攻击，如利用开放 3389 端口取得没打过 SP 补丁的 Windows 2000 的超级权限、利用 ASP 程序进行脚本攻击等。由于其行为在防火墙一级看来是"合理""合法"的，因此就被简单地放行了。

（5）防火墙对待内部主动发起连接的攻击一般无法阻止。"外紧内松"是一般局域网络的特点，一道严密防守的防火墙内部网络是一片混乱也是有可能的。通过发送带木马的邮件、带木马的 URL 等方式，然后由中木马的计算机主动对攻击者连接，将铁壁一样的防火墙瞬间破坏掉。另外，对防火墙内部各主机间的攻击行为，防火墙也只有如旁观者一样爱莫能助。

（6）防火墙本身也会出现问题和受到攻击。防火墙也是一个 OS，有硬件系统和软件系统，因此依然有着漏洞和 Bug，所以其本身也可能受到攻击和出现软/硬件方面的故障。

（7）防火墙不能防范人为因素的攻击。防火墙不能防止由内奸或用户误操作造成的威胁，不能防止用户由于口令泄露而遭受到的攻击。

（8）防火墙不能防止数据驱动式的攻击。当有些表面看起来无害的数据通过邮箱或复制到内部网的主机上并被执行时，就会发生数据驱动式的攻击。例如，一种数据驱动式的攻击造成主机修改与系统安全有关的配置文件，从而使入侵者下一次更容易攻击该系统。

另外，防火墙还存在着一些不能防范的安全威胁，如内部网络向外拨号，一些用户就可能造成与 Internet 的直接连接等威胁。

不管怎么样，防火墙仍然有其积极的一面。在构建任何一个网络的防御工事时，除了物理上的隔离和目前新提出的网闸概念外，首选的仍然是防火墙。

6.1.3　常见的防火墙产品

1.　NetScreen 208 防火墙

NetScreen 科技公司推出的 NetScreen 防火墙产品是一种新型的网络安全硬件产品。NetScreen 采用内置的 ASIC 技术，其安全设备具有低延时、高效的 IPSec 加密和防火墙功能，可以无缝地部署到任何网络。设备安装和操控也非常容易，可以通过多种管理界面包括内置的 WebUI 界面、命令行界面或 NetScreen 中央管理方案进行管理。NetScreen 将所有功能集成于单一硬件产品中，它不仅易于安装和管理，而且能够提供更高的可靠性和安全性。由于 NetScreen 设备没有其他品牌产品硬盘驱动器所存在的稳定性问题，所以它是对在线时间要求极高用户的最佳方案。采用 NetScreen 设备，只需要对防火墙、VPN 和流量管理功能进行配置和管理，节省了配置另外的硬件和复杂性操作系统的需要。这个做法缩短了安装和管理的时间，并在防范安全漏洞的工作上，省略了设置的步骤。NetScreen 100 防火墙比较适合中型企业的网络安全需求。

2.　Cisco Secure PIX 515-E 防火墙

Cisco Secure PIX 防火墙是 Cisco 防火墙家族中的专用防火墙设施。Cisco Secure PIX 515-E 防火墙系统通过端到端安全服务的有机组合，提供了很高的安全性，适合那些仅需要与自己企业网进行双向通信的远程站点，或由企业网在自己的企业防火墙上提供所有 Web 服务的情况。Cisco Secure PIX 515-E 防火墙与普通的 CPU 密集型专用代理服务器（对应用级的每一个数据包都要进行大量处理）不同，它采用非 UNIX、安全、实时的内置系统，可提供扩展和重新配置 IP 网络的特性，同时不会引起 IP 地址短缺问题。NAT 既可利用现有 IP 地址，也可利用 Internet 指定号码机构 IANA 预留池［RFC.1918］规定的地址来实现这一特性。Cisco Secure PIX 515-E 防火墙还可根据需要有选择性地允许地址是否进行转化。Cisco 保证 NAT 将同所有其他的 PIX 防火墙特性（如多媒体应用支持）共同工作。Cisco Secure PIX 515-E 防火墙比较适合中小型企业的网络安全需求。

3.　网络卫士 NGFW4000-S 防火墙

北京天融信公司的网络卫士是我国第一套自主版权的防火墙系统，目前在我国电信、电子、教育、科研等单位广泛使用，它是由防火墙和管理器组成的。网络卫士 NGFW4000-S 防火墙是我国首创的核检测防火墙，更加安全，更加稳定。网络卫士 NGFW4000-S 防火墙系统集中了包过滤防火墙、应用代理、网络地址转换（NAT）、用户身份鉴别、虚拟专用网、Web 页面保护、用户权限控制、安全审计、攻击检测、流量控制与计费等功能，可以为不同类型的 Internet 接入网络提供全方位的网络安全服务。该系统是中国人设计的，因此管理界面完全是中文化的，使管理工作更方便，更直观。网络卫士 NGFW4000-S 防火墙比较适合中型企业的网络安全需求。

4．NetEye 4032 防火墙

NetEye 4032 防火墙是 NetEye 防火墙系列中的最新版本，该系统在性能、可靠性、管理性等方面有很大提高。它基于状态包过滤的流过滤体系结构，保证从数据链路层到应用层的完全高性能过滤，可以进行应用级插件的及时升级，攻击方式的及时响应，实现动态的网络安全保障。NetEye 4032 防火墙对流过滤引擎进行了优化，进一步提高了性能和稳定性，同时丰富了应用级插件、安全防御插件，并且提升了开发相应插件的速度。网络安全本身是动态的，其变化非常迅速，每天都有可能有新的攻击方式产生。安全策略必须能够随着攻击方式的产生而进行动态的调整，这样才能够动态地保护网络的安全。基于状态包过滤的流过滤体系结构，具有动态保护网络安全的特性，使 NetEye 4032 防火墙能够有效地抵御各种新的攻击，动态保障网络安全。NetEye 4032 防火墙比较适合中/小型企业的网络安全需求。

6.2 防火墙的类型

6.2.1 包过滤防火墙

1．包过滤技术

包过滤技术是防火墙的基本功能，它依赖于数据传输的一般结构，而数据结构所使用的数据包头部含有 IP 地址信息和协议所使用的端口信息，根据这些信息，可以决定是否将数据转发给目的地址。包过滤技术取决于管理员设定的规则库，可以根据以下信息来制定规则库：

① 发出数据包的源地址和目的地址；

② 接收数据包的源地址和目的地址；

③ 所涉及的网络协议（TCP、UDP 等）；

④ 所使用的端口，如 HTTP 使用的 80 端口。

（1）第一代：静态包过滤。这种类型的防火墙根据定义好的过滤规则审查每个数据包，以便确定其是否与某一条包过滤规则匹配。过滤规则基于数据包的报头信息进行制定。报头信息中包括 IP 源地址、IP 目标地址、传输协议（TCP、UDP、ICMP 等）、TCP/UDP 目标端口、ICMP 消息类型等。包过滤类型的防火墙要遵循的一条基本原则是"最小特权原则"，即明确允许管理员希望通过的数据包，禁止其他的数据包。

（2）第二代：动态包过滤。这种类型的防火墙采用动态设置包过滤规则的方法，避免了静态包过滤所具有的问题。这种技术后来发展成为所谓包状态监测（Stateful Inspection）技术。采用这种技术的防火墙对通过其建立的每一个连接都进行跟踪，并且根据需要可动态地在过滤规则中增加或更新条目。

2．包过滤技术的过程

一个包过滤防火墙必须具备两个端口，一个端口连接非信任网络（如 Internet），另一个端口连接可信网络（如内部网络），如图 6-2 所示。防火墙配置的规则必须能对从一个非信任端口流向信任端口或者是信任端口流向非信任端口进行控制处理，以此来决定是否让信息流通过，如图 6-3 所示。

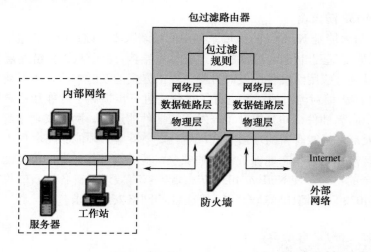

图 6-2　包过滤防火墙工作机制

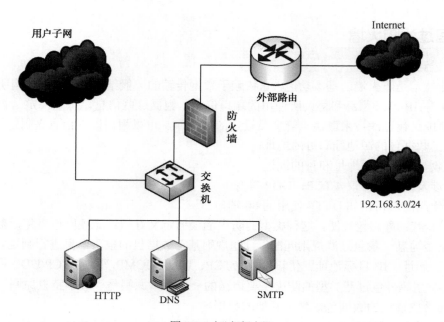

图 6-3　包过滤过程

一个典型的网络结构包括 HTTP、DNS、SMTP。内部网络通过包过滤防火墙将其分为服务器区域和子网络区域，包括 Internet 非信任网络。

创建规则库，规则库包含了最常见的网络服务安全规则，其创建标准如下：

① 协议类型；

② 源地址；

③ 目的地址；

④ 源端口；

⑤ 目的端口；

⑥ 当数据包和规则库匹配时应采用的措施。

如表 6-1 所示，列出了这些规则库。

表 6-1 规则库

规 则	协议类型	源 地 址	源 端 口	目 的 地 址	目 的 端 口	措 施
1	TCP	197.168.0.0/24	1023	192.168.3.1	80	通过
2	TCP	197.168.0.0/24	1023	192.168.3.2	25	通过
3	UDP	197.168.0.0/24	1023	192.168.3.3	53	通过
4	任意	任意	任意	任意	任意	禁止

由此可见，197.168.0.0/24 可以通过包过滤防火墙访问 HTTP、SMTP 服务，而其他的不能访问，并且 197.168.0.0/24 只能具有以上规则允许的服务，对于其他的访问内部子网是禁止的。

3. 包过滤防火墙的优点和缺点

在考虑包过滤设备的部署时必须了解其优点和缺点。

（1）包过滤防火墙的优点如下。

① 设备价格便宜，且设备性能不会受到影响。

② 对流量的管理较好。

（2）包过滤防火墙的缺点如下。

① 使网络设备具有很多漏洞，只能在传输层或者是网络层上检测数据，不能在更高一层检测数据。能禁止和通过向内的 HTTP 请求，但不能判断这个请求是非法的还是合法的，许多 Web 服务器上都有缓冲区漏洞。

② 在复杂的网络中很难管理。

③ 防止欺骗攻击很难，特别是冒充合法 IP 的非法访问。

④ 没有用户身份验证机制。

通常来说，包过滤技术是防火墙技术中级别最低的。

6.2.2 应用代理防火墙

应用代理或代理服务器是代理内部网络用户与外部网络服务器进行信息交换的程序。它将内部用户的请求确认后送达外部服务器，同时将外部服务器的响应再回送给用户。这种技术被用于在 Web 服务器上高速缓存信息，并且扮演 Web 客户和 Web 服务器之间的中介角色。它主要保存因特网上那些最常用和最近访问过的内容，为用户提供更快的访问速度，并且提高网络安全性。在 Web 上，代理首先试图在本地寻找数据，如果没有，再到远程服务器上去查找。也可以通过建立代理服务器来允许在防火墙后面直接访问因特网。代理在服务器上打开一个套接字，并允许通过这个套接字与因特网通信。

应用级网关也就是通常提到的代理服务器。它适用于特定的互联网服务，如超文本传输（HTIP）、远程文件传输（FTP）等。代理服务器通常运行在两个网络之间，它对于客户来说像是一台真的服务器，而对外界的服务器来说，它又是一台客户机。当代理服务器接收到用户对某站点的访问请求后会检查该请求是否符合规定，如果规则允许用户访问该站点的话，代理服务器会像一个客户一样去那个站点取回所需信息再转发给客户。代理服务器通常都拥有一个高速缓存，这个缓存存储用户经常访问的站点内容，在下一个用户要访问同一站点时，服务器就不用重复地获取相同的内容，直接将缓存内容发出即可，既节约了时间也节约了网络资源。代理服务器会像一堵墙一样挡在内部用户和外界之间，从外部只能看到该代理服务器而无法获知任何的内部资源，如用户的 IP 地址等。应用级网关比单一的包过滤更为可靠，而且会详细地记录所有的访问状态信息。但是应用级网关也存在一些不足之处，首先会使访问速度变慢，因为它不允许用户直接访问网络，而且应用级网关需要对每一个特定的互联网服务安装相应的代理服务软件，用户不能使用未被服务器支持的服务，对每一类服务要使用特殊的客户端软件，其次并不是所有的互联网应用软件都可以使用代理服务器。

应用代理防火墙是内网与外网的隔离点，起着监视和隔绝应用层通信流的作用。它工作在 OSI 模型的最高层，掌握着应用系统中可用于安全决策的全部信息，如图 6-4 所示。

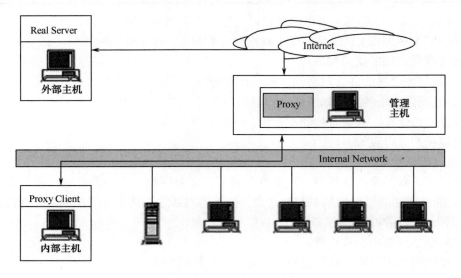

图 6-4　应用代理防火墙

6.2.3　电路级网关防火墙

电路级网关用来监控受信任的客户或服务器与不受信任的主机间 TCP 握手信息，以此来决定该会话（Session）是否合法。电路级网关在 OSI 模型中会话层上过滤数据包，这样比包过滤防火墙要高两层。

实际上电路级网关并非作为一个独立的产品存在，它与其他的应用级网关结合在一起，如 Trust Information Systems 公司的 Gauntlet Internet Firewall、DEC 公司的 Alta Vista Firewall 等产品。另外，电路级网关还提供一个重要的安全功能：代理服务器（Proxy Server）。代理服务器是防火墙，在其上运行一个"地址转移"进程，用来将所有公司内部的 IP 地址映射到一个"安全"的 IP 地址，这个地址是由防火墙使用的。但是，作为电路级网关也存在着一些缺陷，因为该网关是在会话层工作的，它无法检查应用层的数据包。

6.2.4　规则检查防火墙

规则检查防火墙结合了包过滤防火墙、电路级网关和应用级网关的特点。它同包过滤防火墙一样，按规则检查防火墙能够在 OSI 网络层上通过的 IP 地址和端口号，过滤进出的数据包。它也像电路级网关一样，能够检查 SYN 和 ACK 标记及序列数字是否逻辑有序。当然它也像应用级网关一样，可以在 OSI 应用层上检查数据包的内容，查看这些内容是否符合公司网络的安全规则。

规则检查防火墙虽然集成了前三者的特点，但是不同于一个应用级网关，它并不打破客户机/服务机模式来分析应用层的数据，它允许受信任的客户机和不受信任的主机建立直接连接。规则检查防火墙不依靠与应用层有关的代理，而是依靠某种算法来识别进出的应用层数据，这些算法通过已知合法数据包的模式来比较进出数据包，这样从理论上就能比应用级代理在过滤数据包上更有效。

目前在市场上流行的防火墙大多属于规则检查防火墙，因为该防火墙对于用户透明，在 OSI 最高层上加密数据，不需要修改客户端的程序，也不需要对每个在防火墙上运行的服务额外增加一个代理，如现在最流行的防火墙，On Technology 软件公司生产的 On Guard 和 Check Point 软件公司生产的 Fire Wall-1 都是一种规则检查防火墙。

6.3 防火墙的体系结构

6.3.1 双重宿主主机体系结构

双重宿主主机体系结构是围绕具有双重宿主的主机计算机而构筑的，该计算机至少有两个网络接口。这样的主机可以充当与这些接口相连网络之间的路由器，它能够从一个网络到另一个网络发送 IP 数据包，然而，实现双重宿主主机的防火墙体系结构禁止这种发送功能。所以，IP 数据包从一个网络（如因特网）并不是直接发送到其他网络（如内部的、被保护的网络）。防火墙内部的系统能与双重宿主主机通信，同时防火墙外部的系统（在因特网上）能与双重宿主主机通信，但是这些系统不能直接互相通信。它们之间的 IP 通信被完全阻止。

双重宿主主机体系结构是相当简单的，双重宿主主机位于两者之间，并且被连接到因特网和内部网络，如图 6-5 所示。

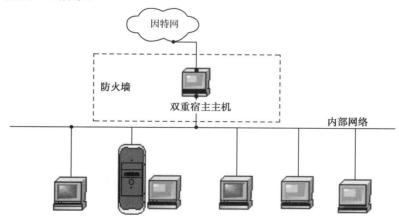

图 6-5 双重宿主主机体系结构

6.3.2 屏蔽主机体系结构

双重宿主主机体系结构提供来自多个网络相连的主机的服务（但是路由关闭），而屏蔽主机体系结构使用一个单独的路由器提供来自仅仅与内部网络相连的主机服务。在这种体系结构中，主要的安全由数据包过滤完成，其结构如图 6-6 所示。

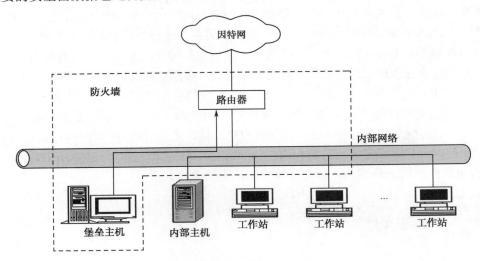

图 6-6　屏蔽主机体系结构

在屏蔽的路由器上，数据包过滤是按这样一种方法设置的：堡垒主机是因特网上的主机连接到内部网络系统的桥梁，如传送进来的电子邮件。即使这样，也仅有某些确定类型的连接被允许。任何外部的系统试图访问内部的系统或服务将必须连接到这台堡垒主机上。因此，堡垒主机需要拥有高等级的安全。

数据包过滤也允许堡垒主机开放可允许的连接（什么是"可允许"将由用户站点的安全策略决定）到外部世界。在屏蔽的路由器中数据包过滤配置可以按下列方式之一执行。

（1）允许其他的内部主机为了某些服务与因特网上的主机连接（允许那些已经由数据包过滤的服务）。

（2）不允许来自内部主机的所有连接（强迫主机经由堡垒主机使用代理服务）。

用户可以针对不同的服务混合使用这些手段，某些服务可以被允许直接经由数据包过滤，而其他服务可以被允许仅仅间接地经过代理。这完全取决于用户实行的安全策略。

因为这种体系结构允许数据包从因特网向内部网络的移动，所以它的设计比没有外部数据包能到达内部网络的双重宿主主机体系结构似乎是更冒风险。实际上，双重宿主主机体系结构在防备数据包从外部网络穿过内部网络时也容易产生失败，因为这种失败类型是完全出乎预料的，不太可能防备黑客侵袭。进而言之，保卫路由器比保卫主机较易实现，因为它提供非常有限的服务组。多数情况下，屏蔽的主机体系结构比双重宿主主机体系结构具有更好的安全性和可用性。

6.3.3　屏蔽子网体系结构

屏蔽子网体系结构（被屏蔽子网体系结构）添加额外的安全层到被屏蔽主机体系结构，即通过添加周边网络更进一步地把内部网络和外部网络（通常是 Internet）隔离开。

屏蔽子网体系结构的最简单形式：两个屏蔽路由器，每一个都连接到周边网，一个位于周边网与内部网络之间；另一个位于周边网与外部网络之间。这样就在内部网络与外部网络之间形成了一个"隔离带"。为了侵入用这种体系结构构筑的内部网络，侵袭者必须通过两个路由器。即使侵袭者侵入堡垒主机，仍然必须通过内部路由器，如图6-7所示。

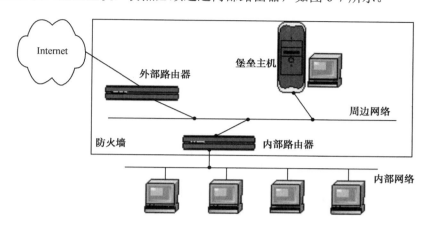

图6-7　屏蔽子网体系结构

对图6-7所示的要点做如下说明。

（1）周边网络。周边网络是另一个安全层，是在外部网络与用户被保护的内部网络之间的附加网络。如果侵袭者成功地侵入用户的防火墙外层领域，周边网络在侵袭者与用户的内部系统之间提供一个附加的保护层。

对于周边网络的作用，例如，在许多网络设置中，用给定网络上的任何机器来查看这个网络上的每一台机器的通信是可能的，对大多数以以太网为基础的网络确实如此，而且以太网是当今使用最广泛的局域网技术。对若干其他成熟的技术，如令牌环和FDDI也是如此。探听者可以通过查看在Telnet、FTP及Rlogin会话期间使用过的口令成功地探测出口令。即使口令没被攻破，探听者仍然能偷看或访问他人的敏感文件的内容，或阅读感兴趣的电子邮件等，探听者能完全监视何人在使用网络。

对于周边网络，如果某人侵入周边网上的堡垒主机，其仅能探听到周边网上的通信。因为所有周边网上的通信都来自或通往堡垒主机或Internet。

因为没有严格的内部通信（在两台内部主机之间的通信，这通常是敏感的或专有的）能越过周边网，所以，如果堡垒主机被损害，内部的通信仍将是安全的。

一般来说，来往于堡垒主机或者外部网络的通信，仍然是可监视的。防火墙设计工作的一部分就是确保这种通信不至于机密到阅读它将损害站点的完整性。

（2）堡垒主机。在屏蔽的子网体系结构中，用户把堡垒主机连接到周边网，这台主机便是接收来自外界连接的主要入口，例如：

① 对于进来的电子邮件（SMTP）会话，传送电子邮件到站点；

② 对于进来的FTP连接，转接到站点的匿名FTP服务器；

③ 对于进来的域名服务（DNS）站点查询等。

另外，其出站服务（从内部的客户端到Internet的服务器）可按如下任一方法处理。

① 在外部和内部的路由器上设置数据包过滤，允许内部客户端直接访问外部的服务器。

② 设置代理服务器在堡垒主机上运行（如果用户的防火墙使用代理软件）来允许内部客户端间接访问外部的服务器。用户也可以设置数据包过滤来允许内部客户端在堡垒主机上同代理服务器，反之亦然，但是禁止内部客户端与外部网络之间直接通信（拨号入网方式）。

（3）内部路由器。内部路由器有时也被称为阻塞路由器，它可以保护内部网络，使之免受 Internet 和周边网络的侵犯。

内部路由器为用户防火墙执行大部分的数据包过滤工作。它允许从内部网络到 Internet 有选择的出站服务。这些服务使用户的站点能使用数据包过滤而不是代理服务安全支持和安全提供的服务。

内部路由器所允许的在堡垒主机（周边网络）和用户内部网络之间的服务可以不同于内部路由器所允许的在 Internet 和用户内部网络之间的服务。限制堡垒主机和内部网络之间服务的理由是减少由此导致受来自堡垒主机侵袭的机器数量。

（4）外部路由器。在理论上，外部路由器（有时被称为访问路由器）保护周边网络和内部网络使之免受来自 Internet 的侵犯。实际上，外部路由器倾向于允许几乎任何内容从周边网络出站，并且它们通常只执行非常少的数据包过滤。保护内部机器的数据包过滤规则在内部路由器和外部路由器上基本是一样的，如果在规则中有允许侵袭者访问的错误，错误就可能出现在两个路由器上。

一般地，外部路由器由外部群组提供，如用户的 Internet 供应商，同时用户对它的访问被限制。外部群组可能愿意放入一些通用型数据包过滤规则来维护路由器，但是不愿意使维护复杂或使用频繁变化的规则组。

外部路由器实际上需要做什么呢？外部路由器能有效执行的安全任务之一（通常别的任何地方不容易做的任务）是阻止从 Internet 伪造源地址进来的任何数据包。这样的数据包自称来自内部网络，但实际是来自 Internet。

6.3.4 防火墙体系结构的组合

建造防火墙时，一般很少采用单一的技术，通常是多种解决不同问题的技术组合。这种组合主要取决于网管中心向用户提供怎样的服务，以及网管中心能接受什么等级的风险。采用哪种技术主要取决于经费、投资的大小或技术人员的技术、时间等因素。一般有以下形式。

（1）使用多堡垒主机。

（2）合并内部路由器与外部路由器。

（3）合并堡垒主机与外部路由器。

（4）合并堡垒主机与内部路由器。

（5）使用多台内部路由器。

（6）使用多台外部路由器。

（7）使用多个周边网络。

（8）使用双重宿主主机与屏蔽子网。

6.4 防火墙的应用解决方案

6.4.1 证券公司营业部防火墙解决方案

某证券公司营业部原网络系统拓扑结构如图 6-8 所示。整个营业部局域网通过路由器连接 DDN 专线接入 Internet。Web 服务器直接与路由器局域网口连在一个交换机上，使用合法 IP 地址。一台业务前置机也连在这个交换机上，使用合法 IP 地址。业务前置机与内部网中的一台业务通信机通过串行线连接。内部网所有用户要访问 Internet 必须通过代理服务器。代理服务器软件为 WinGate 和 Sygate。代理服务器上装两个网卡，一个连接在外部的交换机上，另一个连在内部网的交换机上。同时代理服务器也兼作业务前置机。

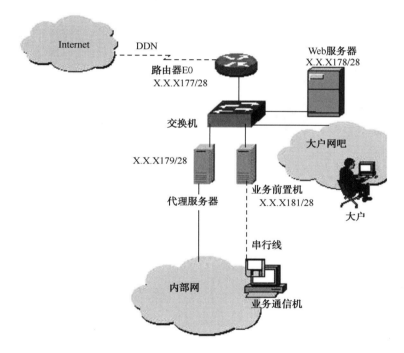

图 6-8 改造前的网络系统拓扑结构

在整个网络系统中添加一台清华紫光的 UF3500 防火墙，防火墙以三端口模式运行。将大户网吧和内部网（包括代理服务器）连接到防火墙的内部区；将 Web 服务器和业务前置机连接到防火墙的中立区；而防火墙的外部接口与路由器的局域网口相连。这样可以有效地保护内部网、大户网吧、Web 服务器和业务前置机，同时保证所有业务的正常运行。该系统架构如图 6-9 所示。

6.4.2 银行网络系统防火墙解决方案

某银行的主要应用业务包括网上银行、电子商务、网上交易系统都是通过 Internet 公网进行相关操作的，由于互联网自身的广泛性、自由性等特点，其系统很可能成为恶意入侵者的攻击目标。银行网络安全的风险来自多个方面，其一，来自互联网的风险。银行的系统网络如果与 Internet 公网发生联系，如涉及电子商务、网上交易等系统，都有可能给恶意的入侵者带来攻击的条件和机会。其二，来自外单位的风险。该银行不断增加中间业务、服务功能，如代收电话费等，这样就与其他单位网络互联，由于与这些单位之间不一定是完全信任关系，因此，该银行网络系统存在着来自外单位的安全隐患。其三，来自不信任域的风险。涵盖范围广泛，全国联网的银行，各级银行之间存在着安全威胁。其四，来自内部网的风险。据调查，大多数网络安全事件的攻击都来自内部。

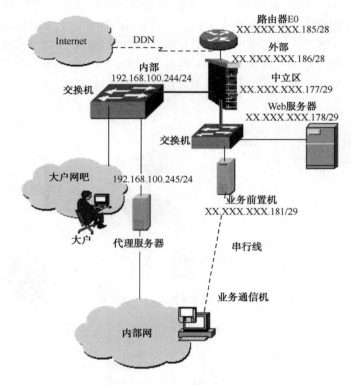

图 6-9　改造后的网络拓扑

　　鉴于存在以上潜在风险，该银行网络系统需要防范来自不安全网络或不信任域的非法访问或非授权访问，防范信息在网络传输过程中被非法窃取而造成信息的泄露，并动态地防范各种来自内/外网络的恶意攻击，对进入网络或主机的数据实时监测，防范病毒对网络或主机的侵害，针对银行特殊的应用进行特定的应用开发，必须制定完善的安全管理制度，并通过培训等手段来增强员工的安全防范技术及防范意识等，将风险防患于未然。

　　鉴于以上银行网络系统可能发生的安全隐患及客户需求，天融信制定出了安全、可靠的解决方案。

　　首先，保证计算机信息系统各种设备的物理安全是保障整个网络系统安全的前提，这涉及网络环境的安全、设计的安全、媒介的安全。保护计算机网络设备、设施和其他媒体免遭地震、水灾、火灾等环境事故，以及人为操作失误或错误和各种计算机犯罪行为导致的破坏。

　　其次，对系统、网络、应用和信息的安全要重视，系统安全包括操作系统安全和应用系统安全；网络安全包括网络结构安全、访问控制、安全检测和评估；应用安全包括安全认证和病毒防护；信息安全包括加密传输、信息鉴别和信息存储。

再次，对于该银行系统可能存在的特殊应用，要保护其应用的安全性，必须通过详细了解和分析，进行有针对性地开发，量体裁衣，才能切实保证应用时的安全，而建立动态的、整体的网络安全的另外一个关键环节是建立长期的、与项目相关的信息安全服务。安全服务包括全方位的安全咨询、培训、静态的网络安全风险评估和特别事件应急响应。

除了上述的安全风险外，安全设备本身的稳定性也非常重要。为此，天融信安全解决方案中防火墙将采用双机热备的方式，即两台防火墙互为备份，一台是主防火墙，另一台是从防火墙。当主防火墙发生故障时，从防火墙接替主防火墙的工作，从而最大限度地保证用户网络的连通性。

根据该银行的网络结构，天融信把整个网络用防火墙分割成三个物理控制区域，即金融网广域网、独立服务器网络、银行内部网络。

以上三个区域分别连接在防火墙的三个以太网接口上，从而通过在防火墙上加载访问控制策略，对这三个控制区域间的访问进行限制。主防火墙与从防火墙之间通过 Console 电缆线相连接，用以进行两台防火墙之间的心跳检测，如图 6-10 所示。

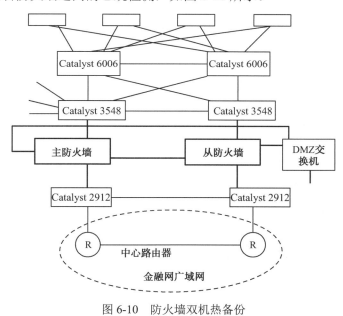

图 6-10　防火墙双机热备份

技能实施

6.5　任务　防火墙产品的配置

6.5.1　任务实施基础

网络卫士系列防火墙是天融信在多年的防火墙开发和应用实践及广大用户宝贵建议的基

础上，基于对网络安全的深刻理解，并融合网络科技的最新成果，采用独特的安全构架和多项具有自主知识产权的安全技术，经过近两年开发完成的新一代防火墙产品。

网络卫士系列防火墙产品一般包括防火墙硬件产品和防火墙"集中管理器"软件。网络卫士防火墙专用管理软件可运行于 Windows 环境下。

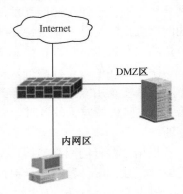

网络卫士系列防火墙至少有三个标准端口，即一个接外网（Internet）；一个接内网区；一个接 DMZ 区，在 DMZ 区中有网络服务器。安装防火墙所要达到的效果：内网区的计算机可以任意访问外网，可以访问 DMZ 区中指定的网络服务器，Internet 和 DMZ 区的计算机不能访问内网，Internet 可以访问 DMZ 区中的服务器，其网络拓扑结构如图 6-11 所示。

图 6-11　网络拓扑结构

6.5.2　任务实施过程

1. 安装防火墙管理器软件

防火墙管理器软件一般安装在单独的管理主机上，管理主机通常位于管理中心网络的网管主机上，管理中心为内部防火区的子集，同时，管理主机或管理中心网络与其他安全区域相比有更严格的访问安全策略。此外，防火墙的管理主机分为本地管理主机和远程管理主机。防火墙的本地管理主机可以使用任何类型的终端，如 Windows 的超级终端 hypertrm.exe，远程管理主机必须安装网络卫士防火墙专用的集中管理软件，产品随机光盘内包含了安装程序，安装过程与其他 Windows 程序没有太大的差别，根据系统的提示很容易完成，如图 6-12 所示。

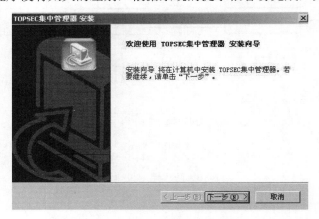

图 6-12　TOPSEC 集中管理器的安装过程

2. 管理网络卫士防火墙

网络管理员可以通过很多种方式管理网络卫士防火墙。管理方式包括本地管理和远程管理，本地管理即通过 Console 口登录防火墙进行管理；远程管理包括使用防火墙集中管理器，或者通过 Telnet 及 SSH 等多种方式登录防火墙进行配置管理。

（1）使用 Console 口登录防火墙。

通过 Console 口登录到防火墙，可以对防火墙进行一些基本的设置，如用户在初次使用防火墙时，通常都会登录到防火墙更改其出厂配置（如更改接口 IP 地址等），在不改变现有网络结构的情况下将防火墙接入网络中，具体方法如下所述。

① 使用一条串口线（包含在防火墙配件中），分别连接计算机的串口（这里假设使用COM1）和防火墙的 Console 口，在计算机中，选择"开始"→"程序"→"附件"→"通信"→"超级终端"命令，系统提示输入新建连接的名称，如图 6-13 所示。

② 在图 6-13 所示中，用户可以输入任何名称，这里假设名称为 TOPSEC，输入名称并单击"确定"按钮后，弹出提示选择使用的接口（假设使用 COM1）对话框，如图 6-14 所示。

图 6-13 超级终端新建连接

图 6-14 超级终端连接过程

③ 单击"确定"按钮后，在随后弹出的会话框中，按如下标准输入：通信参数设置为每秒位数为 9600，数据位为 8，奇偶校验为无，停止位为 1，数据流控制为无。成功连接到防火墙后，超级终端界面会出现输入密码提示，如图 6-15 所示。

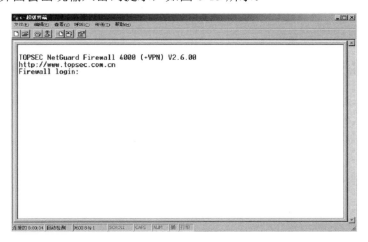

图 6-15 超级终端输入密码提示

④ 直接输入防火墙默认的串口登录用户 superman 和密码 talent，即可登录到防火墙，登录后，用户就可以使用命令行方式对防火墙进行简单配置管理等操作。

（2）使用防火墙集中管理器。

防火墙集中管理器给用户提供了一种方便、安全的工具来远程配置、管理网络卫士防火墙。在集中管理器中，用户可以通过友好的图形界面来完成所有功能选项的配置。同时，由于管理器与防火墙的通信是由 SSL 机制进行加密保护的，用户不必担心安全信息的泄露问题。

要通过集中管理器远程连接防火墙，需要首先确定是否更改防火墙的出厂配置。因为在初始设置中，防火墙接口 ETH2 对应着内网防火区，而只有内网用户才有权通过管理器登录防火墙。所以，如果不更改出厂配置的话，则需要把安装防火墙集中管理器的计算机与防火墙内网接口 ETH2 设在同一个网段。ETH2 接口的出厂 IP 设置为 192.168.1.250/24。

如果要更改防火墙的出厂配置，则需要使用串口线或交叉线连接到防火墙，用超级终端登录到防火墙，使用命令行方式更改防火墙的接口地址。具体配置命令请参考《网络卫士防火墙命令行参考手册》。

使用管理器的具体操作步骤如下。

① 从管理主机启动菜单运行集中管理器，管理软件启动后可以读入预定义项目。要添加一个管理项目，可以在管理器窗口中单击"新建项目"图标，弹出"安全设备"对话框，如图 6-16 所示，然后打开管理配置窗口，添加防火墙到管理配置中。

② 选中新添加的防火墙，双击它或单击"登录"图标，还可以使用右击菜单，如图 6-17 和图 6-18 所示。

图 6-16　为防火墙设定 IP 地址

图 6-17　新建的防火墙项目

③ 在弹出的登录对话框中，使用超级管理员身份登录防火墙，初始默认口令是 talent，如图 6-19 所示。

图 6-18　登录防火墙

图 6-19　管理员登录

④ 激活防火墙管理连接，如图 6-20 所示为集中管理器登录上其中一台防火墙后的界面。

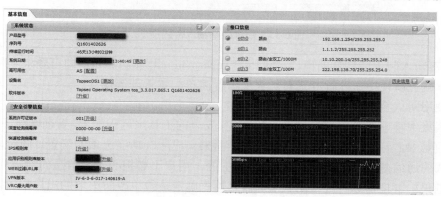

图 6-20　成功登录防火墙部分截图

3. 防火墙的策略配置

（1）定义网络区域。

① Internet（外网）：接在 ETH0 上，默认访问策略为 Any（默认可读、可写），日志选项为空，禁止 ping 和 telnet。

② Intranet（内网）：接在 ETH1 上，默认访问策略为 None（不可读、不可写），日志选项为记录用户命令，允许 ping 和 telnet。

③ DMZ 区：接在 ETH2 上，默认访问策略为 None（不可读、不可写），日志选项为记录用户命令，禁止 ping 和 telnet。

（2）定义网络对象。

一个网络节点表示某个区域中的一台物理机器，如图 6-21 所示，它既可以作为访问策略中的源和目的，也可以作为通信策略中的源和目的。网络节点同时可以作为地址映射的地址池使用，表示地址映射的实际机器，详细描述见通信策略。

子网表示一段连续的 IP 地址，既可以作为策略的源或目的，也可以作为 NAT 的地址池使用。如果子网段中有已经被其他部门使用的 IP，为了避免使用三个子网来描述该部门的 IP 地址，可以将这两个被其他部门占用的地址在例外地址中说明，如图 6-22 所示。

图 6-21 "节点对象"对话框

图 6-22 "子网对象"对话框

为了配置访问策略，先定义特殊的节点与子网。

① FTP_Server：代表 FTP 服务器，区域=DMZ，IP 地址= XXX.XXX.XXX.XXX。

② HTTP_Server：代表 HTTP 服务器，区域=DMZ，IP 地址= XXX.XXX.XXX.XXX。

③ MAIL_Server：代表邮件服务器，区域=DMZ，IP 地址= XXX.XXX.XXX.XXX。

④ V_Server：代表外网访问的虚拟服务器，区域=Internet，IP 地址=防火墙 IP 地址。

⑤ Inside：表示内网上的所有机器，区域=Intranet，起始地址=0.0.0.0，结束地址=255.255.255.255。

⑥ Outside：表示外网上的所有机器，区域=Internet，起始地址=0.0.0.0，结束地址=255.255.255.255。

（3）配置访问策略。

在 DMZ 区域中增加三条访问策略。

① 访问目的=FTP_Server，目的端口=TCP 21；源=Inside，访问权限=读、写；源=Outside，访问权限=读。这条配置表示内网的用户可以读、写 FTP 服务器上的文件，而外网的用户只能读文件，不能写文件。

② 访问目的=HTTP_Server，目的端口=TCP 80；源=Inside+Outside，访问权限=读、写。这条配置表示内网、外网的用户都可以访问 HTTP 服务器。

③ 访问目的=MAIL_Server，目的端口=TCP 25，TCP 110；源=Inside+Outside，访问权限=读、写。这条配置表示内网、外网的用户都可以访问 MAIL 服务器。

（4）通信策略。

由于内网的机器没有合法的 IP 地址，所以它们访问外网需要进行地址转换。当内部机器访问外部机器时，既可以将其地址转换为防火墙的地址，也可以转换成某个地址池中的地址。增加一条通信策略，目的=Outside，源=Inside，方式=NAT，目的端口=所有端口。如果需要转换成某个地址池中的地址，则必须先在 Internet 中定义一个子网，地址范围就是地址池的范围，然后在通信策略中选择 NAT 方式，在地址池类型中选择刚才定义的地址池。

服务器也没有合法的 IP 地址，必须依靠防火墙进行地址映射来提供对外服务，增加相应的通信策略。

① 目的=V_Server，源=Outside，通信方式=MAP，指定协议=TCP，端口映射 21→21，目标机器=FTP_Server。

② 目的=V_Server，源=Outside，通信方式=MAP，指定协议=TCP，端口映射 80→80，目标机器=HTTP_Server。

③ 目的=V_Server，源=Outside，通信方式=MAP，指定协议=TCP，端口映射 25→25，目标机器=MAIL_Server。

④ 目的=V_Server，源=Outside，通信方式=MAP，指定协议=TCP，端口映射 110→110，目标机器=MAIL_Server。

（5）其他配置。

网络卫士防火墙支持与其他支持 TOPSEC 协议的 IDS 设备联动，以达到更有效的入侵检测功能。选择"TOPSEC"→"安全设备与 IDS 联动配置"，添加联动的 IDS 设备，如图 6-23 所示。

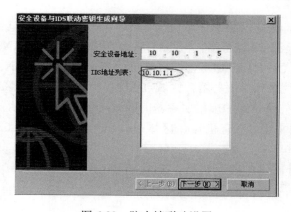

图 6-23　防火墙联动设置

案例实现

1. 现状描述

上海某教委教育信息网依托教育信息网络平台，构成了以教委为中心，各学校教学子网、办公子网、宿舍区子网、图书馆子网等组成的网络体系，并在此基础上开展了多样化的教学和科研业务。

目前，该网络基础设施已基本建设完成，具有以下显著特点：首先，教委信息中心作为校园网的核心面向学校师生，是系统的建设重点；其次，各学校校园网数据应用类型比较复杂，主要包括提供网上浏览、电子邮件、远程登录的信息服务系统，提供多媒体网上教学平台的教学应用系统，为各学校综合教务提供服务的办公自动化管理系统、人事信息、教学资源管理应用系统，以及教学科研图书资料的电子图书馆等。

2. 需求分析

该教委各学校网络的安全建设目前还比较简单，存在着较多的安全隐患，根据各学校的网络和应用特点，从信息安全的角度并结合本期安全项目建设目标，教委及各学校主要存在以下的安全需求。

（1）在各学校网络出口处部署访问控制设备，防止外网非授权数据进入学校内网，实现学校内网和广域网的逻辑隔离。

（2）实现对访问控制设备的集中管理，实现策略统一下发，日志集中存储。

（3）建立统一安全管理平台，对全网设备进行有效监控，并对整体安全态势进行感知，实时准确定位安全事件发生源，对信息系统所面临的蠕虫病毒及黑客入侵等网络攻击形成一套监控、预警、发现、响应的机制。

（4）建立系统、有效的安全管理制度。

3. 解决方案

（1）在教委互联网出口处部署两台防火墙，采用双机热备方式（Active-Active）部署，当一台防火墙崩溃时，另一台防火墙存有所有会话的备份，从而保证业务的高可用性，如图6-24所示。同时，充分发挥防火墙的入侵防御、深度内容过滤、高可用性、管理审计等功能，做到事前可见、事中可控、事后可查。通过设置过滤规则，仅允许外部用户访问特定主机的特定服务端口，有效保护教委教育信息网的内网安全。

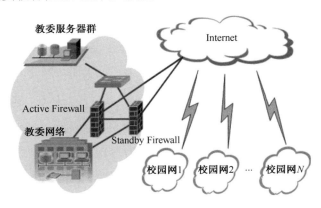

图6-24 防火墙部署结构

（2）在各学校网络边界处部署防火墙，对网络内部的相互访问进行控制。确保合法用户正常使用网络资源、防止外部用户非法访问该教委下属各学校的内网，阻止网络攻击和越权访问，确保网络访问在有序和可控的环境下进行。

（3）采用安全管理平台对该网络中的主机设备、网络设备、安全设备等进行集中监控管理，它包括网络拓扑管理、性能管理、故障管理、安全审计、事件和告警管理等功能模块。

习题

一、填空题

1. 防火墙一般部署在_____和_____之间。

2. 从实现方式上看，防火墙可以分为_____和_____两类。

3. 为了配置管理方便，内网中需要向外网提供服务的服务器往往放在 Internet 与内部网络之间一个单独的网段，这个网段叫_____。

4. _____是指在不丢包的情况下单位时间内通过防火墙的数据包数量，这是测量防火墙性能的重要指标。

5. 防火墙的基本类型有_____、_____、_____和_____。

二、单项选择题

1. 防火墙是（　　）。

A．审计内/外网间数据的硬件设备　　　　B．审计内/外网间数据的软件设备

C．审计内/外网间数据的策略　　　　　　D．以上的综合

2. 不属于防火墙主要作用的是（　　）。

A．抵抗外部攻击　　　　　　　　　　　　B．保护内部网络

C．防止恶意访问　　　　　　　　　　　　D．限制网络服务

3. 以下说法正确的是（　　）。

A．防火墙能防范新的网络安全问题　　　　B．防火墙能防范数据驱动攻击

C．防火墙不能完全阻止病毒的传播　　　　D．防火墙不能防止来自内部网的攻击

4. 周边网络是指（　　）。

A．防火墙周边的网络　　　　　　　　　　B．堡垒主机周边的网络

C．介于内/外网间的保护网络　　　　　　D．包过滤路由器周边的网络

5. 关于屏蔽子网防火墙体系结构中堡垒主机说法错误的是（　　）。

A．不属于整个防御体系的核心　　　　　　B．位于周边网络

C．可被认为是应用层网关　　　　　　　　D．可以运行各种代理程序

6. 数据包过滤一般不需要检查的部分是（　　）。

A．IP 源地址和目的地址　　　　　　　　　B．源端口和目的端口

C．协议类型　　　　　　　　　　　　　　D．TCP 序列号

7. 下列（　　）是天融信的防火墙产品。

A．黑客愁　　　　　　　　　　　　　　　B．网眼

C．网络卫士　　　　　　　　　　　　　　D．熊猫

三、思考题

1．防火墙的两个基本安全策略是什么？

2．防火墙的基本功能包括哪些？

3．防火墙的缺点有哪些？

四、实践题

1．针对计算机 Windows 2012 自带的防火墙进行合理配置。

2．上网下载一些免费的个人防火墙，通过试用，比较它们的防御效果。

实训　Windows 系统防火墙的配置与应用

一、实训目的

1．理解防火墙工作原理。

2．了解防火墙的主要功能。

3．掌握 Windows 系统防火墙的常规使用方法。

4．熟悉防火墙的安全规则和基本配置方法。

二、实训基础

自从 Vista 开始，Windows 系统防火墙功能已经是越加臻于完善、今非昔比了，系统防火墙已经成为系统的一个不可或缺的部分，无论安装哪个第三方防火墙，Windows 系统自带的防火墙都不应该被关掉，反而应该学着使用和熟悉它，对系统信息保护将会大有裨益。

Windows 系统防火墙通过"控制面板"→"Windows 防火墙"打开主界面，如图 6-25 所示。

图 6-25　Windows 系统防火墙主界面

三、实训内容

1．使用 Windows 系统防火墙，进行常规设置。

2．使用 Windows 系统防火墙 MMC 管理控制台进行配置。

3．配置防火墙的入站规则、出站规则和连接安全规则。

四、实训步骤

1．Windows 系统防火墙常规设置

1）打开和关闭 Windows 防火墙

选择左侧的启用或关闭 Windows 防火墙选项可对防火墙进行相关设置，如图 6-26 所示。

图 6-26　防火墙启用和关闭设置

从上图可以看出，专用网络和公用网络的配置是完全分开的，在启用 Windows 防火墙里还有两个选项：

（1）"阻止所有传入连接，包括位于允许应用列表中的应用"，该选项默认即可，否则可能会影响允许程序列表里的一些程序使用。

（2）"Windows 防火墙阻止新应用时通知我"，该选项对于个人日常使用肯定需要选中的，可方便自己随时做出判断响应。

如果需要关闭，只需要选择对应网络类型里的"关闭 Windows 防火墙（不推荐）"选项，然后单击"确定"按钮即可。

2）还原默认设置

如果防火墙配置较为混乱，可以使用图 6-25 中左侧的"还原默认值"选项，还原时会删除所有的网络防火墙配置项目，恢复到初始状态。

3）允许程序规则配置

选择图 6-25 中左侧的"允许应用或功能通过 Windows 防火墙"选项，可以添加应用程序许可规则，如图 6-27 所示。

2．Windows 系统防火墙 MMC 管理控制台的使用

选择图 6-25 中左侧的"高级设置"选项可进入高级安全 Windows 防火墙 MMC 管理控制台，如图 6-28 所示。

1）导入、导出和还原策略

（1）导入和导出策略

导入和导出策略是用来通过策略文件（*.wfw）进行配置保存或共享部署的，导出功能既可以作为当前设置的备份，也可以共享给其他计算机进行批量部署。

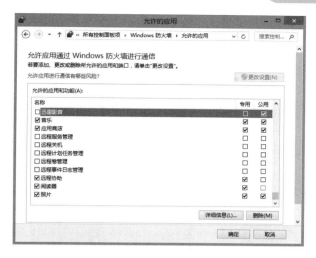

图 6-27 添加应用程序许可规则

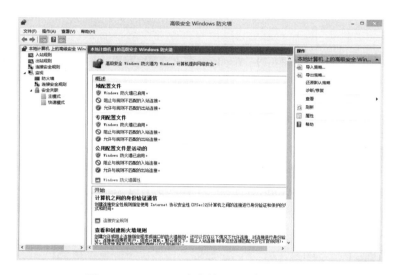

图 6-28 Windows 防火墙 MMC 管理控制台

（2）还原默认策略

还原默认策略功能与恢复防火墙默认设置类似，还原默认策略将会重置自安装 Windows 之后对 Windows 防火墙所做的所有更改，还原后有可能会导致某些程序停止运行。

2）Windows 防火墙属性设置

选择 Windows 防火墙属性，显示高级安全设置防火墙属性，如图 6-29 所示。

防火墙属性设置总体分成四种配置类型，它们都是独立配置、独立生效的。

● 域配置文件：域配置文件主要是面向企业域连接使用，普通用户也可以将其关闭掉。

● 专用配置文件：专用配置文件是面向家庭或工作网络配置使用的。

● 公用配置文件：公用配置文件是面向公用网络配置使用的，如果在酒店、机场等公共场合时可能需要使用。

● IPSec 设置：IPSec 设置是面向 VPN 等需要进行安全连接时使用的。

前三种配置方法几乎完全相同。

（1）专用配置文件

① 防火墙状态。有"启用（推荐）""关闭"两个选项，与常规配置里的防火墙开启和关闭效果相同。

图 6-29　Windows 防火墙属性配置

② 入站连接。有"阻止（默认值）""阻止所有连接""允许"三个选项，一般不推荐选择"允许"选项。

③ 出站连接。有"阻止""允许（默认值）"两个选项。

在"指定控制 Windows 防火墙行为的设置"中，第一个设置可以使 Windows 防火墙在某个程序被阻止接收入站连接时通知用户，注意这里只对没有设置阻止或允许规格的程序才有效，如果已经设置了阻止，则 Windows 防火墙不会发出通知。下面的设置意思是许可对多播或广播网络流量的单播响应，所指的多播或广播都是本机发出的，接收客户机进行单播响应，默认设置即可，如图 6-30 所示。

（2）IPSec 设置

IPSec 设置界面如图 6-31 所示。

图 6-30　自定义专用配置文件的设置

图 6-31　IPSec 设置界面

① IPSec 默认值：可以配置 IPSec 用来帮助保护网络流量的密钥交换、数据保护和身份验证方法。单击"自定义"按钮可以显示"自定义 IPsec 设置"对话框。当具有活动安全规格时，IPSec 将使用该项设置规则建立安全连接，如果没有对密钥交换（主模式）、数据保护（快速模式）和身份验证方法进行指定，则建立连接时将会使用组策略对象（GPO）中优先级较高的任意设置，顺序如下，最高优先级组策略对象（GPO）——本地定义的策略设置——IPSec 设置的默认值（如身份验证算法默认为 Kerberos V5 等，更多默认可以直接选择下面窗口的"什么是默认值"帮助文件）。

② IPSec 免除：此选项设置确定包含 Internet 控制消息协议（ICMP）消息的流量包是否受到 IPsec 保护，ICMP 通常由网络疑难解答工具和过程使用。注意，此设置仅从高级安全 Windows 防火墙的 IPsec 部分免除 ICMP，若要确保允许 ICMP 数据包通过 Windows 防火墙，还必须创建并启用入站规则，另外，如果在"网络和共享中心"启用了文件和打印机共享，则高级安全 Windows 防火墙会自动启用允许常用 ICMP 数据包类型的防火墙规则。可能也会启用与 ICMP 不相关的网络功能，如果只希望启用 ICMP，则在 Windows 防火墙中创建并启用规则，以允许入站 ICMP 网络数据包。

③ IPSec 隧道授权：只在以下情况下使用此选项，具有创建从远程计算机到本地计算机的 IPsec 隧道模式的连接安全规则，并希望指定用户和计算机，以允许或拒绝其通过隧道访问本地计算机。选择"高级"选项，然后单击"自定义"按钮，显示"自定义 IPsec 隧道授权"对话框，可以为需要授权的计算机或用户进行隧道规则授权。

第7章

<<<<<<

入侵检测技术与应用

学习目标

● 理解入侵检测技术的原理。
● 理解入侵检测系统的性能指标。
● 掌握入侵检测系统的安装与配置。

引导案例

伴随改革进程的推进，中国电力行业形成了厂、网分离和电网按区域划分的全新格局。同时计算机网络技术的发展为电力的管理和调度提供了先进的服务和支持手段，为电力新业务（如电力市场应用、电力营销业务等）的开展提供了条件。

随着电力调度业务、电力营销业务、电力市场业务等越来越广泛地开展，电力企业网和Internet 的联系也越来越紧密。与此同时，Internet 的自由性和先天的不安全性给电力企业网造成越来越严重的隐患。黑客的入侵、内部人员的操作失误等问题也相伴而来，有可能对电力业务造成极大的破坏。为了规避潜在的计算机网络业务风险，使网络系统能够安全及高效运行，就必须保证网络安全隔离，随时检测各种隐患，同时还要兼顾网络的高效，保证能够随时通畅。入侵检测系统（Intrusion Detective System，IDS）作为新型的网络安全技术，有效地弥补了防火墙的某些性能上的缺陷，从不同的角度以不同的方式确保网络系统的安全。本章将系统地介绍入侵检测系统的原理和应用技术，为现实中遇到的安全问题提供另一层安全防护。

7.1 入侵检测技术的概念

7.1.1 入侵检测技术的发展历史

1980 年 James P. Anderson 在给一个保密客户写的《计算机安全威胁监控与监视》技术报告中指出，审计记录可以用于识别计算机误用，他对威胁进行了分类，第一次详细简述了入侵检测的概念。从 1984 年至 1986 年，乔治敦大学的 Dorothy Denning 和 SRI 公司计算机科学实验室的 Peter Neumann 研究出了一个实时入侵检测系统模型——IDES（Intrusion Detection Expert Systems，入侵检测专家系统），这是首个在一个应用中运用了统计和基于规则两种技术的系统，是入侵检测研究中最有影响的系统。1989 年，加州大学戴维斯分校的 Todd Heberlein 写了一篇 *A Network Security Monitor* 的论文，该监控器用于捕获 TCP/IP 分组，第一次直接将网络流作为审计数据来源，因而可以在不将审计数据转换成统一格式的情况下监控异种主机，网络入侵检测技术从此诞生。

7.1.2 入侵检测系统的概念

随着网络技术日新月异的发展，计算机病毒也伴随着网络的发展而发展，这就涉及了新一代的网络安全技术。谈到网络安全，人们首先想到的是防火墙。但随着技术的发展，网络日趋复杂，传统防火墙所暴露出来的不足和弱点引出了人们对入侵检测系统（IDS）的研究和开发。首先，传统的防火墙在工作时，就像深宅大院虽有高大的院墙，却不能挡住小老鼠甚至家贼的偷袭一样，因为入侵者可以找到防火墙可能敞开的后门；其次，防火墙完全不能阻止来自内部的袭击，而通过调查发现，50% 的攻击都将来自于内部，对于企业内部心怀不满的员工来说，防火墙形同虚设；再次，由于性能的限制，防火墙通常不能提供实时的入侵检测能力，而这一点，对于现在层出不穷的攻击技术来说是至关重要的；最后，防火墙对于病毒也束手无策。因此，以为在 Internet 入口处部署防火墙系统就足够安全的想法是不切实际的。根据这一问题，人们设计出了入侵检测系统，IDS 可以弥补防火墙的不足，为网络安全提供实时的入侵检测及采取相应的防护手段，如记录证据用于跟踪、恢复、断开网络连接等。

入侵检测是指"通过对行为、安全日志、审计数据或其他网络上可以获得的信息进行审计检查，检测到针对系统的闯入或闯入的企图"。入侵检测是检测和响应计算机误用的学科，其作用包括威慑、检测、响应、损失情况评估、攻击预测和起诉支持。入侵检测技术是为保证计算机系统的安全而设计与配置的，能够及时发现并报告系统中未授权或异常现象的技术，是用于检测计算机网络中违反安全策略行为的技术，进行入侵检测的软件与硬件的组合便是入侵检测系统。

IDS 根据系统的安全策略可以检测对计算机系统的非授权访问；可以对系统的运行状态进行监视，发现各种攻击企图、攻击行为或者攻击结果，以保证系统资源的机密性、完整性和可用性；同时也可以识别出针对计算机和网络系统的非法探测或内部合法用户越权使用的非法行为。如图 7-1 所示给出了一个通用的入侵检测系统模型。

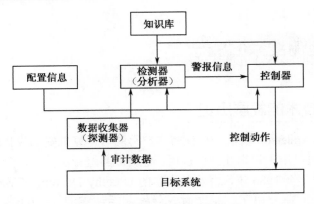

图 7-1　通用入侵检测系统模型

通用入侵检测系统模型，主要由以下部分组成。

①　数据收集器（探测器）。主要负责收集数据，探测器收集捕获所有可能的与入侵行为有关的信息，包括网络数据包、系统或应用程序的日志和系统调用记录等。探测器将数据收集后，送到检测器进行处理。

②　检测器（分析器）。负责分析和检测入侵行为，并发出报警信号。

③　知识库。提供必要的数据信息支持，如用户的历史活动档案、检测规则集合等。

④　控制器。根据报警信号，人工或自动做出反应动作。

另外，大多数流行的入侵检测系统都包括用户接口组件，用户可通过接口组件对系统进行配置和控制。

目前大多数的入侵检测系统都由两大部分构成，即探测器和控制器，探测器主要用于捕获入侵信息，在一些较低级的入侵检测产品（如 Snort）中，探测器可以由网卡充当，但网卡充当探测器时必须要工作于混杂模式下。在商用的入侵检测系统中，探测器往往是一台单独的嵌入式设备。控制器则包括分析器、知识库、控制台和用户接口等部分，由安装 IDS 控制软件的计算机充当，如图 7-2 所示。

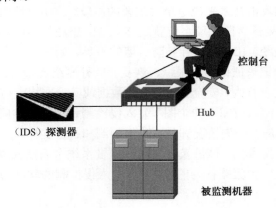

图 7-2　入侵检测系统构成

7.1.3　入侵检测系统的功能

一个合格的入侵检测系统能大大简化管理员的工作，保证网络安全地运行，具体说来，入侵检测系统应该具有如下功能：

① 监测并分析用户和系统的活动；

② 核查系统配置的漏洞；

③ 评估系统关键资源和数据文件的完整性；

④ 识别已知的攻击行为；

⑤ 统计分析异常行为；

⑥ 审计操作系统日志并识别违反安全策略的用户活动。

7.1.4 入侵检测系统的工作过程

任何入侵检测系统运行时，都必须具有如下工作环节。

1. 信息收集

入侵检测的第一步是信息收集，内容包括网络流量的内容、用户连接活动的状态和行为、操作系统的审计记录和系统日志、应用程序的日志信息及其他网络设备和安全产品的记录信息。

2. 信号分析

对上述收集到的信息，一般通过三种技术手段进行分析：模式匹配、统计分析和完整性分析。其中前两种方法用于实时的入侵检测，而完整性分析则用于事后分析。

（1）模式匹配。模式匹配是将收集到的信息与已知的网络入侵和系统误用模式数据库进行比较，从而发现违背安全策略的行为。该过程可以很简单（如通过字符串匹配以寻找一个简单的条目或指令），也可以很复杂（如利用正规的数学表达式来表示安全状态的变化）。一般来讲，一种进攻模式可以用一个过程（如执行一条指令）或一个输出（如获得权限）来表示。该方法的一大优点是只需收集相关的数据集合，显著减少系统负担，且技术已相当成熟。它与病毒防火墙采用的方法一样，检测准确率和效率都相当高。但是，该方法存在的弱点是需要不断地升级以对付不断出现的黑客攻击手法，不能检测到从未出现过的黑客攻击手段。

（2）统计分析。统计分析首先是给信息对象（如用户、连接、文件、目录和设备等）创建一个统计描述，统计正常使用时的一些测量属性（如访问次数、操作失败次数和延时等）。测量属性的平均值将被用来与网络、系统的行为进行比较，任何观察值在正常偏差之外时，就认为有入侵发生。例如，统计分析可能标识一个不正常行为，因为它发现一个在6点至20点不登录的账户却在凌晨2点试图登录。该分析方法的优点是可检测到未知的入侵和更为复杂的入侵，缺点是误报、漏报率高，且不适应用户正常行为的突然改变。具体的统计分析方法如基于专家系统、模型推理和神经网络的分析方法，目前正处于热点研究和迅速发展之中。

（3）完整性分析。完整性分析主要关注某个文件或对象是否被更改，包括文件和目录的内容及属性，它在发现被更改的、被特洛伊化的应用程序方面特别有效。完整性分析利用强有力的加密机制，即消息摘要函数（如 MD5），能识别及其微小的变化。它的优点是不管模式匹配方法和统计分析方法能否发现入侵，只要是成功的攻击导致了文件或其他对象的任何改变，其都能够发现。它的缺点是一般以批处理方式实现，不用于实时响应。这种方式主要应用于基于主机的入侵检测系统（HIDS）。

3. 实时记录、报警或有限度反击

IDS 的根本任务是要对入侵行为做出适当的反应，这些反应包括详细日志记录、实时报警和有限度地反击攻击源。

7.2　入侵检测技术的分类

7.2.1　按照检测方法分类

从技术上划分有两种检测模型。

1. 异常检测模型（Anomaly Detection）

检测与可接受行为之间的偏差。如果可以定义每项可接受的行为，那么每项不可接受的行为就应该是入侵。首先总结正常操作应该具有的特征（用户轮廓），当用户活动与正常行为有重大偏离时即被认为是入侵。这种检测模型漏报率低，误报率高。因为不需要对每种入侵行为进行定义，所以能有效检测未知的入侵。

2. 误用检测模型（Misuse Detection）

检测与已知的不可接受行为之间的匹配程度。如果可以定义所有的不可接受行为，那么每种能够与之匹配的行为都会引起警告。收集非正常操作的行为特征，建立相关的特征库，当监测的用户或系统行为与库中的记录相匹配时，系统就认为这种行为是入侵。这种检测模型误报率低、漏报率高。对于已知的攻击，它可以详细、准确地报告出攻击类型，但是对未知攻击却效果有限，而且特征库必须不断更新。

7.2.2　按照检测对象分类

1. 基于主机的入侵检测系统（HIDS）

系统分析的数据是计算机操作系统的事件日志、应用程序的事件日志、系统调用、端口调用和安全审计记录，如图 7-3 所示。主机入侵检测系统保护的一般是所在的主机系统，是由代理（Agent）来实现的，代理是运行在目标主机上小的可执行程序，它们与命令控制台（Console）通信。

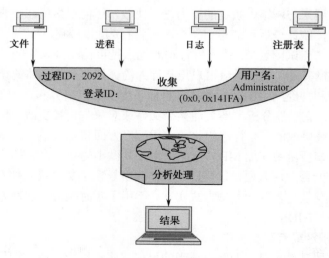

图 7-3　HIDS 系统模型

2. 基于网络的入侵检测系统（NIDS）

系统分析的数据是网络上的数据包，如图 7-4 所示，网络入侵检测系统担负着保护整个网段的任务，基于网络的入侵检测系统由遍及网络的传感器（Sensor）组成，传感器是一台将以太网卡置于混杂模式的计算机，用于嗅探网络上的数据包。

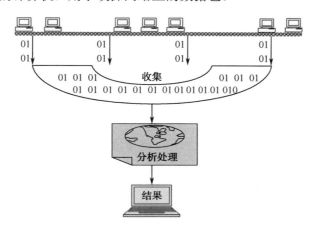

图 7-4　NIDS 系统模型

7.2.3　基于主机的入侵检测系统

1. HIDS 的优点

主机入侵检测系统对分析"可能的攻击行为"非常有用。例如，有时候它除了指出入侵者试图执行一些"危险的命令"之外，还能分辨出入侵者干了什么事，运行了什么程序，打开了哪些文件，执行了哪些系统调用。主机入侵检测系统与网络入侵检测系统相比，通常能够提供更详尽的相关信息。

主机入侵检测系统通常情况下比网络入侵检测系统误报率要低，因为检测在主机上运行的命令序列比检测网络流更简单，系统的复杂性也少得多。

主机入侵检测系统可部署在那些不需要广泛的入侵检测，传感器与控制台之间的通信带宽不足的情况下。主机入侵检测系统在不使用诸如"停止服务""注销用户"等响应方法时风险较少。

2. HIDS 的缺点

主机入侵检测系统安装在用户需要保护的设备上。例如，当一个数据库服务器要被保护时，就要在服务器本身安装入侵检测系统，这会降低应用系统的效率。此外，它也会带来一个问题，安装了主机入侵检测系统后，将本不允许安全管理员访问的服务器变成可以访问的了。

主机入侵检测系统的另一个问题是它依赖于服务器固有的日志与监视能力。如果服务器没有配置日志功能，则必须重新配置，这将会给运行中的业务系统带来不可预见的性能影响。

全面部署主机入侵检测系统代价较大，企业很难将所有主机都用主机入侵检测系统进行保护，只能选择保护部分主机。那些未安装主机入侵检测系统的机器将成为保护的盲点，入侵者可利用这些机器达到攻击目标。

主机入侵检测系统除了监测自身的主机以外，根本不监测网络上的情况。对入侵行为分析的工作量将随着主机数目增加而增加。基于主机的入侵检测系统，运行在需要保护的主机上，通过检查审计和日志信息来检测入侵行为。大量的日志和审计功能可以用于驱动 ID 运算法则，而且监控应用程序和主机操作系统间交互情况的探测器还可以为其提供补充作用。基于主机的IDS可以检测特定的应用程序，而基于网络的系统要实现这个功能则很困难，甚至是不可能的。基于主机的IDS也能够检查到表面上没有明显行为的入侵，因为这些入侵会消耗大量的系统资源，导致系统性能下降。但是有些成功的入侵却可获得很高的权限，从而使入侵者能够关闭基于主机的IDS并且销毁入侵的痕迹。

7.2.4　基于网络的入侵检测系统

1. NIDS 的优点

网络入侵检测系统能够检测那些来自网络的攻击，能够检测到超过授权的非法访问。

网络入侵检测系统不需要改变服务器等主机的配置。由于它不会在业务系统的主机中安装额外的软件，所以不会影响这些机器的CPU、I/O与磁盘等资源的使用，也不会影响业务系统的性能。由于网络入侵检测系统不像路由器、防火墙等关键设备的工作方式，它不会成为系统中的关键路径，网络入侵检测系统发生故障也不会影响正常业务的运行。部署网络入侵检测系统的风险比部署主机入侵检测系统的风险要小得多。网络入侵检测系统近年有向专门设备发展的趋势，安装这样的网络入侵检测系统非常方便，只需将定制的设备接上电源，做很少配置，将其连到网络上即可。

2. NIDS 的缺点

网络入侵检测系统只检查其直接连接网段的通信，不能检测在不同网段的网络包。在使用交换以太网环境中就会出现监测范围的局限，而安装多台网络入侵检测系统的传感器会使部署整个系统的成本大大增加。

网络入侵检测系统为了实现性能目标通常采用特征检测的方法，这种方法可以检测出普通的一些攻击，而很难实现一些复杂的、需要大量计算与分析时间的攻击检测。

网络入侵检测系统可能会将大量的数据传回分析系统中。在一些系统中监听特定的数据包会产生大量的分析数据流量。一些系统在实现时采用一定方法来减少回传的数据量，对入侵判断的决策由传感器实现，而中央控制台成为状态显示与通信中心，不再作为入侵行为分析器。这样系统中的传感器协同工作能力较弱。

网络入侵检测系统处理加密的会话过程较困难，目前通过加密通道的攻击尚不多，但随着IPv6的普及，这个问题会越来越突出。基于网络的入侵检测系统，通过在网段上对通信数据的侦听来采集数据。当它同时检测许多台主机的时候，系统的性能将会下降，特别是在网速越来越快的情况下。由于系统需要长期保留许多台主机的受攻击信息记录，所以会导致系统资源耗竭。尽管存在这些缺点，但由于基于网络的IDS易于配置和易于作为一个独立组件来进行管理，并且对受保护系统的性能不产生影响或影响很小，所以仍然很受欢迎。

7.3　入侵检测系统的性能指标

不同的安全产品，各种性能指标对客户的意义是不同的。如防火墙，客户会更关注每秒吞吐量、每秒并发连接数、传输延迟等，而网络入侵检测系统，客户则会更关注每秒能处理的网络数据流量、每秒能监控的网络连接数等。就网络入侵检测系统而言，除了上述指标外，其实一些不为客户了解的指标也很重要，甚至更重要，如每秒抓包数、每秒能够处理的事件数等。

7.3.1　每秒数据流量

每秒数据流量（Mb/s 或 Gb/s）是指网络上每秒通过某节点的数据量。这个指标是反映网络入侵检测系统性能的重要指标，一般用 b/s 来衡量，如 10Mb/s，100Mb/s 和 1Gb/s。

网络入侵检测系统的基本工作原理是嗅探，通过将网卡设置为混杂模式，使网卡可以接收网络接口上的所有数据。

如果每秒数据流量超过网络传感器的处理能力，NIDS 就可能会丢包，从而不能正常检测攻击，但 NIDS 是否会丢包，主要不取决于每秒数据流量，而是取决于每秒抓包数。

7.3.2　每秒抓包数

每秒抓包数（pps）是反映网络入侵检测系统性能的最重要的指标。因为系统不停地从网络上抓包，对数据包做分析和处理，查找其中的入侵和误用模式，所以，每秒所能处理的数据包的多少，反映了系统的性能。业界不熟悉入侵检测系统的人往往把每秒网络流量作为判断网络入侵检测系统的决定性指标，这种想法是错误的。每秒网络流量等于每秒抓包数乘以网络数据包的平均大小。在网络数据包的平均大小差异很大时，在相同抓包率的情况下，每秒网络流量的差异也会很大。例如，网络数据包的平均大小为 1024 字节左右，系统的性能能够支持 10 000pps 的每秒抓包数，那么系统每秒能够处理的数据流量可达到 78Mb/s，当数据流量超过 78Mb/s 时，会因为系统处理不过来而出现丢包现象；如果网络数据包的平均大小为 512 字节左右，在 10 000pps 的每秒抓包数的性能情况下，系统每秒能够处理的数据流量可达到 40Mb/s，当数据流量超过 40Mb/s 时，就会因为系统处理不过来而出现丢包现象。

在相同的流量情况下，数据包越小，处理的难度越大。对小包的处理能力，也是反映 NIDS 性能的主要指标。

7.3.3　每秒能监控的网络连接数

网络入侵检测系统不仅要对单个的数据包进行检测，还要将相同网络连接的数据包组合起来做分析。网络连接的跟踪能力和数据包的重组能力是网络入侵检测系统进行协议分析、应用层入侵分析的基础。这种分析延伸出很多网络入侵检测系统的功能，例如，利用 HTTP 协议攻击的检测、敏感内容检测、邮件检测、Telnet 会话的记录与回放、硬盘共享的监控等。

7.3.4　每秒能处理的事件数

网络入侵检测系统检测到网络攻击和可疑事件后，会生成安全事件或称报警事件，并将事件记录在事件日志中。每秒能够处理的事件数，反映了检测分析引擎的处理能力和事件日志记录的后端处理能力。有的厂商将反映这两种处理能力的指标分开，称为事件处理引擎的性能参数和报警事件记录的性能参数。大多数网络入侵检测系统报警事件记录的性能参数小于事件处理引擎的性能参数，主要是 Client/Server 结构的网络入侵检测系统，因为引入了网络通信的性能瓶颈。这种情况将导致事件的丢失，或者控制台响应不过来。

7.4 任务 搭建 Windows 环境下的入侵检测系统

7.4.1 任务实施环境

操作系统：Windows 7 (Service Pack 1)

所需软件具体如下。

- 虚拟机：VMware。
- 网络数据包截取驱动程序：WinPcap 4.1.3 (WinPcap_4_1_3.exe)。
- Windows 版本的 Snort 安装包：Snort 2.8.6 for Win32 (Snort_2_8_6_Installer.exe)。
- 官方认证的 Snort 规则库：Snortrules-snapshot-2860.tar.gz。
- 数据库组件及分析平台：AppServ 8.6.0 (appserv-win32-8.6.0.exe)。
- WEB 前端：Basic Analysis and Security Engine 1.4.5 (base-1.4.5.tar.gz)。
- PHP 的数据库连接插件：ADODB PHP database abstraction layer（adodb-5.20.12.zip）。
- VC_redist.x86.exe。

7.4.2 任务实施过程

1. 使用 VMware 安装 Windows 7 虚拟机

2. 安装 Snort

（1）双击软件包中的 Snort_2_8_6_Installer.exe，开始安装 Snort，如图 7-5 所示。

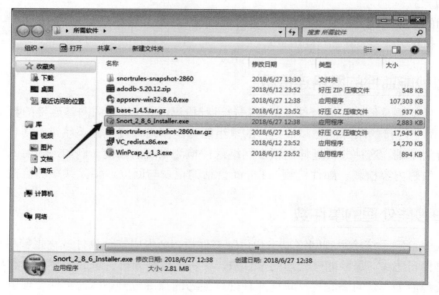

图 7-5 开始安装 Snort

（2）根据安装提示执行安装，如图 7-6～图 7-9 所示。

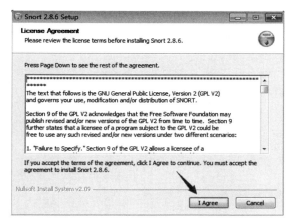

图 7-6　Snort 安装过程 1　　　　　　　　　　　图 7-7　Snort 安装过程 2

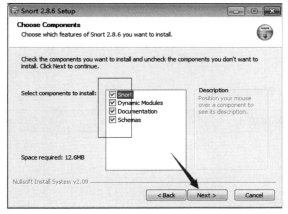

图 7-8　Snort 安装过程 3　　　　　　　　　　　图 7-9　Snort 安装过程 4

（3）部署 Snort 的规则库，解压"所需软件"中的"snortrules-snapshot-2860.tar.gz"选项，复制"doc、rules、so_rules"选项到 Snort 的安装目录下，如图 7-10 所示。复制完成后 Snort 的安装目录结构如图 7-11 所示。

图 7-10　复制 Snort 规则库

复制完规则之后的目录结构

图 7-11　Snort 安装目录结构

（4）修改 Snort/etc 下的 snort.conf 配置文件，修改的内容如表 7-1 所示，修改过程如图 7-12～图 7-16 所示。

表 7-1　snort.conf 需修改的内容

序　号	修 改 内 容
1	var RULE_PATH c:\snort\rules var SO_RULE_PATH c:\snort\so_rules var PREPROC_RULE_PATH c:\snort\preproc_rules
2	# path to dynamic preprocessor libraries dynamicpreprocessor directory c:\snort\lib\snort_dynamicpreprocessor # path to base preprocessor engine dynamicengine c:\snort\lib\snort_dynamicengine\sf_engine.dll
3	preprocessor http_inspect: global iis_unicode_map c:\snort\etc\unicode.map 1252
4	output database: alert, mysql, user=snort password=snort dbname=snortdb host=localhost
5	include $RULE_PATH/snmp.rules include $RULE_PATH/icmp.rules include $RULE_PATH/tftp.rules include $RULE_PATH/scan.rules include $RULE_PATH/finger.rules include $RULE_PATH/web-attacks.rules include $RULE_PATH/shellcode.rules include $RULE_PATH/policy.rules include $RULE_PATH/info.rules include $RULE_PATH/icmp-info.rules include $RULE_PATH/virus.rules include $RULE_PATH/chat.rules include $RULE_PATH/multimedia.rules include $RULE_PATH/p2p.rules include $RULE_PATH/spyware-put.rules include $RULE_PATH/specific-threats.rules include $RULE_PATH/voip.rules

续表

序 号	修 改 内 容
5	include $RULE_PATH/other-ids.rules
	include $RULE_PATH/bad-traffic.rules
	# decoder and preprocessor event rules
	include $PREPROC_RULE_PATH/preprocessor.rules
	include $PREPROC_RULE_PATH/decoder.rules
	# dynamic library rules
	include $SO_RULE_PATH/bad-traffic.rules
	include $SO_RULE_PATH/chat.rules
	include $SO_RULE_PATH/dos.rules
	include $SO_RULE_PATH/exploit.rules
	include $SO_RULE_PATH/imap.rules
	include $SO_RULE_PATH/misc.rules
	include $SO_RULE_PATH/multimedia.rules
	include $SO_RULE_PATH/netbios.rules
	include $SO_RULE_PATH/nntp.rules
	include $SO_RULE_PATH/p2p.rules
	include $SO_RULE_PATH/smtp.rules
	include $SO_RULE_PATH/sql.rules
	include $SO_RULE_PATH/web-activex.rules
	include $SO_RULE_PATH/web-client.rules
	include $SO_RULE_PATH/web-misc.rules

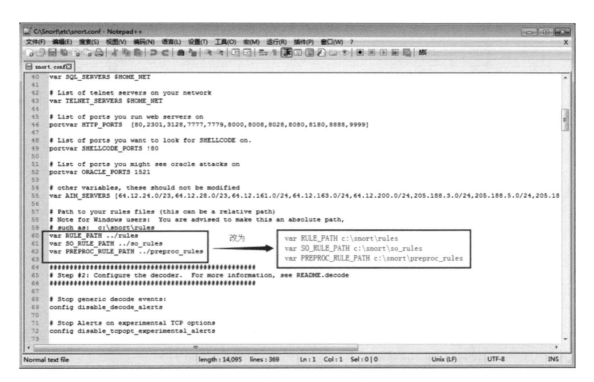

图 7-12　修改 Snort 配置文件 1

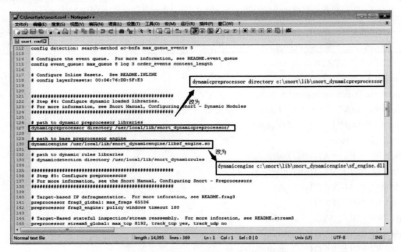

图 7-13　修改 Snort 配置文件 2

图 7-14　修改 Snort 配置文件 3

图 7-15　修改 Snort 配置文件 4

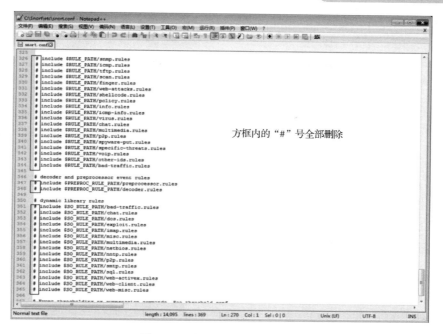

图 7-16　修改 Snort 配置文件 5

3. 安装、配置 AppServt

（1）双击软件包中的 appserv-win32-8.6.0.exe，按照提示安装和配置 AppServt，如图 7-17～
图 7-26 所示。

图 7-17　AppServt 安装配置过程 1

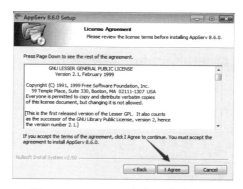

图 7-18　AppServt 安装配置过程 2

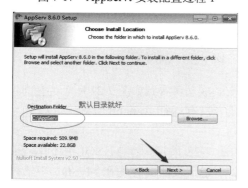

图 7-19　AppServt 安装配置过程 3

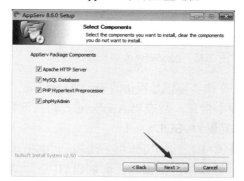

图 7-20　AppServt 安装配置过程 4

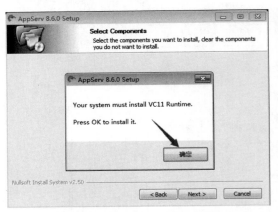

图 7-21 AppServt 安装配置过程 5

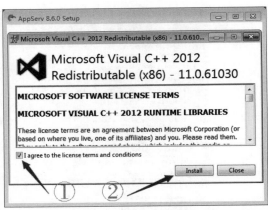

图 7-22 AppServt 安装配置过程 6

图 7-23 AppServt 安装配置过程 7

图 7-24 AppServt 安装配置过程 8

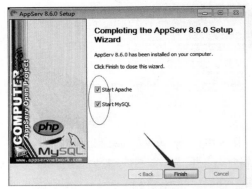

图 7-25 AppServt 安装配置过程 9

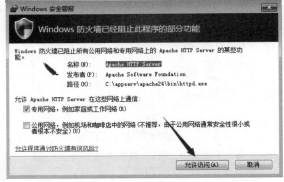

图 7-26 AppServt 安装配置过程 10

（2）在浏览器地址栏访问 http://localhost，如果安装成功可看到如图 7-27 所示的信息；如果不能显示图中信息，则表明 AppServ 安装有问题，或者没有运行 Appche 服务。

4. 配置 MySQL

打开 CMD，以 Root 用户连接到 MySQL，如图 7-28 所示。在 MySQL 中创建 snortdb 和 snortarc，以及所需数据表，需创建的内容如表 7-2 所示，表的内容均在 MySQL 中输入，注意两个 source 命令后面没有分号。

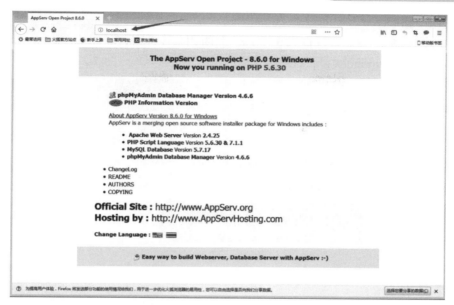

图 7-27　测试 AppServt 安装配置是否成功

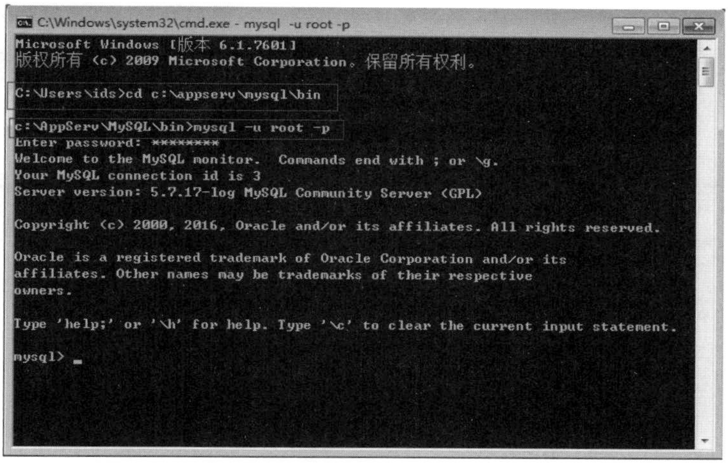

图 7-28　连接 MySQL

表 7-2　MySQL 需配置的内容

内　　容
mysql> create database snortdb;
mysql> create database snortarc;
mysql> use snortdb;
mysql> source c:\snort\schemas\create_mysql
mysql> use snortarc;
mysql> source c:\snort\schemas\create_mysql
mysql> grant usage on *.* to "snort"@"localhost" identified by "snort";
mysql> grant select，insert，update，delete，create，alter on snortdb .* to "snort"@"localhost";
mysql> grant select，insert，update，delete，create，alter on snortarc .* to "snort"@"localhost";
mysql> set password for "snort"@"localhost"=password('snort');

5. 配置 Base

复制 base-1.4.5.tar.gz、adodb-5.20.12.zip 中的内容到 AppServt 的 www 目录，访问 http://localhost/base/setup/index.php 对 Base 进行配置，如图 7-29～图 7-37 所示。

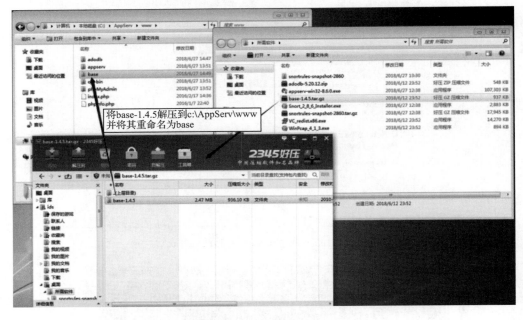

图 7-29　Base 配置过程 1

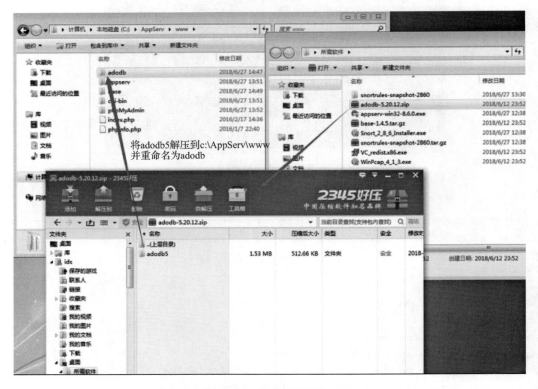

图 7-30　Base 配置过程 2

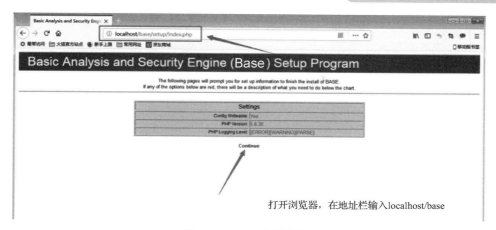

打开浏览器，在地址栏输入localhost/base

图 7-31　Base 配置过程 3

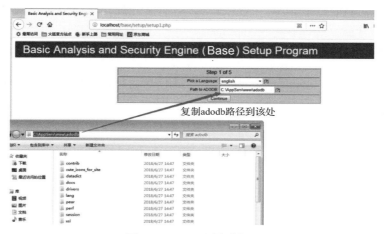

图 7-32　Base 配置过程 4

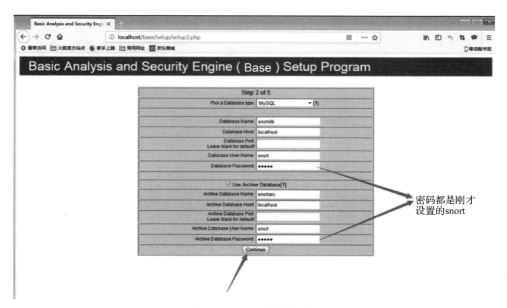

图 7-33　Base 配置过程 5

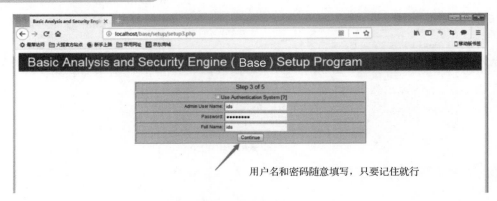

图 7-34　Base 配置过程 6

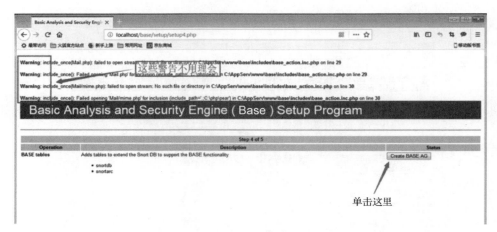

图 7-35　Base 配置过程 7

图 7-36　Base 配置过程 8

图 7-37　Base 配置成功

6. 测试 Snort+Base 的入侵检测系统

（1）配置 Snort 工作在网络监测系统模式。

打开 CMD，输入以下命令：c:\snort\bin\snort -i1 -dev -c c:\snort\etc\snort.conf -l c:\snort\log。

（2）使用 NMap 扫描配置了入侵检测系统的主机，如图 7-38 所示。

图 7-38　使用 NMap 扫描目标主机

（3）使用 Base 查看 Snort 的入侵检测信息，如图 7-39 所示。

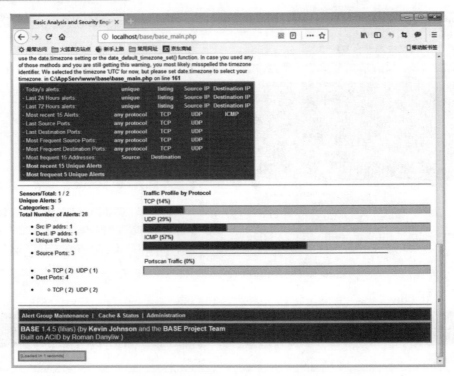

图 7-39　Base 显示的 Snort 统计信息

案例实现

1. 现状描述

某省电力信息网的主体为覆盖全省地市级单位（包括核心省级节点、十三个骨干节点）的广域网络，连接了全省境内电力系统包括各地市供电局、各发电厂的计算机网络。提供的服务包括 WWW 服务、办公自动化、文件传输、域名服务、目录服务、邮件服务、Internet 接入服务、视频会议系统、财务等专有系统的服务。公司本部机关局域网通过电信进行了 Internet 接入，防火墙以及网络防病毒系统解决了公共网络及与 Internet 互联带来的一部分安全问题，如敏感信息的泄露、黑客的侵扰、网络资源的非法使用及计算机病毒等。某省电力信息网络系统互联现状如图 7-40 所示。

2. 需求分析

案例中的电力信息网虽然已部署了防火墙以和网络防病毒系统，解决一部分公共网络及与 Internet 互联所带来的安全问题。但由于该信息网分布范围较广、应用服务较多，现有的安全防护措施不足以检测系统可能存在的各种安全隐患。需要引入新的安全防护措施和手段对信息网运行的安全状态进行监控，包括：

（1）监测用户和系统的活动，统计分析异常行为；

（2）审计系统日志，识别违反安全策略的用户活动

（3）核查系统配置的漏洞；

（4）评估系统关键资源和数据文件的完整性；

（5）识别已知的攻击行为。

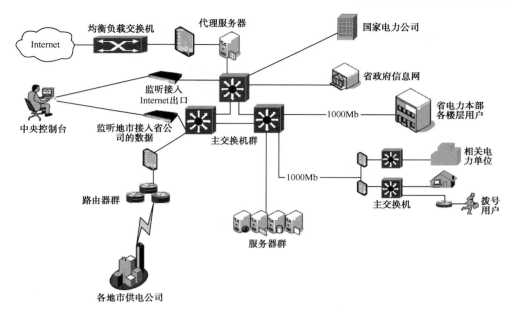

图 7-40　某省电力信息系统拓扑结构

3. 解决方案

根据电力信息网在网络安全状态监控方面的实际需求，可以在电力信息网的覆盖范围内配置部署一套入侵检测系统，实现对信息网安全运行状态的监控和对潜在安全隐患的实时监测。具体部署方案如下。

（1）在省公司部署探测引擎，建立省级入侵检测系统，负责对本地局域网、辖内各地市公司进行区域安全管理。省公司节点部署结构如图 7-41 所示。

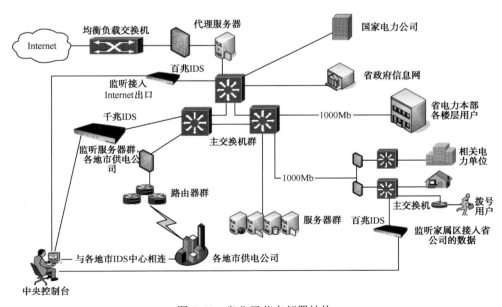

图 7-41　省公司节点部署结构

（2）在辖内各地市公司部署探测引擎，建立各地市公司本地入侵检测系统，负责各地市公司本地局域网的安全监控管理。地市公司节点部署结构如图 7-42 所示。

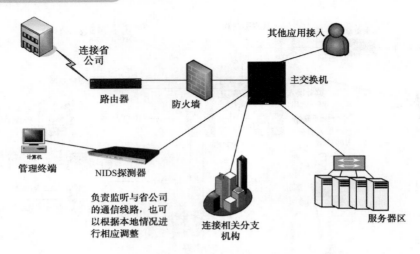

图 7-42　地市公司节点部署结构

（3）监测范围包括网络中的出/入口、网络应用系统、核心服务器群、DMZ 区应用系统。

（4）监控内容包括局域网主要应用系统的各种信息内容、核心服务器的应用系统信息内容、对外提供服务的应用系统信息内容等。

习题

一、填空题

1．入侵检测系统一般由_____、_____、_____和_____构成。

2．从检测方式上看，入侵检测技术可以分为_____和_____两类。

3．从检测对象上看，入侵检测技术可以分为_____和_____两类。

4．_____是指网络上每秒通过某节点的数据量，这个指标是反映网络入侵检测系统性能的重要指标，一般用 b/s 来衡量。

5．网络连接的_____和_____是网络入侵检测系统进行协议分析、应用层入侵分析的基础。

二、思考题

1．入侵检测系统的性能指标有哪些？

2．入侵检测系统的主要功能有哪些？

3．试比较防火墙和入侵检测系统的功能有什么不同。

三、实践题

下载免费的入侵检测系统 Snort，测试其入侵检测能力。

实训　Snort 入侵检测系统的配置使用

一、实训目的

1．了解 Snort 入侵检测系统原理。

2．了解 Snort 入侵检测系统的主要功能。

3．掌握 Snort 入侵检测系统的基本安装与配置方法。

二、实训基础

Snort 是一套非常优秀的开放源代码网络监测系统，可以运行在 UNIX/Linux 和 Win 32 系统上，用于小型 TCP/IP 网的嗅探、日志记录和入侵探测，在网络安全界有着非常广泛的应用。它的基本原理基于网络嗅探，即抓取并记录经过检测节点以太网接口的数据包并对其进行协议分析，筛选出符合危险特征或是特殊的流量。网络管理员可以根据警示信息分析网络中的异常情况，及时发现入侵网络的行为。Snort 的主要功能如下：

- 实时通信分析和信息包记录；
- 包装有效载荷检查；
- 协议分析和内容查询匹配；
- 探测缓冲溢出、秘密端口扫描、CGI 攻击、SMB 探测、操作系统侵入尝试；
- 对系统日志、指定文件、UNIX Socket 或通过 Samba 的 WinPopus 进行实时报警。

Snort 有三种工作模式：嗅探器、数据包记录器、网络入侵检测系统。嗅探器模式仅是从网络上读取数据包并作为连续不断的流显示在终端上；数据包记录器模式把数据包记录到硬盘上；网络入侵检测系统模式是最复杂的，而且是可配置的。用户可以让 Snort 分析网络数据流以匹配用户定义的一些规则，并根据其得到检测结果。在安装 Snort 前，一定要配置交换机镜像端口，然后将安装有 Snort 的 Windows 主机连接到镜像端口上，这样才能捕获到交换机上的所有网络流量。信息包有效载荷探测是 Snort 最有用的一个特点，这就意味着很多额外种类的敌对行为可以被探测到。

Snort 最开始是针对 UNIX/Linux 平台开发的开源 IDS 软件，后来才加入了对 Windows 平台的支持，但直至现在对于 Snort 的应用主要还是基于 UNIX/Linux 平台的，因为 UNIX 内核的网络效率要大大高于 Windows 内核。不过由于 Windows 平台的易用性和普及性，在 Windows Server 上建立开放而又便宜的 Snort IDS 对于网络研究及辅助分析也是非常有意义的。

WinPcap 作为系统底层网络接口驱动；Snort 作为数据报捕获、筛选和转储程序，两者即可构成 IDS 的传感器部件，为了完整覆盖监控，可以根据网络分布情况在多个网络关键节点上分别部署 IDS 传感器。

Snort 获得记录信息后既可以存储到本地日志，也可以发送到 Syslog 服务器，或是直接存储到数据库中，数据库可以是本地的也可以是远程的，Snort 2.8.0 支持 MySQL、MsSQL、PostgreSQL、ODBC、Oracle 等数据库接口，扩展性非常好。

Snort 的日志记录仅包含网络数据包的原始信息，对这些大量的原始信息进行人工整理分析是一件非常耗时且低效率的事情，所以还需要一个能够操作查询数据库的分析平台，无论是从易用性还是平台独立性考虑，Web 平台都是首选。

这三种角色既可以部署于同一个主机平台，也可以部署在不同的物理平台上，架构组织非常灵活。如果仅仅需要一个测试研究环境，单服务器部署是一个不错的选择；如果需要一个稳定高效的专业 IDS 平台，那么多层分布的 IDS 无论是在安全方面，还是在性能方面都能够满足需求，具体的部署方案还要取决于实际环境需求。

三、Snort 安装

Snort 作为一个全方位的入侵检测及防御系统，在部署和安装时必须有一些软件做支撑，考虑到安装及配置该入侵检测系统的复杂性，本书所讲述的 Snort 软件的安装和配置都是基于

Windows 系统平台的。

1．Snort IDS 安装的先决条件。

在安装 Snort IDS 前需要下载以下软件。

（1）Snort IDS 软件。它的作用是将原始的网络数据日志写入数据库中，可以使用 Snort 2.0 版本，下载地址为 http://www.snort.org，安装程序为 Snort _2_ 0 Installer.exe 。

（2）The AppServ Open Project－2.5.9 for Windows。它是 Windows 平台的一个开放源代码软件的安装包，含有下列软件。

Apache Web Server（版本是 2.2.4）。

PHP Script Language（版本是 5.2.3，支持 PHP 图像处理）。

MySQL Database（版本是 5.0.45）。

PHPMyAdmin Database Manager（版本是 2.10.2-pll）。

（3）数据包 adodb464.zip。它是 PHP 的 ADODB 库，下载地址为 http://adodb.sourceforge.net。

（4）数据包 jpgraph-1.21b.rar。它是 PHP 的图形库，下载地址为 http://www.aditus.nu/jpgraph。

（5）安装程序 WinPcap_4_0_1.exe。它是 Windows 平台中的网络数据包截取驱动程序，下载地址为 http://winpcap.polito.it。

（6）数据包 acid－0.9.6b23.rar。它是基于 PHP 入侵检测数据库分析控制台的软件包，下载地址为 http://www.cert.org/kb/avid。

2．Snort IDS 的安装。

（1）安装数据包截取驱动程序。

Windows 系统中的数据包截取驱动程序从 http://winpcap.polito.it 站点下载 WinPcap_4_0_1.exe，并运行可执行文件，一直单击"Next"按钮即可完成安装。

（2）安装 Snort 入侵检测系统。

从 http://www.snort.org 站点下载 Snort_2_0_Installer.exe 并运行。在"Installation Options"窗口中选择第一个选项，如图 7-43 所示，表示不将报警数据日志写入数据库或将日志写入 Snort 支持的 Windows 版本数据库 MySQL 和其他的 ODBC 数据库中。

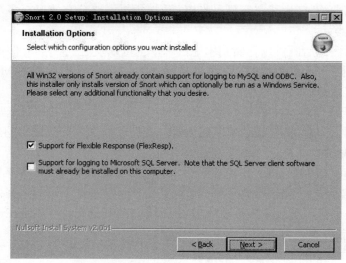

图 7-43　Installation Options 窗口

在"Choose Components"窗口中，建议将三个组件都选中，如图 7-44 所示，读者可自行查看每个组件的简单描述。

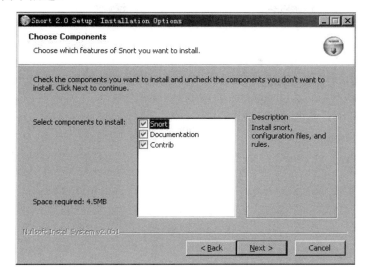

图 7-44 Choose Components 窗口

在接下来的步骤中输入安装目录，即可完成 Snort 软件的安装。

（3）安装 The AppServ Open Project -2.5.9 for Windows。

① 从 http://www.appservnetwork.com 站点下载 appserv-win32-2.5.9.exe 并运行，出现欢迎界面后，单击"Next"按钮，然后选择安装目录，如图 7-45 所示。

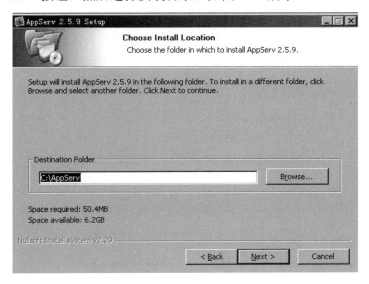

图 7-45 选择安装目录

② 单击"Next"按钮，在弹出的对话框中选择安装类型为 Typical。

③ 单击"Next"按钮，在弹出的"Apache HTTP Server Information"窗口中输入 Web 服务器的域名主机名称或 IP 地址、管理员的 E-mail 地址、Web 服务的端口号，如图 7-46 所示。

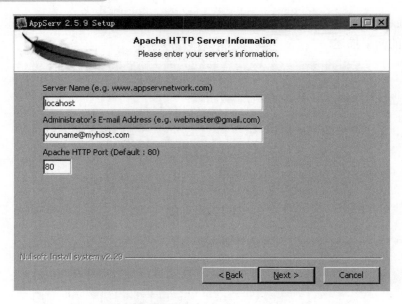

图 7-46　Apache HTTP Server Information 窗口

④ 单击"Next"按钮，在弹出的"MySQL Server Configuration"窗口中输入 MySQL 的相关信息，注意，此信息不是 MySQL 数据库用户的用户和密码，字符集为 gb2312，如图 7-47 所示。

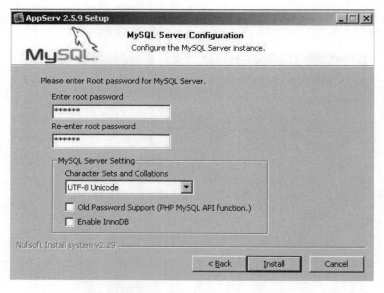

图 7-47　MySQL Server Configuration 窗口

⑤ 单击"Next"按钮，安装程序将该文件复制到安装目录即可。

⑥ 安装完成之后的目录结构如图 7-48 所示。其中，www 目录为默认 Web 页的发布目录。

⑦ 测试 AppServ Open Project 软件套件。

图 7-48 AppServ Open Project 安装之后的目录结构

安装完成之后可运行批处理 c:\appserv\apache\apache_start.bat 启动 Apache 服务器；运行 c:\appserv\apache\apache_stop.bat 停止 Apache 服务器运行。

同样运行 c:\appserv\mysql\mysql_servicestart.bat 启动 MySQL 数据库服务器；运行 c:\appserv\mysql\mysql_servicestop.bat 停止 MySQL 数据库服务器。

在安装 AppServ Open Project 软件的本地计算机的浏览器中输入 http://127.0.0.1，若出现如图 7-49 所示的窗口，则表示 AppServ Open Project 组件中的 Apache 服务器工作正常。

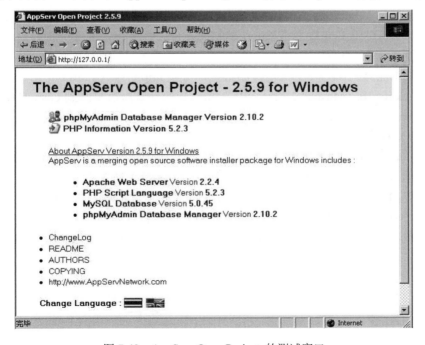

图 7-49 AppServ Open Project 的测试窗口

在图 7-49 中，单击"phpMyAdmin Database Manager Version 2.10.2"链接可测试 MySQL 数据库服务器是否工作正常；单击"PHP Information Version 5.2.3"链接检查 PHP 脚本语言的信息。

由于 Apache+PHP+MySQL 开发平台具有强大的功能，相关的配置文件及其配置方法，读者可自行查看 Apache 服务器配置的相关资料，另外，有关 MySQL 数据库及 PHP 脚本语言的知识，读者也可自行查看。

（4）ACID 软件包的安装。

从 http://www.cert.org/kb.acid 站点下载 acid-0.9.6b23.rar 数据包，解压复制到 c:\appserv\www\adodb 目录中。

（5）ADODB 软件包的安装。

从 http://adodb.sourceforge.net 站点下载文件 adodb464.zip，解压复制到 c:\appserv\www\adodb 目录中。

（6）安装 PHP 的图形库。

从 http://www.aditus.nu/jpgraph 站点下载文件 jpgraph-1.2lb.rar，解压复制到 c:\apserv\www\jpgraph-1.2ld 目录中。

四、Snort 入侵检测系统的配置

（1）MySQL 数据库的配置。

C:\snort\schemas 目录中存放的是 SQL 脚本，用来建立数据库和表存储报警数据，为了将报警数据写入到 MySQL 数据库中，必须先建立两个数据库即 snort 和 snort_archive，具体的建立过程读者可参考相关参考书。

（2）Snort 的配置与运行。

在 Snort 的安装目录中有一些重要文件，包括 c:\snort\bin 目录中存放可执行文件 snort.exe；c:\snort\etc\目录中存放 Snort 的主要配置文件 snort.conf；c:\snort\rules 目录中存放各种入侵特征数据库文件；c:\snort\log 目录中存放 Snort 的日志文件。读者可参照相关资料对这些配置文件根据需要进行更改。

为了使 Snort 能真正作为一个入侵检测系统，可从 http://www.snort.org 站点下载最新的入侵特征规则库 snortrules-snapshot-2.3.rar，用 WinRAR 软件解压后复制到 c:\snort\rules 目录中。

可运行 c:\snort\bin\snort.exe-help 命令获得更多的帮助及与 Snort 运行相关的其他信息。

（3）ACID 的配置与运行。

用 PHP 脚本语言编写 ACID 软件的主要配置文件为 c:appserv\www\acid\acid_conf.php，读者可根据自己的服务器实际配置情况修改该配置文件。ACID 配置完成之后，在安装 AppServ 软件的本地计算机浏览器中输入 http://127.0.0.1/acid 或在和其联网的 Windows 主机浏览器地址栏中输入 http://<IP 地址>/acid，即可看到入侵检测分析控制台的界面。

由于篇幅有限，关于 Snort 详细的部署步骤，读者可以查阅其他的参考资料。

第8章

>>>>>>

计算机病毒与防范

学习目标

- 了解计算机病毒的发展、概念和分类。
- 掌握计算机病毒的作用机制及病毒传染的过程。
- 了解病毒对计算机信息安全的危害。
- 掌握预防和清除病毒的操作技能。
- 了解常用杀毒软件的安装、配置、升级。
- 掌握企业网络病毒防范体系的建立。

引导案例

在信息安全领域，由于计算机病毒传播手段简单，攻击造成的危害很大，已经成为安全防御的重点。特别是对于一些企业来说，随着企业网络信息化水平的不断提高，对网络信息安全防御的依赖也越大，但往往因为没有对网络架构做好防毒措施，使得病毒造成的威胁有越来越严重的趋势，企业对于功能更强大的防毒软件的需求也越来越迫切。在一个企业内部如何制定病毒防御策略，如何运用最少的人力、物力完成最大的防护效能，使得病毒的防范体系实现立体化、多层架构化，以及集中管理是企业计算机病毒防御的重点。

8.1 计算机病毒概述

计算机病毒是指"编制或者在计算机程序中插入的破坏计算机功能或数据，影响计算机使用并且能够自我复制的一组指令或者程序代码"。计算机病毒存在的理论依据来自冯·诺依曼结构及信息共享，归根结底，计算机病毒来源于计算机系统本身所具有的动态修改和自我复制的能力。

8.1.1　计算机病毒的定义与发展

实际上，计算机病毒（以下简称病毒）已经不是什么新鲜事物了，关于病毒的相关理论和雏形早已经诞生，早在 1949 年，距离第一部商用计算机的出现还有好几年时，计算机先驱者冯·诺依曼在《复杂自动装置的理论及组织的进行》中，就已把病毒程式的蓝图勾勒出来了，当时绝大部分的计算机专家都无法想象这种会自我繁殖的程式是可能的。

1983 年 11 月 3 日，弗雷德·科恩（Fred Cohen）博士研制出一种在运行过程中可以复制自身的破坏性程序，伦·艾德勒曼（Len Adleman）将它命名为计算机病毒（Computer Viruses），并在每周一次的计算机安全讨论会上正式提出，在 VAX11/750 计算机系统上实验成功，一周后又获准进行 5 个实验的演示，从而在实验上验证了计算机病毒的存在。

1986 年年初，在巴基斯坦，巴锡特（Basit）和阿姆杰德（Amjad）两兄弟编写了 Pakistan 病毒，即 Brain 病毒，在一年内传遍了世界各地。人们普遍认为，Brain 病毒是第一种真正的计算机病毒。

此后，伴随着计算机技术的发展，特别是操作系统和软件工程学的发展，各类工作在 DOS、Windows、Linux 系统下的文件型病毒、引导区病毒、宏病毒及混合型病毒大量涌现。在 1988 年出现了可以在互联网上传输的蠕虫病毒，这类网络病毒的产生使得计算机病毒的防御和清除变得更加困难。1990 年出现了多态病毒，多态病毒使用各类反病毒检测手段以防止被检测出来，同时具备自动更改其自身特征的能力，这使得用于"识别"病毒的基于签名防病毒软件程序很难检测出来。而木马病毒的出现使得病毒对信息安全的破坏不再仅限于破坏数据安全上，攻击方可以在已感染木马病毒的系统上创建后门（由恶意软件引入的秘密或隐藏的网络入口点）使其可以返回和运行其所选择的任何软件。病毒的隐蔽性、传播性和危害性不断地提高。

特别值得一提的现象是，随着互联网的发展，计算机网络病毒可以说是层出不穷，由于目前的互联网基础很脆弱，各种网络应用、计算机系统漏洞、Web 程序的漏洞层出不穷，这些都为黑客/病毒制造者提供了入侵和偷窃的机会。一些常规的网络应用包括浏览网页、网上银行、网络游戏、IM 软件、下载软件、邮件等都存在着安全漏洞，除了其自身的安全被威胁之外，同时也成为病毒入侵计算机系统的黑色通道。

与此同时，另外一个现象也值得注意，就是早期的病毒制造者一般不过是以炫技、恶作剧或者仇视破坏为目的，但是自 2000 年以后，病毒制造者逐渐开始以获取经济利益为目的。病毒产业链越来越完善，从病毒程序开发、传播病毒到销售病毒，形成了分工明确的整个操作流程。黑客通过计算机病毒窃取的个人资料从 QQ 密码、网游密码到银行账号、信用卡账号等，任何可以直接或间接转换成金钱的东西，都成为计算机病毒窃取的对象。

1991 年全球病毒数量仅有 500 种左右，而 2000 年以后，病毒以每年将近 20 000 种的数量激增。计算机病毒给信息安全带来的安全隐患也越来越大。

根据我国江民公司的统计，截至 2010 年 6 月，比较流行的类型依次为木马病毒、蠕虫病毒和后门病毒。其中，木马病毒占据了整个病毒数量的 70.06%，蠕虫病毒占 16.54%，后门病毒占 8.36%，如图 8-1 所示。在最为流行的木马病毒中，主要是以盗号木马和下载器为主要传播对象。另外，具有释放其他恶意程序的木马病毒也较为盛行。这两类病毒都以侵入用户计算机，窃取个人资料、银行账号等信息为目的，带有直接的经济利益特征。IM 聊天软件、网络游戏、网络银行和网络证券都成为攻击的主要目标，相对应的是，用户整体的安全意识还不高。

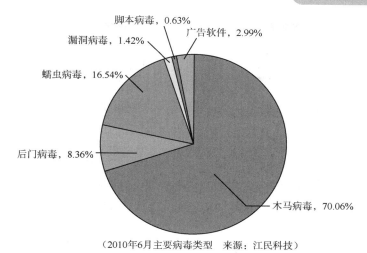

（2010年6月主要病毒类型　来源：江民科技）

图 8-1　主要病毒类型统计

从病毒侵害的范围和对信息安全的破坏能力来看，目前比较流行的病毒有以下 10 种。

（1）"木马下载器"（Troj_Downloader）。

（2）"U 盘杀手"及变种。

（3）"代理木马"（Troj_Agent）及变种。

（4）AutoRun 及变种。

（5）"网游大盗"（Troj_OnlineGames、Gamepass）及变种。

（6）"灰鸽子"（GPigeon）及变种。

（7）Troj_Startpage 及变种。

（8）"AV 终结者"及变种。

（9）Html_Iframe 及变种。

（10）Conficker 及变种。

在这些病毒中，有的属于木马程序病毒，可以盗取 QQ 号码、游戏账号，还有的可以在被入侵的计算机安装后门，破坏或盗取其他计算机中的信息或直接进行控制。换句话说，在这些病毒中，仅感染文件、消耗系统资源、破坏系统稳定性的传统病毒已经不再是计算机病毒的主力军了。

不难看出，目前的计算机病毒并不仅以消耗系统资源，破坏本地计算机的信息资源为主，诸如木马病毒和后门程序病毒都越来越多地以网络传播或作用为主，并以非法获取其他计算机的控制权和资料信息为目的。近几年来，病毒制造者的技术水平越来越高，他们正改变以往的病毒编写方式，通过对各种网络平台系统和网络应用流程的研究，以及寻找各种漏洞进行攻击。除了在病毒程序编写上越来越巧妙外，更加注重攻击"策略"和传播、入侵流程，通过各种手段躲避杀毒软件的追杀和安全防护措施，达到获取经济利益的目的。

计算机病毒的主要发展趋势有以下 6 个方面。

（1）网络成为计算机病毒传播的主要载体，局域网、Web 站点、电子邮件、P2P、IM 聊天工具都是病毒传播的渠道。

（2）网络蠕虫成为最主要和破坏力最大的病毒类型，此类病毒的编写更加简单。

（3）恶意网页代码、脚本及 ActiveX 的使用，使基于 Web 页面的攻击成为破坏的新类型。

病毒的传播方式以网页挂马为主。

（4）出现带有明显病毒特征的木马或木马特征的病毒，病毒与黑客程序紧密结合。病毒制造、传播者在巨大利益的驱使下，利用木马病毒进行网络盗窃、诈骗活动，通过网络贩卖病毒、教授病毒编制技术和网络攻击技术等形式的网络犯罪活动明显增多。

（5）病毒自我防御能力不断提高，难以被发现和清除。此外，病毒生成器的出现和使用，使得病毒变种更多，更难以清除。

（6）跨操作系统平台的病毒出现，病毒作用范围不仅限于普通计算机。在 2000 年 6 月，世界上第一个手机病毒 VBS.Timofonica 在西班牙出现。这主要是由于在手机设计制造过程中引进了一些新技术，如智能化手机，采用 PALM 和 WinCE 操作系统的手机为病毒的产生、保存、传播都创造了条件，这和普通计算机病毒并没有本质区别。

8.1.2　计算机病毒的特点与分类

要想检测与清除病毒，就要了解计算机病毒的类型，以便找出最合适的解决方案，下面介绍计算机病毒的特点与分类。

1. 计算机病毒的特点

（1）寄生性。病毒程序的存在不是独立的，它总是悄悄地寄生在磁盘系统区或文件中。其中，一种病毒程序是在原来文件之前或之后的，称为文件外壳型病毒，如"以色列病毒"（黑色星期五）等。另一种文件型病毒为嵌入型，其病毒程序嵌入在原来文件中。病毒程序侵入磁盘系统区的称为系统型病毒，其中较常见为占据引导区的病毒，称为引导区病毒，如"大麻"病毒、"2708"病毒等。此外，还有一些既寄生于文件中又侵占系统区的病毒，如"幽灵"病毒、"Flip"病毒等，属于混合型。

（2）隐蔽性。病毒程序在一定条件下隐蔽地进入系统。当使用带有系统病毒的磁盘来引导系统时，病毒程序先进入内存，然后才引导系统，这时系统即带有该病毒。当运行带有病毒的程序文件时，先执行病毒程序，然后才执行该文件的原来程序。

（3）传染性。传染性是计算机病毒最重要的特征，是判断一段程序代码是否为计算机病毒的依据。病毒程序一旦侵入计算机系统就开始搜索可以传染的程序或者介质，然后通过自我复制迅速传播。计算机病毒也可以在极短的时间内，通过像 Internet 这样的网络传遍世界。

（4）破坏性。无论何种病毒程序，一旦侵入系统都会对操作系统的运行造成不同程度的影响，即使不直接产生破坏作用的病毒程序也要占用系统资源（如占用内存空间、占用磁盘存储空间及系统运行时间等）。病毒程序对数据安全的破坏作用轻者会降低系统工作效率，重者会导致系统崩溃、数据丢失，造成重大损失。

（5）可触发性。计算机病毒一般都有一个或者几个触发条件。满足其触发条件或者激活病毒的传染机制，使之进行传染，或者激活病毒的表现部分或破坏部分。触发的实质是一种条件的控制，病毒程序可以依据设计者的要求，在一定条件下实施攻击。

为达到保护自己的目的，计算机病毒编制者在编写病毒程序时，一般都采用一些特殊的编程技术，举例如下。

（1）自加密技术。就是为了防止被计算机病毒检测程序扫描出来，并被轻易地反汇编。计算机病毒使用了加密技术后，对分析和破译计算机病毒的代码及清除计算机病毒等工作都增加了很多困难。

（2）变形技术。当某些计算机病毒编制者通过修改某种已知计算机病毒的代码，使其能够躲过现有计算机病毒检测程序时，称这种新出现的计算机病毒是原来被修改计算机病毒的变形。当这种变形了的计算机病毒继承了原父本计算机病毒的主要特征时，就被称为是其父本计算机病毒的一个变种。

（3）对抗计算机病毒防范系统。当发现磁盘上有某些著名的计算机病毒杀毒软件或在文件中查找到出版这些软件的公司名时，就会删除这些杀毒软件或文件，造成杀毒软件失效，甚至引起计算机系统崩溃。

（4）反跟踪技术。目的是要提高计算机病毒程序的防破译能力和伪装能力。常规程序使用的反跟踪技术在计算机病毒程序中都可以利用。

2. 计算机病毒的分类

根据技术人员多年来对计算机病毒的研究，按照科学的、系统的、严密的方法，计算机病毒可分类如下。

（1）病毒存在的媒体。根据计算机病毒依附的媒体，可以划分为引导型病毒、文件病毒、宏病毒、网络病毒、混合型病毒。

网络病毒通过计算机网络传播、感染网络中的可执行文件；文件病毒感染计算机中的文件，如.com、.exe、.doc 等；引导型病毒感染启动扇区（Boot）和硬盘的系统引导扇区（MBR），还有这三种情况的混合型。宏病毒传播快，制作变种方便，专门感染数据文件。

（2）激活方式。按病毒的激活的方式可以分为自动病毒和可控病毒。自动病毒是一种预先设定好的在一定外界条件下激活的病毒；可控病毒则是通过外界遥控才能激活的病毒，也称为电子病毒。

（3）危害程度。按病毒破坏的能力可划分为以下 4 种。

① 微小危害型。这类病毒除了传染时减少磁盘的可用空间外，对系统没有其他影响。

② 微小危险型。这类病毒仅仅是减少内存、显示图像、发出声音及同类音响。

③ 危险型。这类病毒可在计算机系统操作中造成严重的错误。

④ 非常危险型。这类病毒可删除程序、破坏数据、清除系统内存区和操作系统中重要的信息。

（4）病毒特有的算法。根据病毒特有的算法，病毒可以划分为以下 4 种。

① 伴随型。这一类病毒并不改变文件本身，它们根据算法产生 exe 文件的伴随体，具有同样的名字和不同的扩展名（com），如 XCOPY.exe 的伴随体是 XCOPY.com。病毒把自身写入 com 文件并不改变 exe 文件，当 DOS 加载文件时，伴随体优先被执行到，再由伴随体加载执行原来的 exe 文件。

② 蠕虫型。通过计算机网络传播，不改变文件和资料信息，利用网络从一台机器的内存传播到其他机器的内存，计算网络地址，将自身的病毒通过网络发送，一般除了内存外不占用其他资源。

③ 寄生型。除了伴随和蠕虫型外，其他病毒均可称为寄生型病毒，它们依附在系统的引导扇区或文件中，通过系统的功能进行传播。

④ 练习型。病毒自身包含错误，不能进行很好的传播。

8.1.3　计算机病毒的破坏行为与作用机制

根据计算机病毒的定义不难得知，任何病毒都是以破坏信息安全作为主要目的的，因此，了解病毒的具体攻击行为和工作机制对检测、防范和清除计算机病毒很有帮助。

1. 计算机病毒发作的症状

很显然，任何计算机病毒在发作的时候都不会轻易地暴露自己，但是，由于其作为一种特殊的程序及其产生的破坏作用，必然会对计算机或网络系统产生一些破坏作用，也就会产生一些症状。总结计算机病毒的常见发作症状，主要有以下种类。

（1）计算机运行比平常迟钝，程序载入时间比平常久。

（2）在无数据读/写要求时，系统自动频繁读/写磁盘。

（3）屏幕有异常信息显示，如图 8-2 所示就是震荡波病毒发作后的异常信息提示。

图 8-2　震荡波病毒发作后的异常信息提示

（4）系统可用资源（如内存）容量忽然大量减少，CPU 利用率过高。

（5）可执行程序的大小异常改变，不能打开应用程序。

（6）系统内存增加了一些不熟悉的常驻程序，或注册表启动项目增加了一些特殊程序。

（7）文件奇怪地消失或被修改或用户不可以删除文件。

（8）文件名称、扩展名、日期、属性被更改过。网络发生堵塞，数据传输出现问题。系统不能正常开机，BIOS 被修改。

（9）网络主机信息与参数被修改，不能连接到网络。用户连接网络时，莫名其妙地连接到其他站点，一般钓鱼病毒与 ARP 病毒会产生此类现象。

（10）杀毒软件被自动关闭或不能使用。系统自动向外发送邮件等信息，会打开一些特殊的端口。

当然，通过计算机杀毒软件的病毒防火墙和实时检测，用户可以发现病毒的存在，但对一些杀毒软件不能及时发现的新病毒，通过观察病毒现象还是很有用处的。

2. 计算机病毒的传播途径

在病毒防御中，要先有效地切断病毒的传播途径。常见的计算机病毒的传播途径有以下4 种。

（1）通过不可移动的计算机硬件设备进行传播。

（2）通过移动存储设备来传播。

（3）通过计算机网络（局域网和互联网）进行传播，如利用网页挂马、电子邮件与 IM 软件、文件下载等实现传播。

（4）通过点对点通信系统和无线通道传播。

3. 主要病毒的破坏机制

计算机病毒程序一般由三个基本模块组成，即安装模块、传染模块和破坏模块。了解这三个模块的工作机制特别是破坏机制，有助于对病毒的防范。

1）引导型病毒的破坏机制

引导型病毒是指病毒侵入系统引导区，从而引发破坏行为的一种病毒特性。系统启动时，绝大多数引导型病毒感染硬盘主引导扇区和系统引导扇区。引导型病毒是把原来的主引导记录保存后用自己的程序替代原来的主引导记录。启动时，当病毒体得到控制权，在做完了处理后，病毒将保存的原主引导记录读入 0000:7C00H 处，然后将控制权交给原主引导记录进行启动。这类病毒的感染途径一般是通过磁盘操作引起的。例如，当用一个染毒的系统软盘启动计算机时，就有可能将病毒传染给硬盘，从而引起硬盘引导区染毒；同样，当某软盘在一台染毒的计算机上运行时，硬盘上的病毒就可能感染软盘。

引导型病毒能否成功运行的关键涉及以下方面：保存主引导记录、调用 BIOS 磁盘服务功能、寻找病毒感染途径和病毒驻留位置。

2）文件型病毒的破坏机制

文件型病毒实际可分为 DOS 文件病毒和 Windows 文件病毒，属于比较常见的病毒类型，文件病毒有广义和狭义之称。广义的可执行文件病毒包括通常所说的可执行文件病毒、源码病毒，甚至 bat 病毒和 word 宏病毒；狭义的可执行文件病毒即 com 型和 exe 型病毒。

文件型病毒的编制方法一般是将病毒程序植入正常程序中或是将病毒程序覆盖正常程序的部分代码，以源文件作为病毒程序的载体，将病毒程序隐藏其间。正常情况下，看不出程序有何变化，当满足一定的条件时，病毒会自动发作，感染和破坏系统。

Windows 文件病毒主要感染的文件扩展名为 exe、scr、dll、ocx 等。在 Windows 操作系统中，一般文件型病毒是以 PE 文件作为病毒代码的寄主程序，病毒的感染过程就是病毒侵入 PE 文件的过程，同时可以利用 Wininit.ini 文件和注册表解决病毒的自动运行问题，病毒控制了注册表，即掌握了对计算机配置的控制权。因此，病毒程序可以通过修改、掌握注册表，来达到控制计算机的目的。同时，病毒还可以利用虚拟设备驱动程序 VxD 来实现自我保护，VxD 是一个管理硬件设备或者已安装软件等系统资源的 32 位可执行程序，使几个应用程序可以同时使用这些资源。VxD 病毒可以绕过所采用的任何保护机制，所以此种病毒相当恶毒。

3）宏病毒的破坏机制

宏病毒是一些制作病毒的专业人员利用 MS Office 的开放性即 Word 和 Excel 中提供的 Word Basic/Excel Basic 编程接口，专门制作的一个或多个具有病毒特点宏的集合，这种病毒宏的集合影响到计算机使用，并能通过 doc 文档及 dot 模板进行自我复制及传播。病毒可以把特定的宏命令代码附加在指定文件上，通过文件的打开或关闭来获取控制权，实现宏命令在不同文件之间的共享和传递，从而在未经使用者许可的情况下获取某种控制权，达到传染的目的。

由于微软的 Office 系列办公软件和 Windows 系统占了绝大多数的 PC 软件市场，加上 Windows 和 Office 提供了宏病毒编制和运行所必需的库（以 VB 库为主）支持和传播机会，所以宏病毒是最容易编制和流传的病毒之一。

4）网络蠕虫病毒的破坏机制

蠕虫病毒是计算机病毒的一种。它的传染机理是利用漏洞或安全缺陷通过网络进行复制和传播，传染途径是通过网络和电子邮件。蠕虫病毒以尽量多复制自身（像虫子一样大量繁殖）而得名。它占用系统、网络资源，造成 PC 和服务器负荷过重而死机，并以使系统内数据混乱为主要的破坏方式。

"尼姆达"病毒就是蠕虫病毒的一种。这种病毒利用了微软 Windows 系统的漏洞。计算机感染这种病毒后，会不断自动拨号上网，并利用文件中的地址信息或者网络共享进行传播，最终破坏用户的大部分重要数据。

5）木马病毒的破坏机制

"木马"是"特洛伊木马"的简称。木马程序是由两部分组成的，分别是服务（Server）端程序和客户（Client）端程序。木马病毒源自古希腊特洛伊战争中著名的"木马计"而得名，顾名思义就是一种伪装潜伏的网络病毒，等待时机成熟就出来破坏系统。实际上，木马程序本身不一定以病毒的形式出现，但是，考虑到目前此类型的程序具备很强的隐蔽性和破坏性，因此，本书将其归为病毒处理。

木马病毒可以通过电子邮件附件或捆绑在其他程序中进行病毒传播。木马病毒可以在用户的机器里运行客户端程序，一旦发作，就可设置后门，定时地发送该用户的隐私到木马程序指定的地址，一般同时内置可进入该用户计算机的端口。客户端将享有服务端的大部分操作权限，包括修改文件、修改注册表、控制鼠标、键盘等，这些权力并不是服务端赋予的，而是通过木马程序窃取的。木马病毒的典型症状是偷窃口令，包括拨号上网的口令、游戏账号的口令、电子信箱口令、主页口令，甚至网络信用卡口令等。

6）手机病毒的破坏机制

手机病毒是一类计算机程序，可利用发送普通短信、彩信、上网浏览、下载软件、铃声等方式，实现网络到手机或者手机与手机之间传播，具有类似计算机病毒的危害后果，包括"软"伤害（如死机、关机、删除存储的资料、向外发送垃圾邮件、拨打电话等）和"硬"伤害（损毁 SIM 卡、芯片等）。手机病毒以其潜在的破坏性、隐蔽性和攻击性，正在对手机及其网络、移动设备造成极大的威胁。该病毒编制技术一般是利用手机本身设计缺陷或软件程序缺陷，寻找可以利用的漏洞，编制程序进行攻击。这些攻击程序可能占领短信网关或者利用网关漏洞向手机发送大量短信，进行短信拒绝服务攻击。

手机病毒一般会从两个方面进行攻击：一是攻击移动网络，通过对网络服务器和网关的破坏和控制，使用户无法正常收发短信息，享受正常的移动数据服务，并且还会向手机用户发送大量的垃圾信息；二是直接对手机进行攻击，利用一些智能手机的操作系统漏洞，破坏手机的操作系统，删除手机中存储的数据，使手机系统不能正常工作甚至崩溃，并且也有可能损坏手机芯片，使手机硬件受损。

7）网页病毒的破坏机制

新型计算机病毒利用 Java Script 或 VBScript 脚本语言和 ActiveX 技术直接将病毒写到网页上，完全不需要宿主程序。脚本语言和 ActiveX 的执行方式是把程序代码写在网页上，当连接到这个网站时，浏览器就会利用本地的计算机系统资源自动执行这些程序代码。如果用户的计算机没有设置安全权限，或过度开放脚本及 ActiveX 的运行范围，则使用者就会在毫无察觉的情况下，执行了一些来路不明的程序，而遭到病毒的攻击。

VB 脚本本身提供的文件操作功能还是很强大的，例如，通过用 VB 脚本语言编写一段自我复制程序，其代码如下。

```
SetobjFs=CreateObject("Scripting.FileSystemObject")
'创建一个文件系统对象
objFs.CreateTextFile ("C:\hello.txt",1)
'通过文件系统对象的方法创建了一个 TXT 文件
```

如果把这两条指令保存成扩展名为.vbs 的 VB 脚本文件，单击该文件就会在 C 盘中创建一个 txt 文件了。如果把第二句改为：

```
objFs.GetFile(WScript.ScriptFullName).Copy ("C:\hello.vbs")
```

就可以实现将自身复制到 C 盘"hello.vbs"文件上。

上述指令对于实现文件自我复制是有用的，但是一旦被不法之徒利用，则可能成为脚本病毒复制传播的指令片段。这也是目前病毒泛滥的原因之一，因为还没有办法取消类似的脚本操作，只能禁止脚本运行，但是这样一来很多网页功能就无法实现了。

8.1.4　计算机病毒与犯罪

随着计算机的普及和社会的发展，计算机病毒已经从带有部分个人宣泄和恶作剧色彩的问题程序，完全转变为一种机构商业犯罪工具。

2006 年年底，一个名为"熊猫烧香"的病毒，使数以百万台计算机遭到感染和破坏，不仅如此，该病毒还可以窃取计算机用户的重要个人信息，如银行卡号和密码等，成为犯罪工具。2007 年 1 月，该病毒的制作者李俊被湖北警方逮捕，成为我国破获的首例国内制作计算机病毒大案。

信息技术安全公司赛门铁克近日发表报告说，在最近发现的计算机安全威胁中，有一半以上是以个人信息为目标，这显示出病毒、蠕虫、木马程序等的制造者，主要是对窃取用户信用卡号码、银行密码等感兴趣，以"赚钱"为目标，将计算机病毒作为犯罪的工具。

与利用计算机病毒从事计算机犯罪有关的社会发展问题使一些网络应用的安全风险比较大，主要有以下方面。

（1）网络游戏带来安全隐患。网络游戏是网络上最重要和广泛的应用之一，由于网络游戏装备、虚拟财产可以很方便地在网络上出售，换来丰厚的利润，因此成为黑客窥视的主要目标。

（2）网上银行和网上证券。随着这几年电子商务的发展和网络证券交易的应用范围不断扩大，许多用户缺乏基本的安全概念，在计算机上根本没有安装杀毒软件，或者安装之后长久不升级。在券商提供的专用炒股软件中，通常都包含了专用的安全模块，但这些模块可能很长时间不升级，这样也极其容易被黑客利用。

（3）电子邮件与 P2P。电子邮件（E-mail）是最为基础的互联网应用之一，很多病毒在侵入用户计算机后，都会自动向外发送带毒邮件，用户打开这些邮件后就会中毒。由于客户端邮件软件和网络浏览器存在多种漏洞，这就使用户无论是通过客户端接收邮件，还是用 Web 方式打开邮件，都可能遭受病毒附件的侵扰。病毒制造者往往会通过电子邮件发送钓鱼网站、带毒网站等，用户单击电子邮件中的不良网址后就可能中毒，或被骗取银行账号、信用卡账号等信息。

P2P 文件传输模式很受用户的欢迎，但是其文件的安全性是无法保证的，很多所谓共享的文件本身就含有病毒，这恰恰成为一些病毒的攻击手段。

从瑞星公司的统计研究数据来看，黑客/病毒产业链在近一两年有进一步发展和完善的趋势，窃取的个人资料从 QQ 密码、网游密码到银行账号、信用卡账号等，任何可以换成金钱的东西都成为黑客窃取的对象。同时越来越多的黑客团伙利用计算机病毒构建"僵尸网络"（Botnet），用于敲诈和受雇攻击等非法牟利行为。

常见的病毒产业链流程有两种，其一，黑客侵入个人/企业计算机——窃取机密资料——在互联网上出售——获取金钱；其二，黑客侵入大型网站，在网站上植入病毒——用户浏览后中毒，网游账号和装备被窃取——黑客把账号装备拿到网上出售——获取金钱。

计算机病毒犯罪行为实施流程如图 8-3 所示。

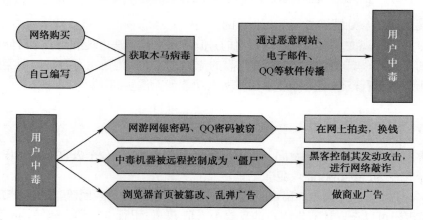

图 8-3　计算机病毒犯罪行为实施流程

由于互联网上的病毒地下交易市场初步形成，使获取利益的渠道更为广泛，病毒模块、"僵尸网络"、被攻陷的服务器管理权等都被拿来出售，很多国内黑客开始利用拍卖网站、聊天室、地下社区等渠道，寻找买主和合作伙伴取得现金收入。

计算机病毒对信息安全的危害已经严重地损害了用户的个人隐私及财产安全，因此，世界各国都相继出台了必要的法律手段来制裁相关犯罪行为。我国在 1994 年颁布实施的《中华人民共和国信息系统安全保护条例》和 1997 年出台的新《中华人民共和国刑法》中增加了有关对制作、传播计算机病毒进行处罚的条款。2000 年 5 月，公安部又颁布实施了《计算机病毒防治管理办法》，进一步加强了我国对计算机病毒的预防和控制工作。同时，为了保证计算机病毒防治产品的质量，保护计算机用户的安全，公安部建立了计算机病毒防治产品检验中心，并在 1996 年颁布执行了中华人民共和国公共安全行业标准 GA 135-1996《DOS 环境下计算机病毒的检测方法》GA 243-2000《计算机病毒防治产品评级准则》。开展病毒的防治工作要严格遵循这些标准和法规，做到依法治毒。

8.1.5　计算机病毒武器

计算机病毒武器就是用于军事目的的计算机病毒，计算机病毒武器是一种把计算机病毒送入敌方军事计算机系统，对其系统内的文件、战术程序等进行干扰、更改和破坏，使其系统功能受到削弱，直至完全失效或瘫痪的一种新型非致命性武器。它在战时可以对敌指挥控制等军事信息系统进行攻击或使其瘫痪，平时可以对敌形成威慑能力，故称为计算机病毒武器。

现代高技术战争正在从"平台中心战"演变为"网络中心战"，从近几次大的战争可以看出，信息战在计算机网络空间率先展开，表现为计算机网络战、病毒战，且已经发展成为主要形式的作战手段之一。计算机病毒武器已经成为一种信息时代攻击特色鲜明的新型武器。

计算机病毒出现不久，美军就敏锐地认识到它在军事上的价值，开始大力发展计算机病毒武器。1989 年，美军方就提出计算机病毒是一种新型的电子战武器的理论。1990 年，美国军方在商业部门招标，进行计算机病毒在军事武器系统中应用的可行性研究。

在海湾战争沙漠盾牌行动中，美国通过第三方在战争前把一批打印机卖给了伊拉克，并且在战争中通过无线电遥控激活了事先已隐藏在打印机芯片中的计算机病毒，破坏了伊拉克的计算机系统。

在科索沃战争中，以计算机病毒攻击为重要手段的计算机网络战则更为激烈。美军将大量病毒和欺骗性信息输入南联盟计算机互联网络和通信系统，以阻塞其信息传播渠道。南联盟黑客使用"梅利莎"等病毒进攻北约的指挥通信网络，致使北约通信陷入瘫痪。南联盟计算机专家在俄罗斯黑客的帮助下，曾造成美海军"尼米兹"航母上的计算机系统瘫痪时间长达 3 个多小时。

对于计算机病毒武器，主要研究内容是综合运用计算机病毒学、计算机硬件技术、软件编程技术及计算机网络技术，研究计算机病毒武器的工作机理与相关技术，如计算机病毒武器的攻击技术、隐藏技术、繁殖技术、激活技术，以及病毒侵入、潜伏、传播等技术和计算机病毒的可控性、智能化等技术。

未来计算机病毒武器将注重智能可控性，出现所谓的智能病毒。同时将发展卫星辐射、计算机病毒炮等远距无线病毒注入方式。美军、俄军等已经率先掌握了其中一些技术，从而对其他使用信息化装备的军队形成潜在优势，构成严重威胁。

8.2 计算机网络病毒

计算机网络病毒简称网络病毒，是指能在网络中传播、复制并以网络为平台对计算机产生安全威胁的所有程序总和。网络病毒由于充分利用了网络传播的"优势"，自动探测服务器和计算机的漏洞，加以侵占并自我复制，然后传播出去感染其他系统，最后集中攻击网站或者噬食网络中投资最大、处理业务最为核心的设备或系统的资源，降低网络运行速率，最终消耗了网络整体性能，造成网络拥堵甚至瘫痪。

8.2.1 网络病毒的特点与原理

一般来说，网络病毒传播通过网络平台，从一台机器传染到另一台机器，然后传遍网上的全部机器。一般发现网络上有一个站点有病毒，那么其他站点也会有类似病毒。一个网络系统只要有入口站点，那么，就很有可能感染上网络病毒。病毒在网上的传播扩散，实际上是按"客户机→服务器→客户机"这种方式进行数据的循环传播。

1. 网络病毒的特征

网络病毒除了具有传播性、执行性、破坏性等计算机病毒的共性外，还具有一些新的特点，即感染速度快、扩散面广、传播的形式复杂多样、难于彻底清除、破坏性大、可激发性、潜在性等。其中，它最大的特点就是病毒传播的速度快和手段的多样性。

2. 主要网络病毒类型

随着电子商务、电子政务的进一步发展，网络病毒持续以极快的速度增长，尤其是黑客技术与病毒技术融合在一起的混合型病毒越来越多，病毒的划分因此变得很困难。网络病毒程序攻击手段可分为非破坏性攻击和破坏性攻击两类。非破坏性攻击一般是为了扰乱系统的运行，并不盗窃系统资料，通常采用拒绝服务攻击或信息炸弹；破坏性攻击则是以侵入他人计算机系统、盗窃系统保密信息、破坏目标系统数据为目的。网络病毒常见的类型如下。

（1）网络木马（Trojan）。

（2）网络嗅探监听。

（3）网络蠕虫（Worm）。

（4）捆绑器病毒（Binder）。

（5）网页病毒。

（6）后门程序。

（7）黑客程序（Hack）。

（8）信息炸弹。

（9）拒绝服务（DoS 与 DDoS）。

这些病毒可以在受害者机器上开后门控制计算机，只待网络黑客的攻击命令。它们虽只是病毒，但已夹杂不少黑客攻击行为。对某些部门而言，开启了后门带来的危害（如泄密等），可能会超过病毒本身的危害。

8.2.2　网络病毒实例分析

为更好地理解网络病毒带来的危害，下面对典型的网络病毒进行分析。

1. "冲击波"病毒

"冲击波"（Worm_MSBlast.A）是一种蠕虫病毒，可以在互联网和部分专用信息网络上传播。该病毒利用 Windows 系统的漏洞，传播速度快、波及范围广，对计算机正常使用和网络运行造成严重影响，并且造成某些服务器停顿及企业 Internet 拥塞无法使用。

该病毒可以在互联网上广泛扫描没有安装补丁的 Windows 2000/XP/2003 计算机，能够在很短时间内感染这种计算机。与以前的蠕虫病毒相比，"冲击波"病毒的感染潜力要大得多，因为全球微软操作系统这一漏洞影响的计算机数量庞大，据安全研究人员估计，"冲击波"病毒给全球互联网所带来的直接损失，将在几十亿美元左右。

2. "熊猫烧香"病毒

"尼姆亚"（熊猫烧香）病毒在互联网上肆虐。该病毒采用"熊猫烧香"头像作为图标，诱使用户运行。它变种会感染用户计算机上的 exe 可执行文件，被病毒感染的文件图标均变为"熊猫烧香"。同时，受感染的计算机还会出现蓝屏、频繁重启及系统硬盘中数据文件被破坏等现象。该病毒可通过局域网进行传播，进而感染局域网内所有计算机系统，最终导致整个局域网瘫痪，无法正常使用。利用网站传播是"熊猫烧香"病毒的一大特色。

该病毒发作后有以下现象：删除常用杀毒软件在注册表中的启动项或服务，终止杀毒软件的进程；终止部分安全辅助工具的进程，如任务管理器；终止维金的相关进程 Logo1_.exe、Logo_1.exe、Rundl123.exe；弱口令破解局域网其他计算机的 Administrator 账号，并进行复制传播；修改注册表键值，导致不能查看隐藏文件和系统文件；除 C 盘以下目录外，病毒会尝试破坏其他分区下的部分.exe、.com、.gho、.pif、.scr 文件；病毒会删除扩展名为 gho 的文件，使用户的系统备份文件丢失。

3. "灰鸽子二代"变种病毒

"灰鸽子二代"（Backdoor/Hupigon）变种病毒是后门家族中的最新成员之一，采用高级语言编写，并且经过加壳保护处理。"灰鸽子二代"变种病毒运行后，会自我复制到被感染计算机系统的指定目录下，并重新命名保存，文件属性设置为"系统、隐藏、只读、存档"。在系统的指定目录下释放恶意 DLL 组件文件，并将文件属性设置为"系统、隐藏、只读、存档"。"灰鸽子二代"变种病毒运行时，会将释放出来的恶意 DLL 组件插入到系统 IE 浏览器进程"IEEXPLORE.EXE"中加载运行。该变种病毒同时将该 IE 浏览器进程通过 HOOK 技术设置为隐藏，并在后台执行恶意操作，隐藏自我，防止被查杀。如果被感染的计算机上已安装并启用了防火墙，则该后门会利用防火墙的白名单机制来绕过防火墙的监控，从而达到隐蔽通信的目的。"灰鸽子二代"变种病毒属于反向连接后门程序，会在被感染计算机系统的后台连接黑客指定的远程服务器站点，获取远程控制端真实地址，然后侦听黑客指令，从而达到被黑客远程控制的目的。该后门具有远程监视、控制等功能，可以对被感染计算机系统中存储的文件进行任意操作，监视用户的一举一动，如键盘输入、屏幕显示、光驱操作、文件读/写、鼠标操作和摄像头操作等，还可以窃取、修改或删除用户计算机中存放着的机密信息，对用户的信息安全、个人隐私甚至是商业机密构成了严重的威胁。用户计算机一旦感染了"灰鸽子二代"变种病毒便会变成网络"僵尸傀儡主机"，黑客利用它们可对指定站点发起 DDoS 攻击、洪水攻击等。通过在被感染计算机中注册为系统服务的方式来实现后门开机自启动。"灰鸽子二代"变种病毒在安装程序执行完毕后会自我删除，从而达到消除痕迹的目的。

4. "极虎"木马下载器病毒

"极虎"木马下载器是一种危害很大的网络病毒，一旦感染该病毒，计算机开机后会"自动"提示系统文件丢失，系统的速度明显变慢，CPU 占用率极高，进程中还会莫名出现 rar.exe 和 ping.exe，并无法结束，桌面 IE 图标被修改、主页异常等。

该病毒传播方式很多，可以使用网页挂马、U 盘、局域网传播、欺诈下载等多达近十种方式，并且很难清除，因为该病毒直接感染系统文件，而且手动清除也非常复杂。此外，一旦感染该病毒后，计算机会自动下载近百种病毒，包含了 IE 主页篡改类病毒、热门游戏盗号器、流氓软件安装器及其他类型的下载器。

5. "网游窃贼"病毒

"网游窃贼"（Trojan/PSW.OnLine Games）病毒是一个盗取网络游戏账号的木马程序，会在被感染计算机系统的后台秘密监视用户运行的所有应用程序窗口标题，然后利用键盘钩子、内存截取或封包截取等技术盗取网络游戏玩家的游戏账号、游戏密码、所在区服、角色等级、金钱数量、仓库密码等信息资料，并在后台将盗取的所有玩家信息资料发送到黑客指定的远程服务器站点上，致使网络游戏玩家的游戏账号、装备物品、金钱等丢失，给游戏玩家带来不同程度的损失。"网游窃贼"病毒会通过在被感染计算机系统注册表中添加启动项的方式，来实现木马开机自启动。

通过以上 5 种典型的网络病毒分析，不难看出，现在的计算机病毒隐藏与攻击手段更加毒辣，因此，计算机病毒的防范重点应该是网络病毒的防范。

8.3 计算机病毒的检测与防范

8.3.1 计算机病毒的检测

计算机病毒进行传染，必然会留下痕迹。检测计算机病毒就是要到病毒寄生场所去检查，发现异常情况，进而验明"正身"，确认计算机病毒的存在。病毒静态时存储于磁盘中，激活时驻留在内存中。因此，计算机病毒的检测分为对内存检测和对磁盘检测两种。

最常用的检测方法是使用杀毒工具，如瑞星杀毒、金山毒霸等软件。所以，用户只需根据自己的需要选择一定的检测工具，详读使用说明，按照软件中提供的菜单和提示，一步一步地操作下去，便可实现检测目的。那么，如何进行病毒检测呢？

病毒检测主要基于下列方法。

（1）特征代码法。特征代码法被认为是用来检测已知病毒的最简单、开销最小的方法。它的原理是将所有病毒的病毒码加以采集后剖析，并且将这些病毒独有的特征收集在一个病毒码资料库中，简称"病毒库"。检测时，用扫描的方式将待检测程序与病毒库中的病毒特征码进行一一对比，如果发现有相同的代码，则可判定该程序已遭病毒感染。但是随着病毒数量不断增多，病毒特征库将越来越大，最终使得系统无法支持这么大的资源耗用。

（2）校验和法。校验和法是将正常文件的内容，计算其"校验和"，将该校验和写入文件中或写入别的文件中保存。在文件使用过程中，定期地或在每次使用文件前，检查文件现在内容算出的校验和与原来保存的校验和是否一致，以此来发现文件是否感染。采用校验和法检测病毒既可发现已知病毒又可发现未知病毒。但是校验和法对隐蔽性病毒无效。

（3）行为监测法。行为监测法是利用病毒的特有行为特征来监测病毒的方法，也是主动防御方法之一。通过对病毒多年的观察、研究，人们发现有一些行为是病毒的共同行为，而且比较特殊。当程序运行时，监视其行为，如果发现了病毒行为，立即报警。今后，对病毒的主动防御将会成为一个方向。

（4）软件模拟法。软件模拟法是一种软件分析器，用软件方法来模拟和分析程序的运行，之后演绎为在虚拟机上进行的查毒、启发式查毒技术等，是相对成熟的技术。新型检测工具纳入了软件模拟法，该类工具开始运行时，使用特征代码法检测病毒，如果发现隐蔽病毒或多态性病毒嫌疑时，启动软件模拟模块，监视病毒的运行，待病毒自身的密码译码以后，再运用特征代码法来识别病毒的种类。

（5）比较法。比较法是用原始的或正常的文件与被检测的文件进行比较。比较法包括长度比较法、内容比较法、内存比较法、中断比较法等。这种比较法不需要专用的查病毒程序，只要用常规 DOS 软件和 PCtools 等工具软件就可以进行。

（6）感染实验法。感染实验法的原理是利用病毒的最重要基本特征，即感染特性。所有的病毒都会进行感染，如果不会感染，就不称其为病毒。如果系统中有异常行为，最新版的检测工具也查不出病毒时，就可以做感染实验，运行可疑系统中的程序后，再运行一些确切知道不带毒的正常程序，然后观察这些正常程序的长度和校验和，如果发现有的程序增长，或者校验和变化，就可断言系统中有病毒。

现代的杀毒软件一般是利用其中的一种或几种手段进行检测，严格地说，由于病毒编制技术的不断提高，想绝对地检测或者是预防病毒目前还不能说有完全的把握。

8.3.2　计算机病毒的防范

计算机病毒的防范是指通过建立合理的计算机病毒预防体系和制度，及时发现计算机病毒入侵，并采取有效的手段阻止计算机病毒的传播和破坏。目前，病毒十分猖狂，即便安装了杀毒软件，也不能说是绝对的安全，用户应养成安全习惯，重点在病毒的防范上下功夫。下面介绍常用的病毒防范技术。

（1）操作系统漏洞的检测和补丁安装。对病毒的防范应从安装操作系统开始，安装前准备好操作系统补丁和杀病毒软件、防火墙软件。安装操作系统时，必须拔掉网线安装，否则新安装的操作系统在1～2min内就会感染病毒。操作系统安装完毕后，必须立即打补丁并安装杀病毒软件和防火墙软件。

操作系统漏洞的检测可以自动发现系统中存在的问题，很多杀毒软件就自带了漏洞检测工具，该工具使用也很简单，常见的安全工具都提供相应的漏洞扫描功能，如"360安全卫士"提供的系统漏洞扫描功能就可以实现漏洞扫描，自动安装漏洞补丁，其软件界面如图8-4所示。

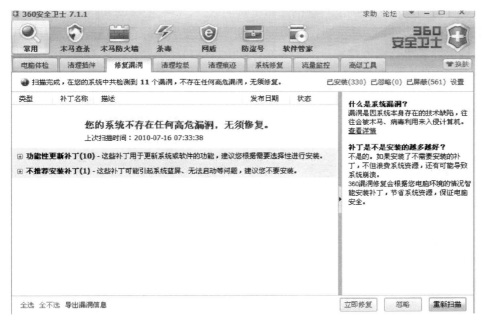

图8-4　"360安全卫士"漏洞扫描

（2）操作系统安全设置。必须设置登录账户密码，并且要设置得复杂一些，不能太简单或不设置。对于简单的密码，病毒可很快破解并入侵和感染系统。

（3）升级病毒特征库。要随时升级病毒软件，一般应设置为每天自动定时升级，不要怕麻烦。

（4）关闭无用端口。关闭病毒入侵和传播通常使用137、138、139和445端口。关闭这些端口后，将无法再使用网上邻居和文件共享功能。

（5）谨慎安装各种插件。访问网页时，若网页弹出提示框，要求安装什么插件时，一定要看清楚，不要随意同意安装。

（6）不要访问不知名网站，可减少染病毒的机会，可以考虑使用带有网页防御功能的安全浏览器产品。

（7）不随意下载文件、打开电子邮件附件及使用 P2P 传输文件等。

（8）删除系统的默认共享资源。

8.3.3　计算机病毒的清除

清除计算机病毒要建立在正确检测病毒的基础之上。单机病毒的清除应做好以下工作：

（1）清除内存中的病毒。

（2）清除磁盘中的病毒。

（3）病毒发作后的善后处理。

计算机病毒的清除方法一般有人工清除和自动清除两种。人工清除是指用户利用软件，如 Debug、PCtools 等相关功能进行病毒清除；自动清除是指利用防治病毒的软件来清除病毒。这两种方法视具体情况灵活运用。

虽然目前有不少防治病毒的软件，但由于病毒的多样性和软件使用范围的局限性，不可能刚出现一种病毒就能很快研制出一种清除和抗毒的软件。传统的被动式防毒方法是依照病毒代码库中的代码查杀病毒，需要不断完善病毒监测网和快速更新病毒代码库。可是目前的网络病毒传播速度惊人且变种众多，需要与病毒分秒必争地取得病毒样本、撷取病毒码，为此，预代码的概念应运而生，它通过在较短时间内制作完成预代码并将其部署于整个网络内，从而把企业网络遭遇攻击的可能性降到最低。如能做到"先知先觉"，能够在病毒代码取得前，窥视到病毒可能的迹象和特征，及早关闭系统中某些重要端口，或停止某些应用，或禁止某些终端接收新信息等，则可以最快的速度阻隔和消灭病毒攻击。

8.3.4　网络病毒的防范与清除

网络病毒的防范与清除远比纯粹的单机病毒麻烦，一个原因是网络病毒的传播速度快，影响面大，另外一个原因是网络病毒的彻底清除非常麻烦。一旦感染病毒，仅对部分计算机进行杀毒处理并不能彻底解决问题。即使病毒已被消除，其潜在危险仍然巨大。所以，在日常的管理中，要建立网络病毒的防范机制，要求用户不要随意在网络下载、传播文件，同时系统补丁要及时更新安装，对病毒的监控要形成立体多层次防御体系。

当然，感染了网络病毒，也不要过分紧张，可及时对网络病毒进行清除，其基本步骤如下所述。

（1）断掉网络连接，可以通过临时关闭交换机来实现，关闭前，应注意保存数据。

（2）依次对服务器和工作站进行病毒清除，这和单机杀毒类似，但是不要漏掉可能感染病毒的计算机。

（3）为每台计算机安装系统补丁程序，同时提高安全设置，如修改系统管理员账号、关闭所有共享等。

（4）在确信病毒已经被清除后，重新启动网络交换机。

很显然，这样处理很麻烦，一旦出现问题，还可能造成系统中断，因此，网络病毒的防范应重视起来，加强安全防范和建立规章制度，同时，尽量建立一个可以集中进行管理的网络病毒防范体系，安装网络版杀毒软件，集中控制管理整个网络的病毒防范和杀毒过程。

8.4　软件防病毒技术

8.4.1　计算机杀毒软件

计算机杀毒软件是一种专门针对各种类型计算机病毒进行防范和清除的工具，主要功能是查找并清除病毒、提供病毒防火墙、隔离病毒文件。此外，杀毒软件大多具有查杀木马功能及部分的防黑客功能。现在的杀毒软件使用更多的技术是特征代码法。将来，在杀毒技术方面可能会引入人工智能技术，检查病毒的工作可能会更加依靠病毒实时监控功能来实现。

国际著名的防杀毒软件主要有卡巴斯基（Kaspersky）、McAfee 公司产品、诺顿（Norton），国内的防杀毒软件主要有 360、瑞星、趋势、金山毒霸等。国外的防杀毒软件厂商主要集中在高端的信息安全领域，具有强大的病毒防御功能，而国内的防杀毒软件能够查杀到的病毒数量相对来讲更多，查杀的速度相对也更快。

选购防病毒、杀病毒软件，需要注意的指标包括扫描速度、正确识别率、误报率、技术支持水平、升级的难易度、可管理性和警示手段等多个方面。具体用户选择哪个公司的产品，完全可以根据喜好自行选择，基本都可以满足安全需求。

8.4.2　瑞星杀毒软件

瑞星杀毒软件是我国瑞星公司具有自主产权的计算机病毒防杀软件。该软件采用最新的虚拟机脱壳引擎（VUE），大幅提高了查杀加壳变种病毒能力、病毒处理速度和病毒清除能力，同时保证极低的误报率和资源占用，可有效应对目前变种病毒倍增的严峻状况，支持 64 位操作系统，瑞星杀毒软件界面如图 8-5 所示。

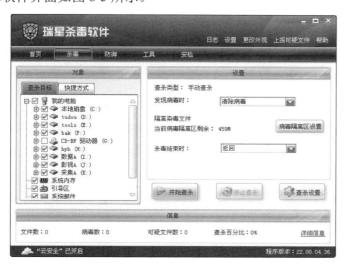

图 8-5　"瑞星杀毒软件"界面

该软件基本特点包括以下方面。

（1）独占式抢先杀毒。在操作系统尚未启动时，抢先加载杀毒程序，可以有效地清除具有自我防护能力的恶意程序、流氓软件。

（2）漏洞攻击防火墙联动。杀毒软件监控到病毒和黑客攻击程序时，将通知防火墙自动阻断病毒传染路径和攻击源，杜绝反复感染、网络交叉感染和持续攻击，有效阻止病毒通过网络传播。

（3）NTFS 流隐藏数据查杀。针对 NTFS 磁盘格式的流查杀技术，能够彻底清除隐藏在 NTFS 流中的病毒和恶意程序，不留任何病毒隐藏的死角，解决了长期困扰 Windows 系统的安全难题。

（4）未知病毒查杀。该技术不仅可查杀 DOS、邮件、脚本及宏病毒等未知病毒，还可自动查杀 Windows 未知病毒，在国际上率先使杀毒软件走在了病毒前面。

（5）丰富的监控防御系统。瑞星杀毒软件提供了监控功能，给计算机提供完整、全面的保护。八大监控系统不仅能够轻松查杀现阶段所出现的所有已知病毒，更能对未知的病毒、木马、间谍软件进行预先防范，并提供垃圾邮件智能白名单，通过邮件监控检测用户发送邮件，将收件人 E-mail 地址自动加入垃圾邮件系统白名单中，以及提供对 IE 的保护，彻底防范病毒、木马及流氓软件通过 IE 浏览器漏洞侵害用户计算机。瑞星杀毒软件的监控界面如图 8-6 所示。

图 8-6　瑞星杀毒软件的监控界面

（6）内嵌"木马墙"技术。该技术通过使用反挂钩、反消息拦截和窃听及反进程注入等方式，直接阻断木马、间谍软件、恶意程序等对用户隐私信息的获取，从根本上解决盗号等问题。

（7）可疑文件定位。很多病毒、木马、间谍软件及恶意程序都会将自身添加到计算机的启动项目中，以实现随计算机启动而自动运行的目的。可疑文件定位技术可以列出注册表、ini文件、系统服务和开始菜单等启动项，并可以对相关启动项目进行禁用和删除等操作。

（8）反黑客病毒攻击手段。该软件主要提供了 IP 攻击追踪，可以自动分析、寻找并记录黑客攻击 IP，追踪黑客攻击源头；提供了网络游戏账号保护功能；提供了流氓软件清除功能；提供了钓鱼网站拦截功能，可以屏蔽钓鱼网站；开启不良网站访问提示功能，访问时即可进行拦截；提供了病毒网站、浏览器劫持网站拦截；等等。

此外，瑞星杀毒软件还支持主动防御技术，这是一种可以阻止恶意程序执行的技术。它比较好地弥补了传统杀毒软件采用"特征码查杀""监控"相对滞后的技术弱点，可以在病毒发作时进行主动而有效的全面防范，从技术层面上有效地应对未知病毒的肆虐。

通过对该软件的分析，大致可以了解计算机杀毒软件目前的基本技术特点，其他公司产品也基本类似。当然，不同公司的产品在一些技术环节是略有不同的。

对于单机病毒的防范和处理目前已经成熟，也比较容易实现，但是对于一般企业级的网络防病毒来说，依然存在三方面的问题：防病毒系统建设简单化；对如何发挥个体主机自身防御能力考虑过少；对用户防病毒教育重视不够。因此，有必要建立多层次的病毒防护体系。这里的多层次病毒防护体系是指在企业的每个台式机上安装基于台式机的反病毒软件；在服务器上安装基于服务器的反病毒软件；在 Internet 网关上安装基于 Internet 网关的反病毒软件，或直接安装网络版的杀毒软件。

企业级的网络防毒技术，一般采取管理机/客户机模式，可以通过全方位的网络管理，支持远程服务器和软件自动分发等机制，帮助网络管理员有效抵御网络病毒的侵袭。一般情况下，针对网络病毒的工作原理，可以利用网络版杀毒软件集中部署和实施。

技能实施

8.5 任务 查杀木马

8.5.1 任务实施环境

安装 Windows XP 操作系统的计算机并连接网络，其他版本操作系统可参照此进行。

8.5.2 任务实施过程

1. 查找木马

（1）检查系统进程。

大部分木马运行后会显示在进程管理器中，所以对系统进程列表进行分析和过滤，可以发现可疑程序，特别是利用与正常进程的 CPU 资源占用率和句柄数的比较，可发现异常现象。但是有些是系统运行的进程，不能结束，如图 8-7 所示。

（2）检查注册表、ini 文件和服务。

木马为了能够在开机后自动运行，往往在如下选项中添加注册表项：

● HKEY_LOCAL_MACHINE\Software\Microsoft\Windows\CurrentVersion\Run；
● HKEY_LOCAL_MACHINE\Software\Microsoft\Windows\CurrentVersion\RunOnce；
● HKEY_LOCAL_MACHINE\Software\Microsoft\Windows\Current Version\RunOnceEx；
● HKEY_LOCAL_MACHINE\Software\Microsoft\Windows\ CurrentVersion\RunServices；
● HKEY_LOCAL_MACHINE\Software\Microsoft\Windows\CurrentVersion\RunServicesOnce。

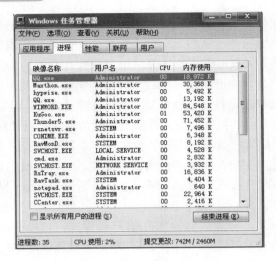

图 8-7　系统进程

图 8-8　注册表信息

　　木马亦可在 Win.ini 和 System.ini 的"run="“load="“shell="后面加载，如果在这些选项后面加载程序是不认识的，就有可能是木马。木马最惯用的伎俩就是把"Explorer"变成自己的程序名，只需稍稍改"Explorer"的字母"l"改为数字"1"，或者把其中的"o"改为数字"0"，这些改变如果不仔细观察是很难被发现的。

　　在 Windwos NT/2000 中，木马会将自己作为服务添加到系统中，甚至随机替换系统没有启动的服务程序来实现自动加载，检测时要对操作系统的常规服务有所了解。

　　（3）检查开放端口。

　　远程控制型木马及输出 Shell 型木马，大都会在系统中监听某个端口，接收从控制端发来的命令并执行。通过检查系统上开启的一些"奇怪"端口，从而发现木马的踪迹。在命令行中输入 Netstat na，可以清楚地看到系统打开的端口和连接。也可从 www.foundstone.com 下载 Fport 软件，运行该软件后，可以知道打开端口的进程名、进程号和程序路径，这样为查找"木马"提供了方便之门，如图 8-9 所示。

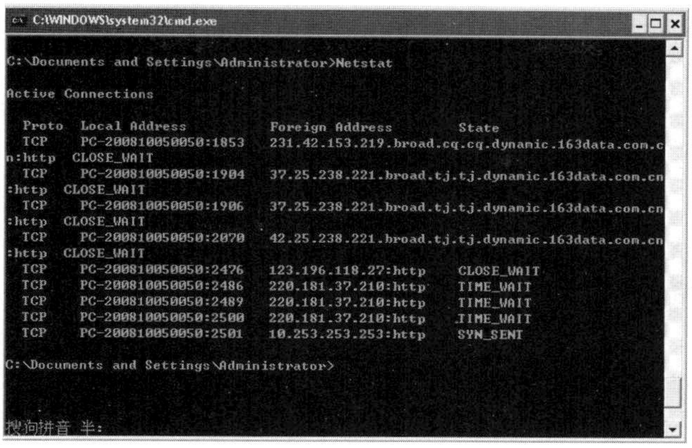

图 8-9 查看端口

（4）监视网络通信。

对于一些利用 ICMP 数据通信的木马，被控端没有打开任何监听端口，无须反向连接，不会建立连接，采用第三种方法检查开放端口的方法就行不通。可以关闭所有网络行为的进程，然后打开 Sniffer 软件进行监听，如此时仍有大量的数据，则基本可以确定后台正运行着木马。

2. 杀除木马

（1）打开任务管理器，找出木马进程，杀掉木马进程。

（2）检查注册表中 RUN、RUNSERVEICE 等项，先备份，记下可以启动项的地址，再将可疑的删除。

（3）删除上述在硬盘中可疑的执行文件。

（4）一般这种文件都在 WINNT、SYSTEM、SYSTEM32 文件夹下，它们一般不会单独存在，很可能是由某个母文件复制过来的，检查 C、D、E 等盘有没有可疑的.exe、.com 或.bat 文件，有则删除之。

（5）检查 HKEY_LOCAL_MACHINE 和 HKEY_CURRENT_USER\SOFTWARE\Microsoft\Internet Explorer\Main 等几项，如果被修改了，改回来就可以。

（6）检查 HKEY_CLASSES_ROOT\txtfile\shell\open\command 和 HKEY_ CLASSES_ROOT xtfileshellopencommand 等常用文件类型的默认打开程序是否被更改。很多病毒就是通过修改.txt 文件的默认打开程序让病毒在用户打开文本文件时加载的，所以一定要改回来。。

案例实现

1. 现状描述

企业网络由于其分布性使网络病毒传播变得很容易，此外就是一旦病毒爆发，其清除变得很困难，往往由于缺乏统一管理和控制，使得病毒的查杀不能彻底，容易死灰复燃，即便耗费了大量人力、物力完成病毒清除，也会因为病毒造成数据丢失，网络瘫痪造成重大的损失。虽然现在大多数企业用户的终端系统也安装部署有个人版的防病毒软件，为提高企业安全水平起到重要作用，但对企业用户来说，如果企业仅仅采用个人版的防病毒安全软件，会有如下缺陷。

（1）缺乏统一防病毒安全管理形成木桶效应，仅使用个人版防病毒软件，企业管理员很难掌握每个终端的病毒防范状况，终端不恰当的防病毒策略配置、自主关闭防病毒软件的运行，会成为企业网中安全管理的薄弱环节。

（2）终端各自从外网进行产品更新、升级病毒库会占用企业的出口带宽，将可能影响企业办公网络的正常使用。

（3）隔离网难以统一升级，企业存在部分无法连接互联网的终端，这些终端常常无法及时、统一地获取病毒库和软件的更新，从而丧失最新的防御能力。如果通过手工一台台更新离线升级包的方式，又会耗费大量的人力、物力。

2. 需求分析

在企业网络的病毒查杀中，应该做到全网统一查杀病毒、统一设置管理功能、统一漏洞管理，安全统计功能最大限度地满足了企业以不耽误工作为前提的网络防病毒快速部署需求。企业网病毒防御系统对此类产品的需求包括以下方面。

（1）良好的兼容性。应获得国内、国外知名安全协会或实验室的认证和奖项，获得中国公安部检验中心的认证及销售许可。

（2）软件杀毒能力强，反应速度快。可全面处理各种文件病毒、宏病毒、互联网病毒、幽灵病毒、黑客程序及各种形式的压缩文件。对新病毒的反应速度及时，能够高效地查杀国外和国内的各种病毒，不但可以实现客户机的杀毒，还可以实现对服务器和邮件网关的病毒防御和清除。

（3）实时病毒监测功能。可以全网统一定时、手动病毒扫描，具有蠕虫病毒清除和注册表恢复功能，对扫描、清除操作可以根据用户要求定制。

（4）系统资源占用率低。正常工作情况下应低于3%，便于安装和部署。

（5）多种病毒扫描方式。可以高效地检测各种已知病毒，应具有启发式扫描方式；可以较好地检测和报告新病毒；可以自动修复被蠕虫病毒等修改的系统注册表信息；可以自动删除由病毒产生的木马程序。

（6）便于实现集中管理、分层管理，阻绝病毒传播的途径。

3. 解决方案

要实现企业的整体集中管理模式的病毒防御系统，应该购买针对企业网的网络杀毒软件，或在公司网络边界处部署网络病毒防火墙，实现网络层的病毒扫描，同时对所辖的机器进行安全策略控制；在公司的网关处直接进行邮件防毒，消除邮件病毒在内部网络的泛滥和传播；在公司的服务器上部署服务器防毒系统，确保服务器系统的高可靠性；在公司的所有客户端上部署客户端防毒系统，确保客户端不成为病毒防御的死角和弱点。

360网管版（原360企业版）是面向企业级用户推出的专业安全解决方案，永久免费，全功能不限终端数，通过一个简单高效的管理控制中心，统一管理终端的安全软件，解决企业对安全统一管理的需求。360网管版提供全网统一体检、打补丁、杀病毒、开机加速、分发软件、发送公告、流量监控、资产管理等内容服务。

360网管版采用C/S构架的系统，包括企业版控制中心和企业终端两个组成部分。服务器端和客户端均部署在企业网内部，如图8-10所示。

（1）企业版控制中心。

企业版控制中心（以下简称控制中心）是网管版的服务器端，部署在企业的内部服务器上，需要有固定的IP地址，保证其他终端能访问到。它包含三个功能模块。

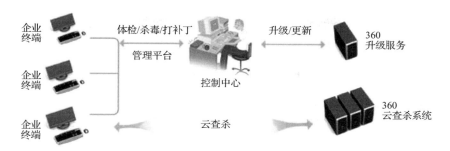

图 8-10　360 网管版系统架构

① 控制中心：和终端客户端进行通信。接收终端的体检信息、病毒信息、漏洞信息等上报；下发各种体检、杀毒、打补丁等指令和策略。

② 管理平台：提供基于 B/S 模式的管理平台，管理员可以通过浏览器（IE、360 等）进行远程管理，查看全网的企业安全状况、配置终端安全策略、软件管理、硬件管理、配置网管版的运行参数等。

③ 升级服务：为企业终端提供病毒木马库和程序文件等的升级更新。360 网管版独创了多种升级模式。如果控制中心可以直接连接互联网，则作为代理服务器，实时缓存客户端需要升级的文件数据，为终端客户提供最及时的升级服务；如果控制中心无法接入互联网，可以使用离线升级工具，用一台能上网的机器下载升级数据，然后导入控制中心进行更新，控制中心下面的终端客户也能及时进行病毒木马库和程序文件的升级。

（2）企业终端。

企业终端是指部署了 360 网管版终端程序的企业终端机器。它包括 360 安全卫士、360 杀毒（可选）等 360 安全模块和能与 360 控制中心进行通信的管理模块。360 安全卫士和 360 杀毒等安全模块提供和个人版一样的安全保护功能，完成对企业终端的安全防护工作；通信管理模块执行和控制中心保持通信，把企业终端的安全状况报告给控制中心，从控制中心接收各种安全策略，执行各种安全任务。如果企业终端可以直接连接 360 的安全中心，提供云查杀功能，企业终端也可以直接连接外网的 360 服务器进行独立升级。

习题

一、选择题

1．关于计算机病毒的传染途径，下列（　　）说法是对的。

A．通过软盘复制　　　　　　　　　B．通过交流软件

C．通过共同存放软盘　　　　　　　D．通过借用他人软盘

2．常见的抗病毒软件一般能够（　　）。

A．检查计算机系统中是否已感染病毒，消除已感染的所有病毒

B．杜绝一切计算机病毒对计算机的侵害

C．消除计算机系统中的一部分病毒

D．查出计算机系统感染的一部分病毒

3．某台计算机有病毒活动，指的是（　　　）。

A．该计算机的硬盘系统有病毒

B．该计算机的内存有病毒程序在运行

C．该计算机的软盘驱动器插有被病毒感染的软盘

D．该计算机正在执行某项任务，病毒已经进入内存

4．下列关于计算机病毒的叙述中，正确的是（　　　）。

A．防病毒软件可以查杀任何种类的病毒

B．计算机病毒是一种被破坏了的程序

C．防病毒软件必须随着新病毒的出现而升级，提高查杀病毒的功能

D．感染过病毒的计算机具有对该病毒的免疫性

5．下列现象中（　　　）可能是计算机病毒活动的结果。

A．某些磁道或整个磁盘无故被格式化，磁盘上的信息无故丢失

B．使可用的内存空间减少，使原来可运行的程序不能正常运行

C．计算机运行速度明显减慢，系统死机现象增多

D．在屏幕上出现莫名其妙的提示信息、图像，发出不正常的声音

6．以下（　　　）是常用的预防计算机犯罪的措施之一。

A．加强对交流信息的核查，所有对外交流情况都在计算机内自动记录、存储

B．设置必要的口令、加密系统，对系统资源进行分级管理

C．研制人员把系统交付给用户以后，所有的操作应当由用户掌握

D．对记录有机密数据、资料的废弃物集中销毁

二、思考题

1．计算机病毒是什么？有哪些类型？

2．常用的杀毒软件有哪些？请列举 4 个。

3．计算机病毒主要有哪几种特征？

4．计算机病毒的传播途径有哪些？

5．蠕虫病毒和木马病毒的工作原理有哪些不同？

6．如何防范计算机网络病毒？主要策略是什么？

三、实践题

1．在线查毒，进入瑞星在线查毒站点，安装插件，并完成在线查毒。

2．在主要的计算机病毒厂家站点下载"灰鸽子"木马专杀工具，并查杀该病毒。

3．下载一个免费杀毒软件，进行安装配置，并完成杀毒过程。

实训　勒索病毒的防范

一、实训目的

勒索病毒是一种新型的计算机病毒，主要以邮件、程序木马、网页挂马的形式进行传播。该病毒性质恶劣、危害极大，一旦感染将给用户带来无法估量的损失。该病毒利用各种加密算法对文件进行加密，被感染者一般无法解密，必须拿到解密的私钥才有可能破解。自 WannaCry 勒索病毒在全球爆发之后，各种变种及新型勒索病毒层出不穷。Onion、WNCRY 两类敲诈者

病毒变种在全国乃至全世界大范围内出现爆发态势，大量个人和企业、机构用户中招。与以往不同的是，这次的新变种病毒添加了 NSA（美国国家安全局）黑客工具包中的"永恒之蓝"、0day 漏洞通过 445 端口（文件共享）在内网进行蠕虫式感染传播。没有安装安全软件或及时更新系统补丁的其他内网用户极有可能被动感染，所以目前感染用户主要集中在企业、高校等内网环境下。

通过本次实训，认清勒索病毒对系统造成危害的严重性，熟悉各种针对勒索病毒的防范措施，制订有效的防病毒解决方案。

二、实训内容

1．防病毒软件的安装、配置与使用。

2．系统漏洞检测与补丁安装。

3．针对性地进行系统安全配置。

三、实训步骤

1．防病毒软件的安装、配置与使用。

安装一种单机版的杀毒软件（推荐 360 安全卫士），配置该杀毒软件，打开所有监控，并确定发现病毒后的安全策略。设置其他安全选项，如对恶意程序的控制。

访问"拒绝勒索软件"网站 https://www.nomoreransom.org/zh/index.html，360 安全卫士勒索病毒专题 http://lesuobingdu.360.cn，获取勒索病毒的防范措施和建议。

2．检测系统漏洞、安装补丁。

使用漏洞检测工具检测系统是否存在 CVE-2017-0143 漏洞，目前微软已发布了针对该漏洞的补丁 MS17-010（永恒之蓝），为存在漏洞的终端更新补丁（https://technet.microsoft.com/zh-cn/library/security/MS17-010）；对于 Windows XP、Windows 2003 等微软已不再提供安全更新的计算机，建议升级操作系统版本。

3．对系统进行安全配置。

① 查找所有开放 UDP135、445、137、138、139 服务端口的终端和服务器，启用并打开"Windows 防火墙"，单击"高级设置"按钮，在入站规则里禁用"文件和打印机共享"选项，关闭 UDP135、445、137、138、139 端口，关闭网络文件共享。

② 严格禁止使用 U 盘、移动硬盘等可执行摆渡攻击的设备。

③ 备份计算机中的重要文件资料。

第9章

<<<<<<

操作系统安全防范

学习目标

- 了解网络操作系统的特性。
- 理解 Windows Server 2012 操作系统的特性。
- 掌握 Windows Server 2012 用户和组管理的基本原则和技巧。
- 深入理解 Windows Server 2012 的各种权限。
- 掌握 Windows Server 2012 常用权限结合的复合应用。
- 理解 Windows Server 2012 的加密文件系统。
- 掌握 Windows Server 2012 本地安全策略和域安全策略的设置。
- 掌握 Windows Server 2012 审核策略的设置。

引导案例

在企业的信息安全管理中，经常会遇到这样的问题：企业的某些包含重要敏感信息的数据文件需要分发给授权的相关人员查阅，虽然可以通过 NTFS（与 ReFS）权限来设置用户的访问权限，但如果给用户开放可以读取某个包含敏感信息的数据文件时，用户也可以任意复制文件内容或将文件存储到其他位置，从而导致企业敏感数据文件泄露出去，如何防止用户对敏感文件的任意复制和传播，保护企业文件的版权呢？本章除了对 Windows Server 2012 操作系统常用安全管理功能进行阐述外，还将介绍一种基于 AD RMS 的信息保护技术，防止企业文件被非授权用户访问。

9.1　网络操作系统

9.1.1　网络操作系统介绍

网络操作系统是网络的核心，它除了具有普通操作系统的功能外，还能管理网络的整体运作，控制用户对网络资源的访问。它能提供高效的通信服务和网络存储、打印服务，它能运行客户机/服务器应用程序来扩充网络应用。由于网络操作系统扮演着服务器提供的角色，所以也称其为服务器操作系统。

计算机网络飞速发展，新的网络协议和应用层出不穷，网络操作系统也在不断地改进和更新。它不但要提供新的特性和服务来满足人们的需要，做好网络的控制管理工作，还要防止非善意者的非法行为和抵御来自不法分子的恶意攻击。因此，选择合适的网络操作系统并对其进行合理的配置，是网络管理人员的重要任务。

网络操作系统有很多，适合于不同的服务等级和网络规模。目前应用广泛的网络操作系统有以下 3 类：

（1）Windows 系列的 Windows NT、Windows 2000/2003 Server、Windows Server 2008、Windows Server 2012 操作系统。

（2）UNIX 系列的 Solaris、BSD 等操作系统。

（3）Linux 系列的 Red Hat、红旗等操作系统。

本章以性能较优、较稳定的 Window Server 2012 操作系统为例，介绍操作系统的安全配置和管理。

9.1.2　Windows Server 2012 操作系统

Windows Server 2012 是 Windows Server 2008 R2 服务器操作系统的继任者，增强了存储、网络、虚拟化、云等技术的易用性，在硬件支持、服务器部署、Web 应用和网络安全等方面都提供了强大的功能。无论是大中型或小型的企业网络，都可以使用 Windows Server 2012 的强大管理功能与安全措施，轻松有效地搭建和管理功能强大的网站，应用程序服务器与高度虚拟化的云应用环境。

Windows Server 2012 针对不同的应用级别提供了 4 种版本：数据中心版（Datacenter）、标准版（Standard）、精华版（Essentials）和基础版（Foundation）。数据中心版支持无限的虚拟机器，适用于高度虚拟化的云端环境；标准版仅支持两个虚拟机器，适用于无虚拟化或低度虚拟化的环境；精华版不支持虚拟环境，支持 25 个用户账户，适用于小型企业环境；基础版不支持虚拟环境，支持 15 个用户账号，仅提供给 OEM 厂商。

9.2　本地用户与组账户的管理

每一台安装 Windows 操作系统的计算机都有一个本地安全账户管理器（SAM），用户在使用计算机前都必须提供有效的用户账户与密码登录该计算机，这个用户账户就创建在本地安全账户管理器内，登录的账户被称为本地用户账户，创建在本地安全账户管理器内的组被称为本地组账户。账户的关键标志符是 SID，用户在系统中的各种活动以 SID 标志其身份，因此，SID 在系统中乃至在整个网络环境中始终都应是唯一的，删除了一个用户账户，还可以再创建一个同名用户账户，但 SID 却不同，这两个账户拥有不同的安全属性。

在 Windows Server 2012 中，有三种账户类型：本地用户账户、域本地组账户和域全局组账户。当系统刚安装完的时候，系统会默认地创建一批内置的本地用户和本地组账户，存放在本地计算机的 SAM 数据库中；当 Windows Server 2012 系统配置为域控制器的时候，系统会创建一批域组账号，用于域中的管理和活动。

9.2.1 内置的本地账户

1. 内置的本地用户账户

Windows Server 2012 内置了 Administrator（系统管理员）、Guest（来宾）两个用户账户。

Administrator 账户拥有系统管理的最高权限，使用该账户可以进行创建、修改、删除用户与组账户、设置安全策略、添加打印机、设置用户权限等管理操作。Administrator 账户无法删除，在实际应用中从安全角度考虑，一般将其更改为其他名称。

Guest 账户是供没有账户的用户临时使用的，只有很少的权限，此账户默认是被禁用的。Guest 账户也无法删除，但可以更改为其他名称。

2. 内置的本地组账户

Windows Server 2012 系统内置了许多本地组，这些本地组本身都已经被赋予了一些权利（Rights）与权限（Permissions），以便让它们具备管理本地计算机或访问本地资源的能力。只要某一用户账户被加入对应的本地组内，该用户就会具备对应组账户拥有的权利与权限。Windows Server 2012 系统常见的本地组账户信息如表 9-1 所示。

表 9-1　Windows Server 2012 系统常见的本地组账户信息

本地组账户	说　　明
Administrators	本组内的用户具备系统管理员的权限，拥有对这台计算机最大的控制权，可以执行整台计算机的管理任务。内置的 Administrator 账户就隶属于本组，且无法将其从组内删除
Backup Operators	本组内的用户可以通过 Windows Server Backup 工具未备份与还原计算机内的文件，不论用户是否有权限访问这些文件
Guests	本组内的用户无法永久改变其桌面的工作环境，当隶属于本组的用户登录系统时，系统会为其创建一个临时用户配置文件，注销时相应配置文件就会被删除。Guests 组默认成员为 Guest 账户
Network Configuration Operators	本组内的用户可以执行一般的网络配置任务，如更改 IP 地址，但是不可安装、删除驱动程序与服务，也不可执行与网络服务器设置有关的任务，如 DNS 服务器与 DHCP 服务器的配置
Performance Monitor Users	本组内的用户可监视本地计算机的运行性能
Power Users	为了简化组，这个在旧版 Windows 系统存在的组将被淘汰，虽然 Windows Server 2008 及其之后的系统仍保留了这个组，但是并没有像旧版 Windows 系统一样赋予该组比较多的特殊权限与权利，也就是说，它的权限与权利并没有比一般用户大
Remote Desktop Users	本组内的用户可以从远程计算机利用远程桌面服务进行登录

续表

本地组账户	说　明
Users	本组内的用户只拥有一些基本权限，如运行应用程序、使用本地与网络打印机、锁定计算机等，但是本组用户不能执行网络共享文件夹、关机等操作。所有新增的本地用户账户都自动隶属于 Users 组

3. 特殊组账户

除了前面介绍的本地组账户外，Windows Server 2012 系统内还有一些特殊组账户，且隶属于这些特殊组的成员无法被更改。Windows Server 2012 系统常见的特殊组账户信息如表 9-2 所示。

表 9-2　Windows Server 2012 系统常见的特殊组账户信息

特殊组账户	说　明
Everyone	任何一位用户都属于这个组。如果 Guest 账户被启用，在给 Everyone 指派权限时需要特别注意，因为如果一位在计算机内没有账户的用户，通过网络登录你的计算机时，该用户将会被自动允许利用 Guest 账户连接。此时，因为 Guest 也属于 Everyone 组，所以该用户将具备 Everyone 拥有的权限
Authenticated Users	任何利用有效用户账户登录计算机的用户都属于该组
Interactive	任何在本地登录（按"Ctrl+Alt+Del"组合键）计算机的用户都属于该组
Network	任何通过网络来登录计算机的用户都属于该组
Anonymous Logon	任何未利用有效用户账户登录计算机的用户都属于该组，Anonymous Logon 默认并不属于 Everyone 组
Dialup	任何利用拨号方式连接计算机的用户都属于该组

9.2.2　本地用户账户的管理

在 Windows Server 2012 系统中可以通过用户管理器或者命令行工具来管理用户、账户和组账户。用户管理器处于"计算机管理"窗口中，依次执行"控制面板"→"管理工具"→"计算机管理"→"本地用户和组"，就能管理用户账户了，如图 9-1 所示。

图 9-1　"计算机管理"窗口

要创建账户，选择"用户"选项单击右键，在弹出的"新用户"对话框中，选择"新用户"选项，填入用户名，选填全名和描述，填入密码，注意密码要符合安全性规则，下面有几项选择可根据实际情况勾取。最后，单击"创建"按钮，用户就创建好了。管理员可以继续创建下一个用户或者关闭对话框。

管理员可以对用户属性进行查看和编辑，在用户名称上单击右键，就可以选择修改密码、删除用户和查看/修改用户属性，操作非常方便。

新建用户默认属于 Users 组，一个用户可以同时隶属于多个组，一个组中也可包含多个成员，可以在用户账户属性中添加或删除所属的组。这里的组是指具有相同安全访问权限的用户账户的集合。

创建组的方法与创建用户相同，而且没有那么多选项。可以在组中添加成员，如图 9-2 所示。可以禁用用户，但不能禁用用户组。在删除一个组的时候，组中的账户并不删除。同样，用户账户可以改名，而组不能。

图 9-2　在组中添加成员

除了以 GUI（图形用户界面）方式管理用户和组账户外，还可以使用 net user 命令。选择"开始"→"运行"，输入"cmd"打开命令提示符窗口，然后输入"net user /add Peter"命令，如图 9-3 所示，就可以创建一个名称为"Peter"，没有密码的普通用户。

图 9-3　使用命令行工具管理本地用户账户

"net"命令的功能非常强大，它有许多参数，可以实现大部分网络管理功能，"net user"只是其中管理用户账户的子功能。这种方法虽然操作较麻烦，管理员需要记住各种参数，但它具有隐蔽性。黑客和木马程序经常使用它，能在用户毫不知觉的情况下增加用户和提升用户权限，因此要格外注意。

9.2.3 本地组账户的管理

不管是基于一种目的还是基于许多目的，将一组用户视为一个单独的实体可以减少大量的管理任务。例如，为 10 名用户分配 10 个资源的权限需要执行 100 次操作，而把用户分配为一组（1 次操作），然后再为组分配 10 个资源的权限（10 次操作），总共需要 11 次操作。上面的数字清楚地说明了作为系统管理员，如果能够合理使用组来管理用户账户的权限与权利，则能够减轻许多管理负担，在处理过程中，不必去处理每个个体，而是处理集体或组。

在 Windows Server 2012 中，本地组账户可以包含位于服务器上的本地用户账户，还可以包含来自 Active Directory（该服务器隶属于它）的用户或组。与本地用户账户管理一样，通过执行"控制面板"→"管理工具"→"计算机管理"→"本地用户和组"，就能管理本地组账户了（见图 9-1）。本地组账户的管理与本地用户账户的管理相同，也可以使用 net localgroup 命令进行本地组账户的管理，如图 9-4 所示，使用命令"net localgroup Peters /add"添加名为 Peters 的本地组账户，使用命令"net localgroup"查看本地组账户，使用命令"net localgroup Peters /del"可以删除本地组账户。

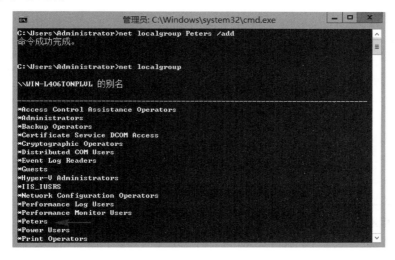

图 9-4　使用命令行工具管理本地组账户

9.3　NTFS 与 ReFS 磁盘的安全管理

在 Windows Server 2012 的文件系统中，新引入一个文件系统 ReFS（Resilient File System，弹性文件系统），该文件系统目前只能应用于存储数据，还不能引导系统，并且在移动媒介上也无法使用。ReFS 是与 NTFS 大部分兼容的，其主要目的是保持较高的稳定性，可以自动验证数据是否损坏，并尽力恢复数据。如果和引入的 Storage Spaces（存储空间）联合使用则可以提供更佳的数据防护，同时对于上亿级别的文件处理也有性能提升。在 Windows Server 2012 系统中，NTFS 与 ReFS 磁盘提供了相当多的安全功能，本节将针对这些功能进行详细说明。

9.3.1　NTFS 与 ReFS 的权限种类

用户必须对磁盘内的文件或文件夹拥有适当权限后，才可以访问这些资源。权限指的是不同账户对文件、文件夹、注册表等的访问能力。在 Windows 系统中，为不同的账户设置权限很重要，可以防止重要文件被其他人修改，致使系统崩溃。权限（Permission）是针对资源而言的，也就是说，设置权限只能以资源为对象，即"设置某个文件夹有哪些用户可以拥有相应的权限"，而不能以用户为主，即"设置某个用户可以对哪些资源拥有权限"。这就意味着"权限"必须针对"资源"而言，脱离了资源去谈权限毫无意义。在提到权限的具体实施时，"某个资源"是必须存在的。

权限可以分为标准权限与特殊权限，其中标准权限是为了简化权限管理而设计的，可以满足一般需求，但通过特殊权限可以更精确地分配权限，满足各种不同的权限组合应用需求。

1. 文件标准权限的种类

文件标准权限的种类包括读取、写入、读取和执行、修改、完全控制。各种权限的详细说明如表 9-3 所示。

表 9-3　文件标准权限

标准文件权限种类	权 限 说 明
读取	可以读取文件内容、查看文件属性与权限等（可以通过"打开文件资源管理器"→"选中的文件"→"鼠标右击"→"属性"查看只读、隐藏等文件属性）
写入	可以修改文件内容、在文件后面增加数据与改变文件属性等（用户至少还需要具备读取权限才可以更改文件内容）
读取和执行	除了拥有读取的所有权限外，还具备执行应用程序的权限
修改	除了拥有读取、写入与读取和执行的所有权限外，还可以删除文件
完全控制	拥有前述所有权限，再加上更改权限与取得所有权的特殊权限

2. 文件夹标准权限的种类

文件夹标准权限的种类包括读取、写入、列出文件夹内容、读取和执行、修改、完全控制。各种权限的详细说明如表 9-4 所示。

表 9-4　文件夹标准权限

标准文件夹权限种类	权 限 说 明
读取	可以查看文件夹内的文件与子文件夹名称、查看文件夹属性与权限等
写入	可以在文件夹内添加文件与子文件夹、改变文件夹属性等
列出文件夹内容	除了拥有读取的所有权限之外，还具备遍历文件夹权限，也就是可以打开或关闭此文件夹
读取和执行	与列出文件夹内容相同，不过列出文件夹内容权限只会被文件夹继承，而读取和执行会同时被文件夹与文件继承
修改	除了拥有前面的所有权限之外，还可以删除此文件夹
完全控制	拥有前述所有权限，再加上更改权限与取得所有权的特殊权限

3. 特殊权限的种类

特殊权限的种类包括创建文件夹/附加数据、创建文件/写入数据、列出文件夹/读取数据、遍历文件夹/执行文件、读取属性、读取扩展属性、写入属性、写入扩展属性、删除、删除子文件夹及文件、读取权限、更改权限、取得所有权等。各种特殊权限的详细说明如表 9-5 所示。

表 9-5 特殊权限

特殊权限种类	权 限 说 明
创建文件夹/附加数据	创建文件夹让用户可以在文件夹内创建子文件夹，此权限只适用于文件夹。附加数据让用户可以在文件的后面添加数据，但是无法修改、删除、覆盖原有的数据，此权限只适用于文件
创建文件/写入数据	创建文件让用户可以在文件夹内创建文件，此权限只适用于文件夹。写入数据让用户能够修改文件内的数据或者覆盖文件的内容，此权限只适用于文件
列出文件夹/读取数据	列出文件夹让用户可以查看此文件夹内的文件名与子文件夹名，此权限只适用于文件夹。读取数据让用户可以查看文件内的数据，此权限只适用于文件
遍历文件夹/执行文件	遍历文件夹让用户即使在没有权限访问文件夹的情况下，仍然可以切换到该文件夹内。此设置只适用于文件夹，不适用于文件。另外，这个权限只有用户在组策略或本地计算机策略内未被赋予绕过遍历检查权限时才有效。执行文件让用户可以执行程序，更改权限适用于文件，不适用于文件夹
读取属性	用户可以查看文件夹或文件的属性（只读、隐藏等属性）
读取扩展属性	用户可以查看文件夹或文件的扩展属性。扩展属性是由应用程序自行定义的，不同的应用程序可能有不同的扩展属性
写入属性	用户可以修改文件夹或文件的属性（只读、隐藏等属性）
写入扩展属性	用户可以修改文件夹或文件的扩展属性
删除	用户可以删除此文件夹或文件，即使用户对此文件夹或文件没有删除的权限，但是只要其对父文件夹具有删除子文件夹及文件的权限，仍然可以将此文件夹或文件删除。例如，用户对位于 C:\Test 文件夹内的文件 Readme.txt 并没有删除的权限，但是却对 C:\Test 文件夹拥有删除子文件夹及文件的权限，则仍然可以将文件 Readme.txt 删除
删除子文件夹及文件	用户可删除此文件夹内的子文件夹与文件。即使用户对此子文件夹或文件没有删除的权限，也可以将其删除
读取权限	用户可以查看文件夹或文件的权限设置
更改权限	用户可以更改文件夹或文件的权限设置
取得所有权	用户可以夺取文件夹或文件的所有权。文件夹或文件的所有者，无论其对此文件夹或文件的权限是什么，仍然具备更改此文件夹或文件权限的能力

9.3.2 用户的有效权限

在 Windows 系统中权限是可以被继承的，并且具有累加性。

1. 权限的继承

在 Windows 系统中，当针对文件夹设置权限后，这个权限默认会被此文件夹下的子文件夹与文件继承，如设置用户 A 对甲文件夹拥有读取的权限，则用户 A 对甲文件夹内的文件也拥有读取的权限。设置文件夹权限时，除了可以让子文件夹与文件都继承权限之外，还可以仅单独让子文件夹或文件继承，或者都不让其继承。设置子文件夹或文件权限时，可以让子文件夹或文件不继承父文件夹的权限，这样该子文件夹或文件的权限将是直接针对其设置的权限。

继承权限的优先级比直接设置的权限低，如将用户 A 对甲文件夹的写入权限设置为拒绝，并且让甲文件夹内的文件来继承此权限，则用户 A 对此文件的写入权限也会被拒绝，但是如果直接将用户 A 对此文件的写入权限设置为允许，此时因为它的优先级较高，因此用户 A 对此文件仍然拥有写入的权限。

2. 权限的累加性

如果用户同时隶属于多个组，而且该用户与这些组分别对某个文件（或文件夹）拥有不同的权限设置时，则该用户对这个文件的最后有效权限是所有组权限来源的总和。例如，若用户 A 同时属于业务部与经理组，并且其权限分别如表 9-6 所示，则用户 A 最后的有效权限为这 3 个权限的总和，也就是"写入＋读取＋执行"。

表 9-6　权限累加性

用户或组	权限
用户 A	写入
业务部	读取
经理组	读取和执行
用户 A 的有效权限	写入+读取+执行

3. 拒绝权限的优先级较高

虽然用户对某个文件的有效权限是其所有组权限来源的总和，但是只要其中有一个权限来源被设置为拒绝，则用户将不会拥有此权限。如用户 A 同时属于业务部与经理组，并且其权限分别如表 9-7 所示，则用户 A 的读取权限会被拒绝，也就是无法读取此文件。

表 9-7　拒绝权限的优先级

用户或组	权限
用户 A	读取
业务部	读取被拒绝
经理组	修改
用户 A 的有效权限	修改

9.3.3　权限的设置

Windows Server 2012 系统会替新的 NTFS 或 ReFS 磁盘自动设置默认的权限，如图 9-5 所示为 C 盘（NTFS）的默认权限，其中部分权限会被其下的子文件夹或文件继承。

1. 分配文件权限

如果要给用户分配文件权限，单击需设置权限的文件，右击选择"属性"选项，以自行建立的文件夹 C:\Test 内的文件 Readme 为例，如图 9-6 所示的文件已经有一些从父项对象（C:\Test）继承来的权限，如 Users 组的权限（对钩表示继承权限）。

如果要将权限赋予其他用户，单击（见图 9-6）"编辑"按钮，在弹出的窗口中单击"添加"按钮，输入要赋予权限的用户，或单击"高级"按钮，通过查找从列表中选择用户或组。

注意：只有 Administrators 组内的成员、文件/文件夹的所有者、具备完全控制权限的用户，才有权限分配这个文件或文件夹的权限。

2. 不继承父文件夹的权限

不继承父项权限，如不想让文件 Readme 继承其父项 C:\Test 的权限，单击（见图 9-6）右下方的"高级"按钮，单击"禁用继承"按钮，在弹出的窗口中选择保留原本从父项对象继承的权限或删除这些权限后，针对 C:\Test 设置的权限 Readme 都不会继承，如图 9-7 所示。

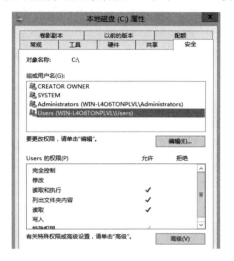

图 9-5　系统默认权限分配

图 9-6　文件权限设置

图 9-7　删除继承的权限

3. 分配文件夹权限

文件夹权限的分配方法与文件权限的分配方式类似，请参照文件权限的分配设置。

4. 查看用户有效权限

可以通过单击（见图 9-7）中的"有效访问"→"选择用户"，选择需要查看的用户账户，单击"查看有效访问"选项，可以获取选择账户的有效访问权限，如图 9-8 所示。在第 9.3.2 节介绍了如果用户同时隶属于多个组而且该用户与这些组分别对某个文件（或文件夹）拥有不同的权限设置时，则该用户对这个文件的有效权限是其所有权限来源的总和。不过（见图 9-8）中的有效权限并非完全如此，其不会将某些特殊组的权限计算进来，如用户 A 同时属于业务部与经理组，无论用户未来是网络登录（此时其隶属于特殊组 Network）或者本地登录（此时其隶属于特殊组 Interactive)，有效权限都不会将 Network 或 Interactive 的权限计算进去，只会将该用户、业务部组与经理组的权限相加。有效权限的计算，除了用户本身的权限之外，还会将全局组、通用组、本地域组、本地组、Everyone 等组的权限相加。

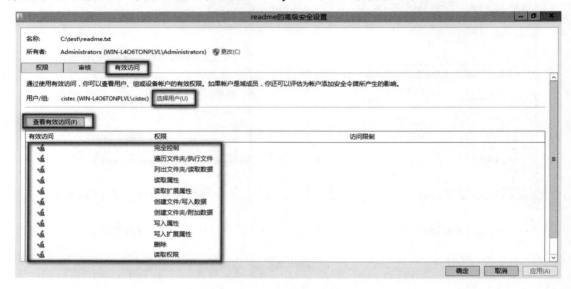

图 9-8　查看用户的有效访问权限

9.3.4　文件与文件夹的所有权

NTFS 与 ReFS 磁盘内的每个文件与文件夹都有所有者，默认是创建文件或文件夹的用户，就是该文件或文件夹的所有者。所有者可以更改其拥有的文件或文件夹的权限，无论其当前是否有权限访问此文件或文件夹。用户可以获取文件或文件夹的所有权，使其成为新所有者，然而用户必须具备以下条件之一，才可以获取所有权。

（1）具备取得文件或其他对象所有权权限的用户，系统默认赋子 Administrators 组拥有此权限。

（2）对该文件或文件夹拥有取得所有权的特殊权限。

（3）具备还原文件及目录权限的用户。

任何用户在变成文件或文件夹的新所有者后，就会具备更改该文件或文件夹权限的能力，但是并不会影响此用户的其他权限。另外，文件夹或文件的所有权被夺取后，也不会影响原所有者的其他已有权限。

9.3.5　文件复制或移动后的权限变化

磁盘内的文件被复制或移动到另一个文件夹后，其权限可能会改变，如图 9-9 所示。如果文件被复制到另一个或不同磁盘的另一个文件夹内，它都相当于添加一个文件，此新文件的权限是继承目的地的权限。例如，如果用户对位于 C:\Data 内的文件 File 1 具有读取的权限，对文件夹 C:\Tools 具有完全控制的权限，当 File 1 被复制到 C:\Tools 文件夹后，用户对这个新文件将具有完全控制的权限。

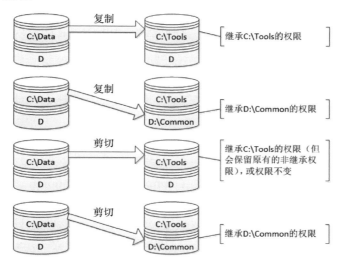

图 9-9　文件复制或移动后的权限变化

如果文件被移动到同一个磁盘的另一个文件夹，其权限变化如下：

（1）文件被设置为继承父项权限，则会先删除从来源文件夹所继承的权限（但会保留非继承的权限），然后继承目的地的权限。如由 C:\Data 文件夹移动到 C:\Tools 文件夹时，会先删除原权限中从 C:\Data 继承的权限，保留非继承的权限，然后继承 C:\Tools 的权限。

（2）文件被设置为不会继承父项权限，则仍然保留原权限（权限不变）。如由 C:\Data 文件夹移动到 C:\Tools 文件夹。

原文件被移动到另一个磁盘，则此文件将继承目的地的权限。如由 C:\Data 文件夹移动到 D:\Cornmon 文件夹，因为是在 D:\Common 下产生一个新文件（并将原文件删除），因此会继承 D:\Common 的权限。

如果将原文件由 NTFS（或 ReFS）磁盘移动或复制到 FAT、FAT32 或 exFAT 磁盘内，则原有权限设置都将被删除，因为 FAT、FAT32 与 exFAT 都不支持权限设置的功能。

将文件移动或复制到目的地的用户会成为此文件的所有者。文件夹的移动或复制的原理与文件是相同的。如果要移动文件或文件夹（无论是移动到同一个磁盘或另一个磁盘），则必须对原文件或文件夹具备修改的权限，同时也必须对目的文件夹具备写入的权限，因为系统在移动文件或文件夹时，先将文件或文件夹复制到目的文件夹（因此对它必须具备写入权限），再将原文件或文件夹删除（因此对它必须具备修改权限）。

9.4　加密文件系统

9.4.1　加密文件系统介绍

加密文件系统（Encrypting File System，EFS）提供文件加密的功能，允许用户以加密格式存储磁盘上的数据。文件经过加密后，只要文件存储在磁盘上就会自动保持加密状态，只有当初将其加密的用户或被授权的用户能够读取，因此可以提高文件的安全性。只有 NTFS 磁盘内的文件、文件夹才可以被加密，如果将文件复制或移动到非 NTFS 磁盘内（包含 ReFS），则此新文件会被解密。

文件压缩与加密无法并存。如果要加密已压缩的文件，则该文件会自动被解压缩。如果要压缩已加密的文件，则该文件会自动被解密。

9.4.2　EFS 加密原理

（1）关键的加密术语。

① 对称密钥加密，也叫专用密钥加密（Secret Key Encryption），它是指发送和接收数据的双方必须使用相同的密钥对明文进行加密或解密运算。该加密技术的处理效率较高，速度较快。

② 非对称密钥加密，也叫公开密钥加密（Public Key Encryption），它是指每个人都有一对唯一对应的密钥：公开密钥（公钥）和私有密钥（私钥）。公钥对外公开；私钥由个人秘密保存。用其中一把密钥来加密，就只能用另一把密钥来解密。发送数据的一方用另一方的公钥对发送的信息进行加密，然后由接收者用自己的私钥进行解密。公开密钥加密技术解决了密钥的发布和管理问题，这是目前商业密码的核心。使用公开密钥技术进行数据通信的双方可以安全确认对方身份和公开密钥，提供了通信的可鉴别性。

③ DES 加密算法。DES 使用一个 56 位的密钥及附加的 8 位奇偶校验位，产生最大 64 位的分组大小。这是一个迭代的分组密码，使用 Feistel 技术，将其中加密的文本块分成两半，使用子密钥对其中一半应用循环功能，然后将输出与另一半进行"异或"运算，接着进行交换，这一过程会继续下去，但最后一个循环不交换。DES 使用 16 个循环，通过异或、置换、代换、移位操作四种基本方式运算。

④ 3DES 加密算法。DES 的常见变体是 3DES，使用 168 位的密钥对资料进行三次加密的一种机制，它通常（但非始终）提供极其强大的安全性。如果三个 56 位的子元素都相同，3DES 则向后兼容 DES。

⑤ DESX 加密算法。DESX 是 DES 的一个改进版本。DESX 原理是利用一个随机的二进制数与加密前的数据及解密后的数据异或，但是与 DES 相比 DESX 确实更安全。Windows 操作系统的 EFS 就是使用的 DESX 加密算法。

（2）EFS 的加密工作过程。

① 当用户启动 EFS 加密，EFS 的驱动程序会调用"微软的加密服务提供程序（Microsoft Crypto Provider）"产生一个"文件加密密钥（FEK）"，也就是"对称式密钥"，而这个密钥的位数由一个"随机数生成器"来提供，一般生成一个 128 位的密钥。

② EFS 利用 FEK 加密文件。注意只有文件中的数据才会被加密,对于文件名,属性与其他摘要都不会被加密。文件的各种权限也会保持不变。

③ EFS 会将加密完成的文件存储在 NTFS 分区上,EFS 不会独立出 NTFS 分区,它只是 NTFS 分区的一个增强特性。

④ EFS 再次调用"微软的加密服务提供程序",这一次其目的是获得用户的 EFS 公钥。然后使用一个 EFS 公钥加密 FEK 的一个副本,并将它存储到一个数据的解密字段(DDF)中。DDF 字段是和文件一起保存的。事实上,能够解密这个 DDF 字段的只有用户 EFS 公钥所对应的私钥。私钥必须由 EFS 用户谨慎保管。

注意:在加密过程执行到④的同时,用 Windows 系统管理员的"文件恢复"(File Recovery,FR)公钥来加密 FEK 的另一个副本,并将结果保存到一个"数据恢复字段"(DRF)中,和文件一起存储。用户可在 EFS 私钥不完整或是丢失的情况下,由数据恢复代理(DRA)帮助恢复已被 EFS 加密的文件。事实上,这个过程相当复杂。

9.4.3 EFS 加密文件的配置

(1)利用系统管理员登录操作系统,建立两个用户:user1 和 user2。注销系统管理员。

(2)利用用户 user1 登录操作系统。在 NTFS 分区上建立一个"test"的文件夹,然后在文件夹里建立一个"test"文本文件,在文本文件中任意输入一些内容。

(3)开始利用 EFS 加密 test 文件。选择"test"文件夹,单击右键,选择"属性"选项,在"常规"选项卡中单击"高级"按钮,在弹出的"高级属性"对话框中勾选"加密内容以便保护数据"选项,如图 9-10 所示。

(4)查看并导出加密 test 文件的密钥。选择"开始"→"运行",在"运行"对话框中输入"MMC"。在如图 9-11 所示的"控制台"窗口中,选择"文件"→"添加/删除管理单元"→"添加"→"证书"。

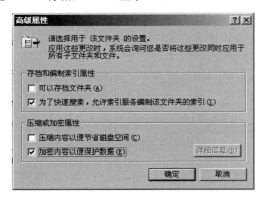

图 9-10 "高级属性"对话框   图 9-11 "控制台"窗口

选择 user1 的用户证书单击鼠标右键,选择"属性"选项,如图 9-12 所示,选择"所有任务"→"导出",出现如图 9-13 所示的"证书导出向导"对话框,单击"下一步"按钮。

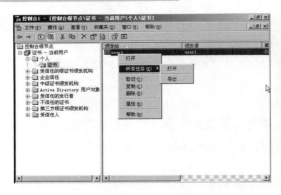

图 9-12　属性快捷菜单

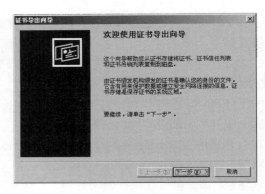

图 9-13　"证书导出向导"对话框

在如图 9-14 所示的"导出私钥"对话框中，勾选"是，导出私钥"选项可以将私钥导出，使其不在资源所处的计算机上，更好地保护资源。建议将私钥导出到一个移动的存储介质，这样可以加强私钥的安全性。勾选"如果导出成功，删除密钥"选项，如图 9-15 所示。

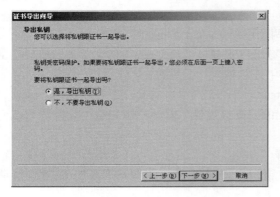

图 9-14　"导出私钥"对话框

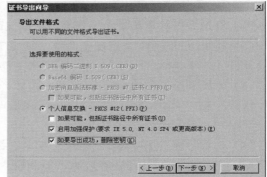

图 9-15　导出文件格式

单击"下一步"按钮，如图 9-16 所示，要求输入保护用户 EFS 私钥的密码，这里需要注意的是，该密码并不是保护文件的密码而是保护私钥的密码。

完成对私钥的密码保护后，就需要指定用户 EFS 私钥的导出路径，如图 9-17 所示。这里建议把 EFS 的私钥导出到移动存储设备 F 盘上。

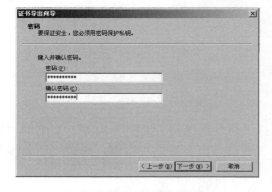

图 9-16　设置保护私钥的密码

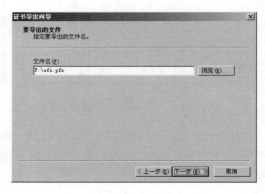

图 9-17　私钥的导出路径

如图 9-18 所示，提示私钥导出向导的配置已完成，可单击"完成"按钮结束 EFS 的私钥导出。

（5）在移动存储设备 F 盘上，查看已导出的私钥，如图 9-19 所示。

（6）开始检测 user1 利用 EFS 加密文件后的效果，注销用户 user1，以用户 user2 登录操作系统，并试图打开已被用户 user1 利用 EFS 加密的"test"文件，结果会出现如图 9-20 所示的结果，无法访问。

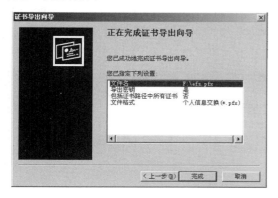

图 9-18　完成证书导出向导

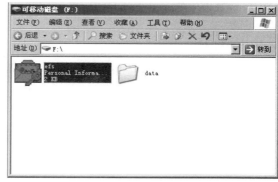

图 9-19　查看已导出的私钥

图 9-20　拒绝访问

注意： 事实上本地计算机的管理员（Administrator）在没有被授权成为"恢复代理"前，也无法打开被 EFS 加密的文件。如果需要打开被 user1 利用 EFS 加密的文件，就必须获得（见图 9-19）EFS 的私钥。私钥是需要用户保密的，一般不可公开。

9.4.4　EFS 解密文件与恢复代理

在第 9.4.3 节完成了利用 EFS 加密文件，而解密文件只需要把 user1 的 EFS 私钥导入计算机中即可。选中需要解密的文件右击，选择"属性"→"高级"，然后在如图 9-21 所示的对话框中，去掉"加密内容以便保护数据"选项就可以解密利用 EFS 加密的文件。

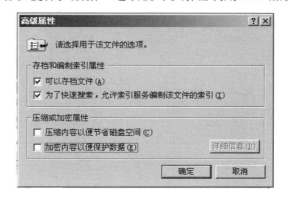

图 9-21　"高级属性"设置

一个必须思考的问题：如果利用 EFS 加密文件后的私钥丢失、损坏，或者是原始的加密者辞职，拒绝解密文件，怎么办？此时能解决如上问题的办法只能依赖于 EFS 的"恢复代理"

（DRA），但是默认的情况下，在独立的计算机上（非域的计算机）并没有恢复代理，需要手工创建，具体步骤如下所述。

（1）本地系统管理员（Administrator）登录本地计算机。

（2）选择"开始"→"运行"，输入"cmd"，在命令提示符下输入：cipher.exe /r:dra，具体操作如图 9-22 所示。此时会在 C 盘的根目录下创建两个文件，一个是 dra.cer 文件，另一个是 dra.pfx 文件。

（3）选择"开始"→"运行"，输入"gpedit.msc"，打开"组策略编辑器"对话框，如图 9-23 所示。选择"安全设置"→"公钥策略"→"加密文件系统"，右击选择"添加数据恢复代理程序"选项，此时会弹出"添加故障恢复代理向导"对话框，可直接单击"下一步"按钮。

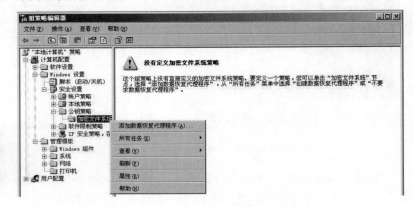

图 9-22 命令提示符   图 9-23 "组策略编辑器"对话框

出现如图 9-24 所示的"添加故障恢复代理向导"对话框，在该对话框中单击"浏览文件夹"按钮导航到 C 盘根目录下的"dra.cer"文件，则添加完成了故障恢复代理。

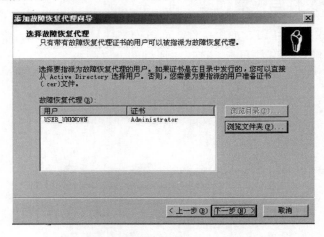

图 9-24 "添加故障恢复代理向导"对话框

（4）如图 9-25 所示，将恢复代理的证书，即对 C 盘下的"dra.PFX"文件进行导入，完成"故障恢复代理"证书的安装。

图 9-25 dra.PFX 文件

（5）检查"故障恢复代理"证书安装的结果，如图 9-26 所示。如果操作过程没有出问题，可以在"证书"管理的控制台下看到 Administrator 已经成为合法的"文件故障恢复代理"。EFS 用户的私钥故障就可以利用该证书进行恢复。

图 9-26 检查"故障恢复代理"证书的安装结果

9.5 组策略与安全设置

9.5.1 组策略

组策略（GroupPolicy）是 Microsoft Windows 系统管理员为计算机和用户定义的，用来控制应用程序、系统设置和管理模板的一种机制。通俗一点说，是介于控制面板和注册表之间的一种修改系统、设置程序的工具。组策略是一个能够让系统管理员充分管理用户工作环境的功能，通过它来确保用户的工作环境，也通过它来限制用户。因此，不但可以让用户拥有适当的环境，也可以减轻系统管理员的管理负担。在 Windows Server 2012 中，可以通过在"开始"→"运行"中输入"gpedit.msc"调用本地组策略编辑器，如图 9-27 所示。

9.5.2 组策略的重要性

注册表是 Windows 系统中保存系统软件和应用软件配置的数据库，随着 Windows 功能越来越丰富，注册表里的配置项目也越来越多，很多配置都可以自定义设置，但这些配置分布在注册表的各个角落，如果用手工配置，是非常困难的。组策略则将系统重要的配置功能汇集成各种配置模块，供用户直接使用，从而达到方便管理计算机的目的。简单地说，组策略设置就是在修改注册表中的配置。当然，组策略使用了更完善的管理组织方法，可以对各种对象中的设置进行管理和配置，远比手工修改注册表方便、灵活，功能也更加强大。

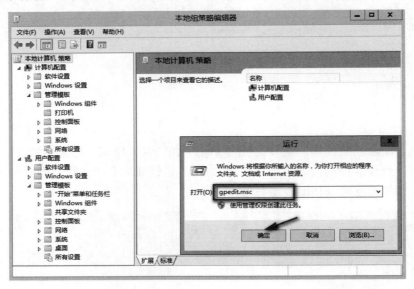

图 9-27　本地组策略编辑器

9.5.3　组策略的类型

组策略包括域内的组策略、本地计算机策略两类，如图 9-28 所示。

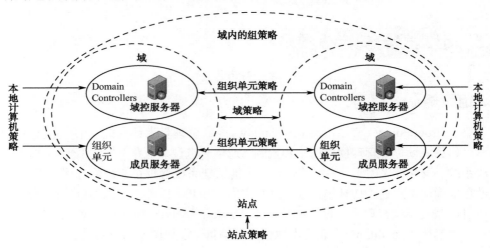

图 9-28　组策略类型及关系

（1）域内的组策略会被应用到域内的所有计算机和用户上，按照执行优先级从高到低，分别为站点策略、域策略、组织单元策略

（2）本地计算机策略包括计算机配置和用户配置。

① 计算机配置：当计算机开机时，系统会根据计算机配置的内容设置计算机环境，包括桌面外观、安全设置、应用程序分配和计算机启动和关机脚本运行等。计算机配置只会应用在此计算机上。

② 用户配置：当用户登录时，系统会根据用户配置的内容来设置计算机环境，包括应用程序配置、桌面配置、应用程序分配和计算机启动和关机脚本运行等。用户策略将应用到在此计算机登录的所有用户。

组策略的配置和执行具有以下特点：

① 组策略有继承性、累加性；

② 当组策略有冲突时，则以处理顺序在后的组策略对象（GPO）为优先。系统处理 GPO 的顺序是：站点 GPO→域→组织单位的 GPO→本地计算机策略；

③ 计算机配置优于用户配置；

④ 多个配置应用到同一处，排在前面的组策略优先。

9.5.4　组策略的配置实例

1. 计算机配置实例

可以通过计算机配置对密码策略、账户锁定策略、Windows 防火墙使用、可移动介质使用等进行配置，提高企业、单位主机操作系统的安全性。配置完成后，可以使用 gpupdate 命令进行组策略的及时更新（计算机配置的应用时限为：计算机开机时自动运行一次；计算机开机后，域控制器每 5min 自动应用一次，非域控制器每 90～120min 自动应用一次；计算机开机后，系统每 16h 自动运行一次；手动应用，使用 gpupdate 命令），如图 9-29～图 9-32 所示。

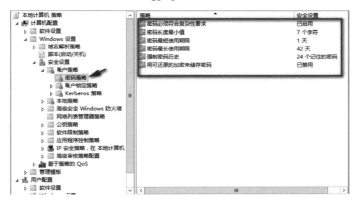

图 9-29　配置密码策略

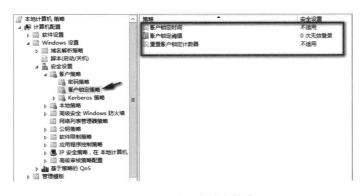

图 9-30　配置账户锁定策略

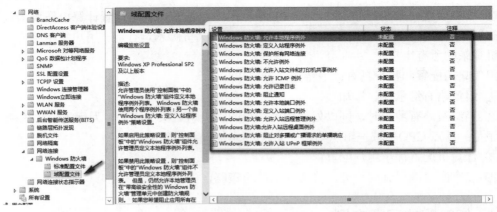

图 9-31　防火墙应用策略

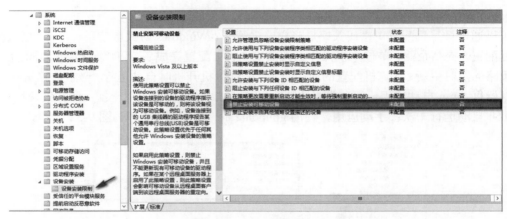

图 9-32　移动设备使用策略

2．用户配置实例

要求指定用户只能通过企业内的代理服务器上网。

（1）新建 Internet 设置（IE 版本根据实际情况选择），如图 9-33 所示。

（2）设置要求使用的代理服务器，如图 9-34、图 9-35 所示。

图 9-33　新建 IE 设置

图 9-34　设置代理服务器 1

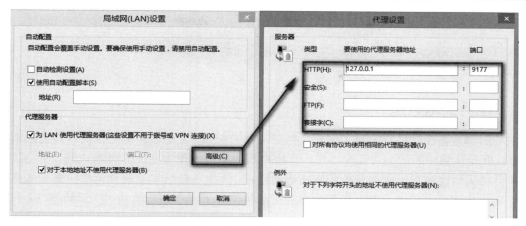

图 9-35 设置代理服务器 2

（3）禁用用户 IE 浏览器自动配置设置，如图 9-36、图 9-37 所示。

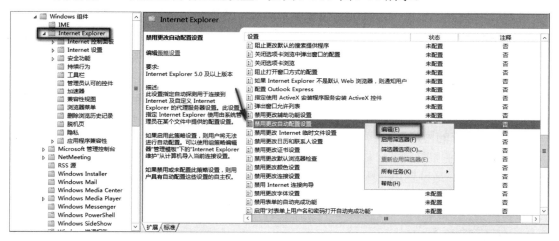

图 9-36 禁用用户 IE 浏览器配置 1

图 9-37 禁用用户 IE 浏览器配置 2

9.6　任务　配置 Linux 系统进行主动防御

9.6.1　任务实施原理

主动防御是基于程序行为自主分析判断的实时防护技术，不以病毒的特征码作为判断病毒的依据，而是从最原始的病毒定义出发，直接将程序的行为作为判断病毒的依据。主动防御是用软件自动实现反病毒工程师分析判断病毒的过程，解决了传统安全软件无法防御未知恶意软件的弊端，从技术上实现了对木马和病毒的主动防御。下面介绍功能强大的编辑器 Vi 和系统用户账号等知识。

1. 功能强大的编辑器——Vi

Vi 是所有 UNIX 系统都会提供的屏幕编辑器，它提供了一个视窗设备，可以编辑文件。同时 Vi 是一种模式编辑器，不同的按钮和键击可以更改不同的"模式"。如在"插入模式"下，输入的文本会直接被插入文档；当按"退出"键，"插入模式"就会更改为"命令模式"，并且光标移动和功能编辑都由字母来响应，如"j"用来移动光标到下一行，"k"用来移动光标到上一行，"x"可以删除当前光标处的字符，"i"可以返回"插入模式"（也可以使用方向键）。Vi 的使用需要一个相当长的适应过程，本次试验只是应用 Vi 平台进行简单的文件编辑。

2. Linux 系统的用户账号

在 Linux 系统中，用户账户是用户的身份标识，它是由用户名和用户口令组成的。在 Linux 系统中，login.defs 是设置用户账号限制的文件，在这个文件中可以配置密码的过期天数、密码长度约束等内容。

9.6.2　任务实施过程

1. 登录到实践场景中的目标主机 Root，如图 9-38 所示。

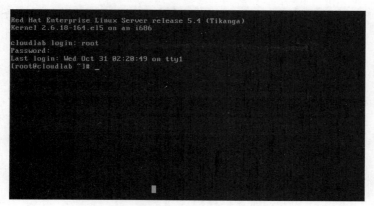

图 9-38　登录主机 Root

2. 设置用户密码策略，添加实践用户账户 test，密码设置为 test，系统环境搭建时已创建 test 用户，创建密码时输入 123，系统提示密码字符太短，如图 9-39 所示。

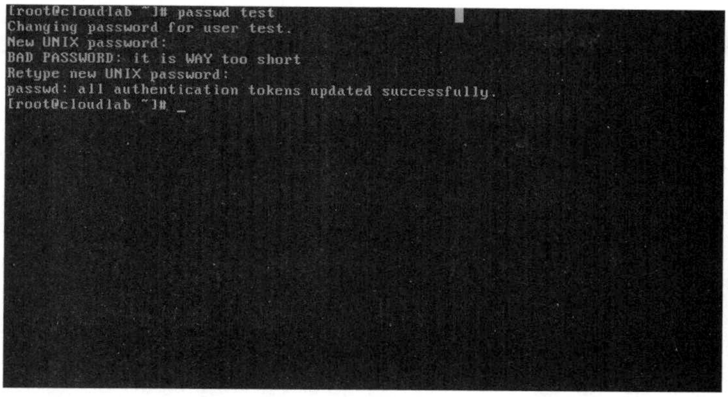

图 9-39 创建 test 用户

（1）输入密码 123456，提示密码过于简单，如图 9-40 所示。

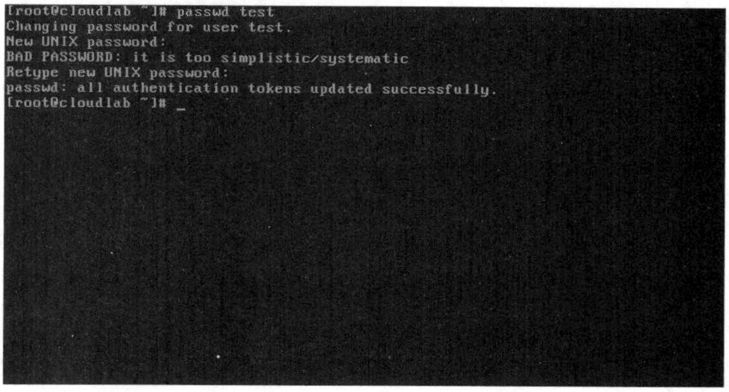

图 9-40 提示密码过于简单

（2）输入密码 Linuxtest，提示再次输入密码进行确认，如图 9-41 所示。

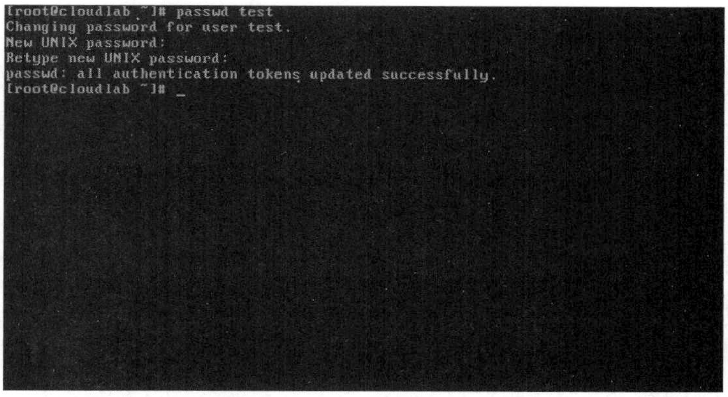

图 9-41 提示再次输入密码

（3）密码策略可以通过/etc/login_defs 文件进行设置，修改 vi/etc/login_defs 进行编辑，如图 9-42 所示。

```
[root@cloudlab ~]# vi /etc/login.defs _
```

图 9-42　修改密码策略

密码策略的参数及功能如下，配置如图 9-43 所示。

```
# *REQUIRED*
#    Directory where mailboxes reside, _or_ name of file, relative to the
#    home directory.  If you _do_ define both, MAIL_DIR takes precedence.
#    QMAIL_DIR is for Qmail
#
#QMAIL_DIR      Maildir
MAIL_DIR        /var/spool/mail
#MAIL_FILE      .mail

# Password aging controls:
#
#       PASS_MAX_DAYS   Maximum number of days a password may be used.
#       PASS_MIN_DAYS   Minimum number of days allowed between password changes.
#       PASS_MIN_LEN    Minimum acceptable password length.
#       PASS_WARN_AGE   Number of days warning given before a password expires.
#
PASS_MAX_DAYS   99999
PASS_MIN_DAYS   0
PASS_MIN_LEN    5
PASS_WARN_AGE   7
#
# Min/max values for automatic uid selection in useradd
"/etc/login.defs" 58L, 1503C
```

图 9-43　密码策略配置的参数和功能

● PASS_MAX_DAYS 99999：密码的最大有效期。99999 为永久有期。
● PASS_MIN_DAYS 0：是否可修改密码。0 为可修改，非 0 为多少天后可修改。
● PASS_MIN_LEN5：密码最小长度。使用 pam_cracklib module，该参数不再有效。
● PASS_WARN_AGE 7：密码失效前多少天在用户登录时通知其修改密码。

或者修改 vi /etc/pam.d/system-auth，如图 9-44 所示。

```
[root@cloudlab ~]# vi /etc/pam.d/system-auth_
```

图 9-44　修改命令

（4）在 password 部分查找到如下一行 password requisite /lib/security/$ISA/pam_cracklib.so
tretry=3dcredit=-1，ucredit=-1，credit=-1 minlen=8 设置密码强度至少为 8 位，如图 9-45 所示。

```
#%PAM-1.0
# This file is auto-generated.
# User changes will be destroyed the next time authconfig is run.
auth        required      pam_env.so
auth        sufficient    pam_unix.so nullok try_first_pass
auth        requisite     pam_succeed_if.so uid >= 500 quiet
auth        required      pam_deny.so

account     required      pam_unix.so
account     sufficient    pam_succeed_if.so uid < 500 quiet
account     required      pam_permit.so

password    requisite     pam_cracklib.so try_first_pass retry=3
password    sufficient    pam_unix.so md5 shadow nullok try_first_pass use_autht
ok
password    required      pam_deny.so

session     optional      pam_keyinit.so revoke
session     required      pam_limits.so
session     [success=1 default=ignore] pam_succeed_if.so service in crond quiet
use_uid
session     required      pam_unix.so


"/etc/pam.d/system-auth" 20L, 844C
```

图 9-45　Password 命令

- tretry=N：重试多少次后返回密码修改错误。
- difok=N：新密码必须设置与旧密码不同的位数。
- dcredit=N：N >= 0 密码中最多有多少个数字；N < 0 密码中最少有多少个数字。
- lcredit=N：小写字母的个数。
- ucredit=N：大写字母的个数。
- credit=N：特殊字母的个数。
- minlen=8：密码最少位数。

3．禁止 Root 账号远程登录。

在 Linux 系统中，计算机安全系统建立在身份验证机制上。如果 Root 口令被盗，系统将会受到侵害，尤其在网络环境中，后果更不堪设想。因此限制用户 Root 远程登录，对保证计算机系统的安全具有实际意义。使用 Vi 修改/etc/ssh/sshd_config 文件，如图 9-46 所示。

图 9-46　修改命令

编辑#PermitRootLogin yes，将#去掉，并将 yes 改为 no，最终结果如图 9-47 所示。

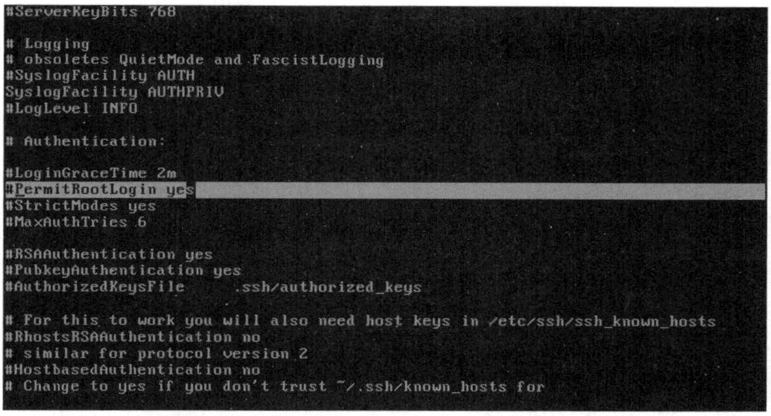

图 9-47　编辑#PermitRootLogin yes

重启 SSH 服务 Service Sshdrestart，此时通过终端使用 Root 账户已经无法远程登录设备了，如图 9-48 所示。

图 9-48　验证 Root 账户不能登录

4．配置策略锁定多次尝试登录失败的用户。

锁定多次尝试登录失败的用户，能够有效防止针对系统用户密码的暴力破解，配置策略锁定多次尝试登录失败的用户，其带来的最大好处是让"猜"密码及部分暴力破解密码的方式失去意义。输入 vi /etc/pam.d/system-auth 命令，如图 9-49 所示。

图 9-49　输入命令

在 system-auth 文件的 auth 部分增加下一行，如图 9-50 所示。

auth required /lib/security/pam_tally.so onerr=fail no_magic_root。

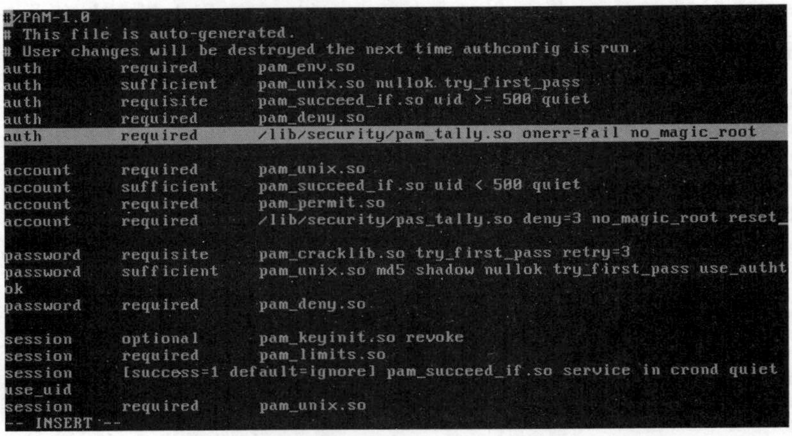

图 9-50　system-auth 文件的操作

在 system-auth 文件的 account 部分增加下一行，如图 9-51 所示。

account required /lib/security/pam_tally.so deny=3 no_magic_root reset。

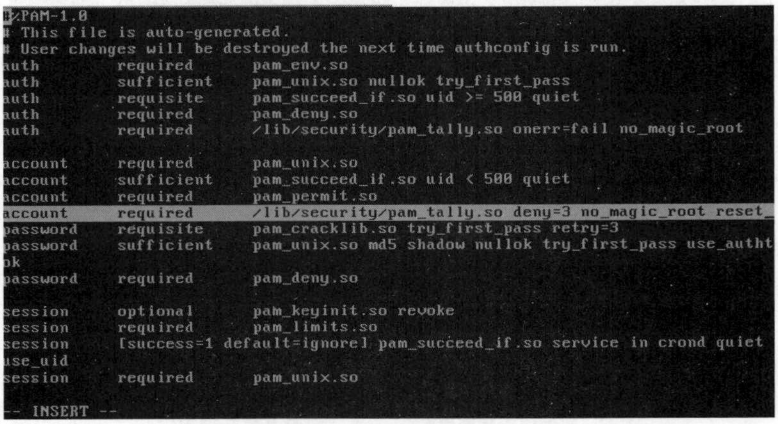

图 9-51　在 system-auth 文件的 account 部分增加下一行

保存并关闭 system-auth 文件，然后在本地 Win XP 上通过 putty 软件或者 SecureCRT 进行 SSH 使用 test 账户远程登录，在尝试 3 次错误密码后再使用正确的密码登录，会发现访问仍然被拒绝，此时 test 账号已经被锁定，无法登录。

案例实现

1. 企业文件管理安全需求分析

文件安全是网络领域中最重要的课题之一，安全的威胁通常来自 Internet 和局域网内部两个方面。俗话说"日防夜防，家贼难防"，来自企业内部的攻击往往是最致命的。在企业的日常工作中，经常会产生或查阅一些重要的技术文档，信息的使用者通过电子邮件、磁盘复制或文件服务器共享文档，随着这种使用计算机来创建和处理机密信息、敏感数据的情况越来越多，导致保护信息和数据成为公司内部工作中的一项艰巨而长久的任务。此外，信息窃取行为也使如何更好地保护企业数字信息这一需求变得更为强烈。

2. 企业文件安全管理方案设计

1）规划建议

微软公司的 RMS（Rights Management Services，权限管理服务）正是在这种环境下应运而生的。它通过数字证书和用户身份验证技术对各种 Office 文档的访问权限加以限制，可以有效防止内部用户通过各种途径擅自泄露机密文档内容，从而确保了数据文件访问的安全性。

针对公司的需求，建议在公司内部部署 Windows RMS 平台（Rights Management Service），通过与 Windows Server 的活动目录紧密集成，实现对日常工作产生的敏感 Office 文档、电子邮件、Web 内容的保护，通过设置策略，更好地控制用户复制、打印或转发在 Office 中创建的信息，监控机密信息的流动，防止信息内容的外泄。并且 Windows RMS 的保护方案是基于文件内容的信息权限管理方案，配合传统的文件目录方式，形成一个完整的、更灵活、更安全的信息权限解决方案。

2）功能设计

（1）实现只有允许的用户才能执行允许的操作，以保护企业的敏感文档。

（2）实现赋予用户不能查看、允许查看、允许修改的权限。

（3）实现基于 AD 用户和组的权限管理，用户只需要通过单点登录的方式就可以获得自己的相关权限。

3）逻辑架构设计

（1）RMS 服务器硬件建议配置如下：两个 P4 2.4G 以上 CPU，可扩充至 4 个；512KB 或 1MB 二级缓存；1GB 内存；采用 RAID1 或 RAID5 磁盘阵列。

（2）RMS 服务器的软件组件要求如下。

- 操作系统：Windows Server 2012，启用 MSMQ、RMS、Web 服务，NTFS 文件系统。
- 数据库：MSDE 或 SQL Server 2008 企业版。

（3）设计说明。

- 配置网络。使内网中的机器可以访问 RMS 服务器，不能访问 Internet；而 RMS 服务器既可以访问内部网络，又可以访问 Internet。
- RMS 服务器在完成服务器和 RMS 客户端的激活之后即可断开与 Internet 的连接。
- RMS 服务器通过外网防火墙访问 Internet，实现 RMS 服务器的激活，外网防火墙上只打开 80 端口和 443 端口。
- 采用 Windows Server 2012、SQL Server 2008 支持 RMS 服务器集群，支持更多的 CPU 和内存，在提供高可靠性和高性能的同时，也提供了系统的可扩展性。
- 将 RMS 服务器加入 AD 域中作为成员服务器，利用现有的 Windows Server 2012 活动目录服务（Active Directory），RMS 和活动目录紧密集成，为 AD 域用户提供单点登录功能，为用户提供针对信息内容的权限保护，如图 9-52 所示。

3. 企业文件安全管理方案实施

1）部署服务器

（1）服务器的安装：安装一台 WIN 2003 服务器，文件系统为 NTFS；将服务器加入域中；为服务器安装 MSMQ 和 IIS（ASP.NET）组件；在服务器上安装 MSDE；调整 Internet 连接（这一点很重要）；安装 RMS 端服务器程序。

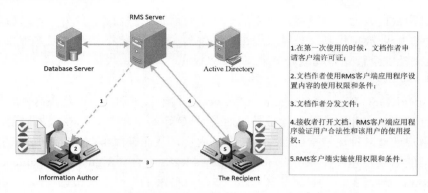

图 9-52　RMS 实现权限保护的工作流

（2）服务器的配置：设置根认证服务器，如图 9-53 所示。

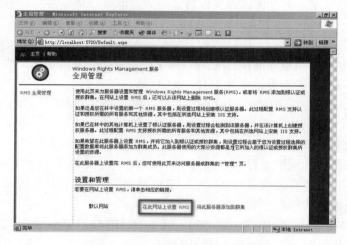

图 9-53　根认证服务器配置界面

① 配置数据库：可以是本地或远程，按要求写入"数据库服务器名"，如图 9-54 所示。

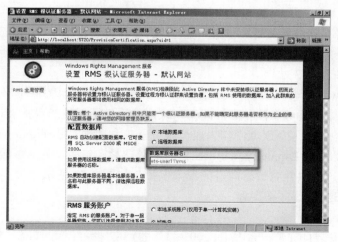

图 9-54　数据库配置

② 配置服务账号：可以是本地系统或合法的域用户（这里的服务账户不能是当前安装的用户）。

③ 设置 RMS 证书保护：可以选择用软件保护（需要设置复杂的密码），如图 9-55 所示。

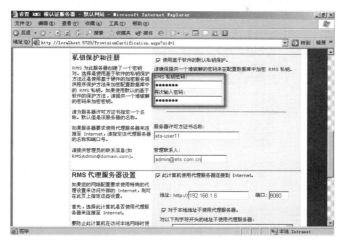

图 9-55　设置 RMS 证书保护

（3）服务器的管理，如图 9-56 所示。

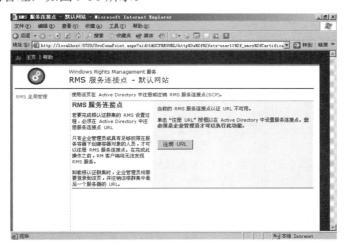

图 9-56　注册服务连接点

① 注册一个服务连接点，在 AD 中注册 RMS 服务的 URL。

② 配置信任策略。配置信任.NET PASSPORT。如果希望 DRM 能和以前的 IRM 一起工作，就必须进行设置。在这里还可以导出证书，或更改信任域信息，如图 9-57 所示。

③ 配置权限策略模板，用于定义企业的权限策略。管理员可以通过定义一些现成的策略模板让企业用户直接调用，如图 9-58 所示。

④ 配置日志记录。配置日志记录相关设置，如图 9-59 所示。

⑤ 配置外部群集 URL。当从外网访问服务器时，就可在这里进行相关设置，如图 9-60 所示。

图 9-57　配置信任策略

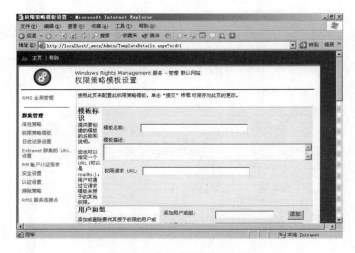

图 9-58　权限策略模板设置

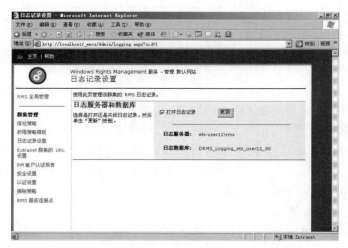

图 9-59　日志记录设置

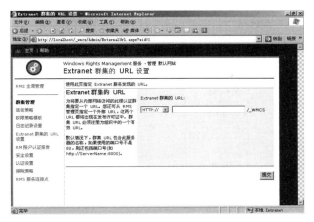

图 9-60　配置外部集群 URL

⑥ 配置认证用户报告，显示所有使用 RMS 服务的用户数量，如图 9-61 所示。

图 9-61　配置认证用户报告

⑦ 配置安全设置，包括超级用户组（具有管理权限的组）、证书密钥重设、代理设置及取消 RMS 配置（删除前必须先取消配置），如图 9-62 所示。

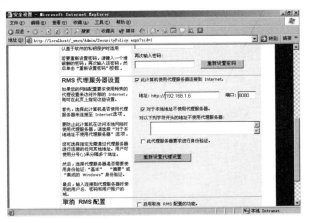

图 9-62　安全设置

⑧ 配置认证。设置证书的有效时间，如图 9-63 所示。

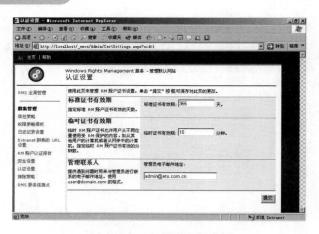

图 9-63　设置证书有效时间

⑨ 排除策略。排除策略的作用是防止非法用户使用 RMS 服务，这里可以定义排除的密码箱版本、Windows 版本、RM 用户证书及应用程序项，如图 9-64 所示。

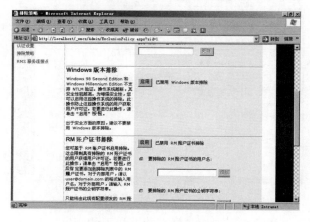

图 9-64　配置排除策略

2）安装客户端

（1）安装 RMS 客户端程序，如图 9-65 所示。

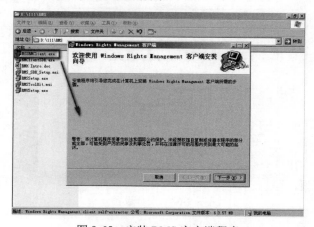

图 9-65　安装 RMS 客户端程序

（2）启动 RMS 应用程序，获得用户证书。启动支持 RMS 的应用程序（如 Office），创建保护内容并获得用户证书。

3）客户端应用测试

（1）创建受保护的文档（以 Office 为例）。

① 创建一个文档后，单击"审阅"→"保护"。

② 打一个文件权限设置界面，如图 9-66 所示。

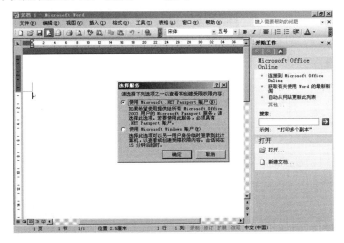

图 9-66 设置文档保护

③ 设置权限为读取和更改，从 AD 中选择用户，如图 9-67 所示。

图 9-67 设置权限并选择用户

（2）用户打开被保护的文档，如图 9-68 所示。

① 当用户打开被保护过的文档时，服务器要求验证用户的权限。

② 如果是未授权的用户，将无法查看，如图 9-69 所示。

③ 如果有相应权限，可以基于所拥有的权限进行使用，如图 9-70 所示。

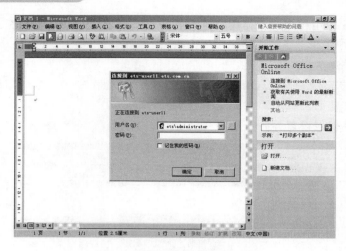

图 9-68　用户打开受保护文档

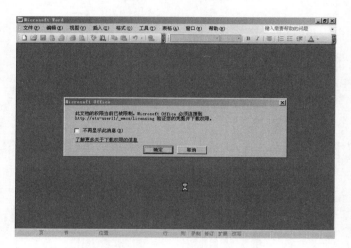

图 9-69　无权限访问

图 9-70　有权限使用

习题

一、填空题

1. 在 Windows Server 2012 中，有三种账户类型：_____、_____、_____。

2. 在 Windows Server 2012 中，内置的本地账户包括_____、_____、_____。

3. 系统中已登录的所有用户均属于_____组，如果新建一用户 A，则 A 自动属于_____组；如果 A 在本机登录，则同时属于_____组。

4. 文件的标准权限包括_____、_____、_____、_____、_____。

5. 文件夹的标准权限包括_____、_____、_____、_____、_____、_____。

6. 域内的组策略，按照执行优先级从高到低，分别为_____、_____、_____。

7. 域控制器计算机配置的组策略应用时限每_____min 自动应用一次。

8. 非域控制器计算机配置的组策略应用时限每_____min 自动应用一次。

9. 手动应用计算机配置的组策略命令为_____。

10. 组策略的配置包括_____、_____两种配置。

二、思考题

1. 在用户账户管理中为什么要创建组？

2. 在网络上共享文件夹时，NTFS 权限设置同网络共享权限设置的关系是什么？

3. 将文件或文件夹复制或移动到 U 盘后，其权限有什么变化？

4. 通过组策略可以进行哪些安全设置？这些设置对增强系统的安全性起什么作用？

三、实践题

1. 尝试在命令提示符窗口中用 net user 命令创建、删除用户。

2. 创建一个组 Seage，在这个组中新建一个用户 Peter，然后设置这个组为拒绝在本机上登录，但允许从网络访问此计算机。设置一个共享文件夹 netshare，设定为任何用户可读，Seage 组完全控制，然后试图从另一台计算机上访问此共享文件夹，并创建文件。

3. 在系统中创建两个用户账户为 Mike 和 Peter，默认属于 users 组。在一个 NTFS 卷上创建文件夹 Mydir。注销管理员账户，用 Mike 登录，在此文件夹下创建一个子文件夹 Mikedir，并在里面创建几个文件。

（1）换 Peter 登录，进入 Mikedir 目录，试图创建文件和删除 Mike 创建的文件，会发生什么情况？

（2）试说明 users 组中单个用户在 Mikedir 文件夹中的安全关系。

（3）如果要设置除 Mike 外其他 users 组用户在 Mikedir 中只能读取，不能写入，又该怎么操作？

实训　系统安全管理

一、实训目的

掌握在 Windows Server 2012 系统中管理用户和资源的方法。

二、实训内容

1. 创建并管理用户。
2. 管理 NTFS 访问控制。
3. 管理文件夹的网络共享。

三、实训步骤

1. 创建用户。

选择菜单"控制面板"→"管理工具"→"计算机管理"，展开"本地用户和组"窗口，在用户列表中创建一个新用户为 newuser，不做其他设置，如图 9-71 所示。

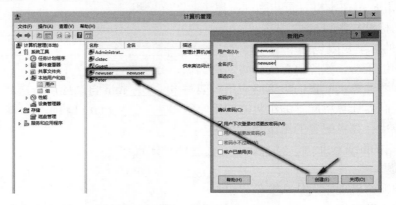

图 9-71　创建用户

如果新建用户要通过网络登录，请勿勾选"用户下次登录时需更改密码"选项，否则用户将无法登录，因为网络登录时无法更改密码。

2. 账户策略设置。

选择菜单"控制面板"→"管理工具"→"本地安全策略"，展开左侧的"账户策略"→"密码策略"，设置"密码必须符合复杂性要求"选项为已启用，"密码长度最小值"为 6 个字符，如图 9-72 所示。

图 9-72　密码策略

在 Windows Server 2012 系统管理中，系统默认用户的密码必须至少 6 个字符，并且不可包含用户账户名中超过两个以上的连续字符，还至少要包含 A～Z、a～z、0～9、非字母数字（!、@、#、$）等 4 组字符中的 3 组，如 12abAB 是一个有效的密码，而 123456 则是无效的密码。

3. 新用户登录。

如果密码为空，则系统默认此用户账户只能够本地登录，无法使用网络登录（无法从其他计算机利用此账户来连接），并且也不能进行网络文件夹共享的操作。

注销管理员账户，现在换新用户 newuser 登录，登录时不需要输入密码，因为原始未设定密码，然后系统提示更改密码，输入符合密码策略的密码，进入系统。

4．NTFS 权限控制。

利用 newuser 登录系统后，打开 NTFS 卷，如 C 盘。观察各文件夹，在这些文件夹中只能查看，不能添加、修改或删除文件，因为 newuser 账户没有权限。查看这些文件夹的安全属性，打开某文件夹，查看属性，在安全页里面，可以看到 users 组的用户只有读取和运行的权限，而且所有用户的安全设置全是灰色，不能更改，如图 9-73 所示为 user 组用户对非自己资源的权限，如图 9-74 所示为 users 组用户对自己资源的权限。

图 9-73　user 组用户对非自己资源的权限　　　图 9-74　users 组用户对自己资源的权限

但是 newuser 可以在根目录下创建文件夹 newdir，这个文件夹是 newuser 自己专有的，其他用户（管理员除外）只能读取，不能创建、修改、删除。newuser 拥有对这个文件夹的完全控制权限，可以在这个文件夹中做任何事情，包括给其他的用户设定权限。原先的许多灰框现在变成了白色。在权限页中，灰色的复选框代表该权限是继承自父目录的，或是不能修改的。

打开 newdir，创建一个名为"test"的文本文档，写入一些内容，这是该用户的私密文件。为了保证私密数据的安全，不被其他用户窃取，需要对其做一定的控制。

在 newdir 的安全属性页中，删除自己之外所有的 ACE 项，但很多权限都是从父文件夹继承而来，不能直接删除，如图 9-75 所示。

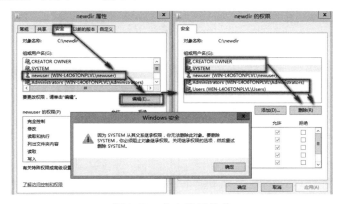

图 9-75　安全提示信息

单击"高级"按钮，进入高级权限设置，单击"禁用继承"按钮，在弹出的选项卡中选择"从此对象中删除所有已继承的权限"选项，如图 9-76 所示。

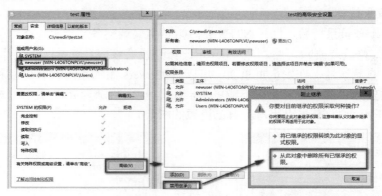

图 9-76　禁用资源的权限继承

单击"确定"按钮，关闭"高级权限"对话框。这时，所有的 ACE 项都被删除，所有人都不能访问该文件夹，即使是 newuser 自己也不能访问，如图 9-77 所示。

图 9-77　资源拒绝所有用户访问

要使自己能够访问，需要在安全页中添加访问权限。因为 newuser 是该文件夹的所有者，因此具有特殊权限——能够修改用户权限，即使是无权访问。

添加权限有两种方法，一是添加 newuser，并赋予完全控制权限；二是添加 Creator Owner，即文件所有者，系统会自动把 newuser 添加进来。这里采取第一种方法设置，如图 9-78 所示。

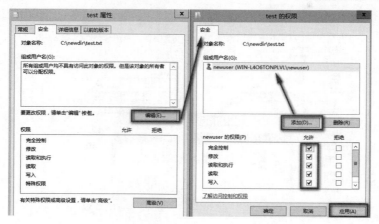

图 9-78　重新添加 newuser 的控制权限

这时，newuser 用户可以在此文件夹里面做任何事情，而其他任何用户都不能访问。现在注销 newuser 账户，用管理员登录。注意，newuser 用户没有关闭计算机权限，如果要开启用户的权限，可在"本地安全设置"→"用户权限分配"→"关闭系统"处设置。

管理员登录后，打开 C 盘的 newdir 文件夹中 test 文档，结果是拒绝访问，连管理员也没有权限访问该文件夹了，如图 9-79 所示。

图 9-79　资源拒绝管理员访问

打开该文件的安全属性页面，也不能更改权限，看来 newuser 的访问控制的确起到了作用。那么，如果该用户账户被误删除怎么办，就没人能够访问该文件了吗？不要忘了管理员有特权，即使管理员对此文件夹没有任何访问权限，但仍能够取得所有权，成为该对象的所有者，进而修改访问控制权限。

在该文件的高级安全设置中，单击"更改"按钮，更改文件的所有者，选取 Administrator，单击"确定"按钮，更改完成，如图 9-80 所示。现在，Administrator 用户已经拥有了完全控制权限，也能够修改权限。由此可见，管理员的权力过于强大，在系统实际管理中应当遵循权限最小化原则，让不同的管理者分管不同的任务，从而使系统安全最大化。

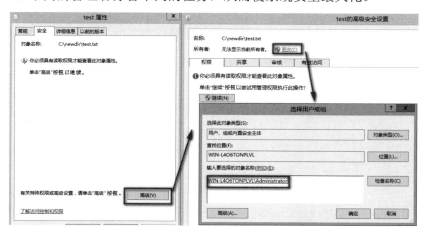

图 9-80　更改文件的所有者

5．网络共享。

newuser 用户不仅要在本机上操作自己的文件，还希望能通过网络访问。现在将这个 newdir 文件夹设为"共享"，好让其能够被网络用户访问到，如图 9-81 所示。

图 9-81　共享设置

　　在网络中的另一台计算机上打开网上邻居，找到这台 Windows Server 2012 服务器。由于未开启来宾用户，因此任何人想要访问都必须通过网络身份验证。输入 newuser 账户名和口令打开此网络计算机，便可看到共享文件夹 newdir，如图 9-82 所示。

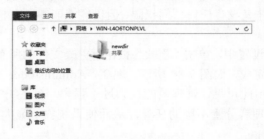

图 9-82　访问共享资源

第10章

>>>>>>

无线网络安全与防护

学习目标

- 了解无线局域网的标准。
- 理解无线局域网的安全协议。
- 掌握无线网络主要信息安全技术。
- 掌握无线网络设备的使用方式。
- 掌握无线网络安全的防护措施。

引导案例

为上网方便，半年前张女士在家中安装了一个无线路由器。最近她却发现网速突然变得很慢，这令她相当疑惑，因为无线路由器明明设置有密码，按理说不可能被人盗用。后来经朋友检查发现，张女士计算机中的"网上邻居"里多出一个陌生用户，网络被盗用已经成为不争的事实。朋友告诉张女士，她的无线网已被一种叫"蹭网卡"的装置盯上了，因为多了一台计算机享用她的网络资源，所以网络速度明显变慢。那么如何保障自己的无线网使用安全呢？本章将为大家解决这个技术难题。

10.1　无线网络安全概述

20世纪90年代以来，随着个人数据通信的发展，功能强大的便携式数据终端及多媒体终端的广泛应用，为实现任何人在任何时间、任何地点均能实现数据通信的目标，要求传统的计算机网络由有线向无线，由固定向移动，由单一业务向多媒体发展，更进一步推动了无线局域网（Wireless LAN，WLAN）的发展。

制约无线网广泛应用的第一因素是价格，另外就是无线网络的安全性问题。如今，无线网络产品的价格已经下调到广大用户可以接受的程度，无线网络的安全问题就成为发展无线网络产业的最大问题之一。

无线局域网安全的最大问题在于无线通信是在自由空间中进行传输，而不是像有线网络那样在一定的物理线缆上进行传输，因此无法通过对传输媒介的接入控制来保证数据不被未经授权的用户获取。所以，WLAN 就面临一系列的安全问题，而这些问题在有线网络中并不存在。无线网络存在的安全风险和安全问题主要包括以下方面：

① 来自网络用户的进攻；

② 来自未认证的用户获得存取权；

③ 来自公司的窃听泄密等。

针对以上威胁问题，从最初利用 ESSID/服务区标识符匹配（Service Set Identifier，SSID）、介质访问控制（Media Access Control，MAC）限制、防止非法无线设备入侵的访问控制，到基于 WEP（Wired Equivalent Privacy）数据加密的解决方案，再到即将成为新标准的 802.11i，以及从 2003 年 12 月 1 日起我国开始施行的 WLAN 产品的新标准 WAPI（无线局域网鉴别和保密基础结构），无线网络安全技术在很大的程度上已经得到了改善，即使这样，要真正构建端到端的安全无线网络还任重道远。在介绍无线局域网安全协议之前，先简要了解无线局域网的主要标准。

10.2 无线局域网的标准

在众多的无线局域网标准中，人们知道最多的是 IEEE（美国电子电气工程师协会）802.11 系列，此外制定 WLAN 标准的组织还有 ETSI（欧洲电信标准化组织）和 HomeRF 工作组。ETSI 提出的标准有 HiperLan 和 HiperLan2；HomeRF 工作组的两个标准是 HomeRF 和 HomeRF2。在这三家组织所制定的标准中，IEEE 的 802.11 标准系列由于它的以太网标准 802.3 在业界的影响力，使其在业界一直得到广泛的支持，尤其是在数据业务上。ETSI 是一个欧洲组织，因此一直得到欧洲政府的支持，很多运营商也都很认同它的 GSM 和 UMTS 蜂窝电话标准，它在制定 WLAN 标准时更加关注语音业务。HomeRF 作为一种为家庭网络专门设计的标准，在业界也有一定的影响力，具体标准介绍如下。

10.2.1 IEEE 的 802.11 标准系列

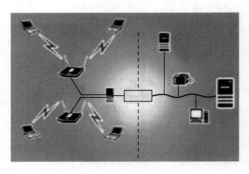

图 10-1　无线网络

价格便宜的笔记本电脑、移动电话和手持式设备的日趋流行，以及 Internet 应用程序和电子商务的快速发展，使用户需要随时进行网络连接。为满足这些需求，可以使用两种方法将便携式设备连接到网络，即 IEEE 802.11b 和 Bluetooth（蓝牙）。IEEE 802.11b 是一种 11Mb/s 无线标准，可为笔记本电脑或台式计算机用户提供完全的网络服务，如图 10-1 所示。

802.11 是 IEEE 最初制定的一个无线局域网标准，主要用于解决办公室局域网和校园网中用户终端的无线接入，业务主要限于数据存取，速率最高只能达到 2Mb/s。目前，3Com 等公司都有基于该标准的无线网卡。

由于 802.11 在速率和传输距离上都不能满足人们的需要，因此，IEEE 小组又相继推出了 802.11b 和 802.11a 两个新标准。三者之间技术上的主要差别在于 MAC 子层和物理层。

802.11b 物理层支持 5.5Mb/s 和 11Mb/s 两个新速率。802.11 标准在扩频时是一个 11 位调制芯片，而 802.11b 标准采用一种新的调制技术 CCK 完成。

802.11b 使用动态速率漂移，可因环境变化，在 11Mb/s、5.5Mb/s、2Mb/s、1Mb/s 之间切换，且在 2Mb/s、1Mb/s 速率时与 802.11 兼容。802.11b 的产品普及率最高，在众多的标准中处于先导地位。

IEEE 802.11b 的特点如表 10-1 所示。

表 10-1　IEEE 802.11b 的特点

功　能	特　点
速度	2.4GHz 直接序列扩频，最大数据传输速率为 11Mb/s，无须直线传播
动态速率转换	当射频情况变差时，可将数据传输速率降低为 5.5Mb/s、2Mb/s 和 1Mb/s
使用范围	支持的范围在室外为 300m，在办公环境中最长为 100m
可靠性	使用与以太网类似的连接协议和数据包确认，提供可靠的数据传送和网络带宽
互用性	只允许一种标准的信号发送技术，WECA 将认证产品的互用性
电源管理	网络接口卡可转到休眠模式，访问点将信息缓冲到客户，延长了笔记本电脑的电池寿命
漫游支持	当用户在楼房或公司部门之间移动时，允许在访问点之间进行无缝连接
加载平衡	NIC 更改与之连接的访问点，以提高性能
可伸缩性	最多三个访问点同时定位于有效使用范围中，以支持上百个用户
安全性	内置式鉴定和加密

IEEE 802.11b 应用的范围如表 10-2 所示。

表 10-2　IEEE 802.11b 应用的范围

范　围	说　明
不易接线的区域	在不易接线或接线费用较高的区域中提供网络服务
灵活的工作组	为经常进行网络配置更改的工作区降低了总拥有成本
网络化的会议室	用户可在从一个会议室移动到另一个会议室时进行网络连接，以获得最新的信息，并且可在决策时相互交流
特殊网络	现场顾问和小工作组的快速安装和兼容软件可提高工作效率
子公司网络	为远程或销售办公室提供易于安装、使用和维护的网络
部门范围的网络移动	漫游功能使企业建立易于使用的无线网络，可覆盖所有部门

802.11a 在 802.11 协议组中是第一个出台的标准。802.11a 工作在 5GHz U-NII 频带，物理层速率可达 54Mb/s，传输层可达 25Mb/s，采用正交频分复用（OFDM）的独特扩频技术；可提供 25Mb/s 的无线 ATM 接口和 10Mb/s 的以太网无线帧结构接口，以及 TDD/TDMA 的空中接口；支持语音、数据、图像业务；一个扇区可接入多个用户，每个用户可带多个用户终端。但是，其芯片没有进入市场，由于设备昂贵、空中接力不好、点对点连接很不经济，不适合小

型设备。802.11a 最明显的缺点就是兼容性，802.11a 使用的是较高频率，在物理层上采用不同于 802.11b 的 OFDM 技术，所以 802.11a 产品和现在已经安装的 802.11b 不能互通，解决这个问题的唯一方法就是使用双模设备，使两种系统都可以支持。

蓝牙（IEEE 802.15）是一项最新标准，对于 802.11 来说，它的出现不是为了竞争而是相互补充。蓝牙比 802.11 更具移动性，如 802.11 限制在办公室和校园内，蓝牙能把 1 个设备连接到 LAN 到 WAN，甚至支持全球漫游。此外，蓝牙成本低、体积小，可用于更多的设备。但是，蓝牙主要是点对点的短距离无线发送技术，本质是 RF 或是红外线。蓝牙被设计为低功耗、短距离、低带宽的应用，严格来讲，它不算是真正的局域网技术。

802.11g 协议于 2003 年 6 月正式推出，它是在 802.11b 协议的基础上改进的协议，支持 2.4GHz 工作频率及 DSSS 技术，并结合了 802.11a 协议高速的特点及 OFDM 技术。这样 802.11g 协议既可以实现 11Mb/s 传输速率，保持对 802.11b 的兼容，又可以实现 54Mb/s 高传输速率。

随着人们对无线局域网数据传输的要求，802.11g 协议也已经慢慢普及到无线局域网中，和 802.11b 协议的产品一起占据了无线局域网市场的大部分，而且，部分加强型的 802.11g 产品已经步入无线百兆时代。

10.2.2　ETSI 的 HiperLan2

HiperLan 是欧盟在 1992 年提出的一个 WLAN 标准，HiperLan2 是它的后续版本，HiperLan2 部分建立在全球移动通信系统（Global System for Mobile Communications，GSM）基础上，使用频段为 5GHz。在物理层上 HiperLan2 和 802.11a 几乎完全相同。它采用 OFDM 技术，最大数据速率为 54Mb/s。它和 802.11a 最大的不同是 HiperLan2 不是建立在以太网基础上的，而是采用的 TDMA 结构，形成一个面向连接的网络，HiperLan2 面向连接的特性使其很容易满足服务质量（Quality of Service，QoS）的要求，可以为每个连接分配一个指定的 QoS，确定这个连接在带宽、延迟、拥塞、比特错误率等方面的要求。这种 QoS 支持与高传输速率一起保证了不同的数据序列（如视频、话音和数据等）可以同时进行高速传输。

HiperLan2 虽然在技术上有优势，然而在开发过程中却落在 802.11a 的后面，不过因为它是欧洲的标准，所以一直得到欧洲政府的支持，尤其在频率规划上，因为它使用的波段和 802.11a 相同，许多投资商一直在游说欧洲政府，希望 802.11a 也能在 HiperLan2 波段使用，IEEE 正在开发一个可以将两种 5GHz 系统统一起来的标准。

10.2.3　HomeRF

HomeRF 无线标准是由 HomeRF 工作组开发的，旨在家庭范围内，使计算机与其他电子设备之间实现无线通信的开放性工业标准。

HomeRF 是 IEEE802.11 与 DECT 的结合，使用这种技术能降低语音数据成本。与前几种技术一样，使用开放的 2.4GHz 频段。它采用跳频扩频（FHSS）技术，跳频速率为 50 跳/秒，共有 75 个带宽为 1MHz 的跳频信道。调制方式为恒定包络的 FSK 调制，分为 2FSK 与 4FSK 两种（注：采用调频调制可以有效地抑制无线环境下的干扰和衰落）。2FSK 方式下，最大数据的传输速率为 1Mb/s；4FSK 方式下，速率可达 2Mb/s。在新的 HomeRF 2.x 标准中，采用了宽带调频（Wide Band Frequency Hopping，WBFH）技术来增加跳频带宽，由原来的 1MHz 跳频信道增加到 3MHz、5MHz，跳频的速率也增加到 75 跳/秒，数据峰值达到 10Mb/s。

HomeRF 标准的主要特点是它提供了对流媒体（Stream Media）真正意义上的支持。由于流媒体规定了高级别的优先权并采用了带有优先权的重发机制，这样就确保了实时播放流媒体所需的带宽、低干扰、低误码。

HomeRF 把共享无线接入协议（SWAP）作为未来家庭联网的技术指标，基于该协议的网络是对等网，因此主要针对家庭无线局域网。数据通信采用简化的 IEEE 802.11 协议标准，沿用类似以太网技术中的冲突检测载波监听多址技术 CSMA/CA（CSMA/CD）。语音通信采用 DECT（Digital Enhanced Cordless Telephony）标准，使用 TDMA 时分多址技术。

不过由于 HomeRF 技术没有公开，目前只有几十家企业支持，在抗干扰等方面相对其他技术而言尚有欠缺，因此还没有广泛的应用前景。

10.3 无线局域网安全协议

10.3.1 WEP 协议

IEEE 802.11 标准中的 WEP（Wired Equivalent Privacy）协议是 IEEE 802.11b 协议中最基本的无线安全加密措施，其主要用途包括提供接入控制，防止未授权用户访问网络；对数据进行加密，防止数据被攻击者窃听；防止数据被攻击者中途恶意篡改或伪造。此外，WEP 也提供认证功能，当加密机制功能启用，客户端要尝试连接上 AP 时，AP 会发出一个 Challenge Packet 给客户端，客户端再利用共享密钥将此值加密后送回存取点以进行认证比对，如果正确无误，才能获准存取网络的资源。AboveCable 所有型号的 AP 都支持 64 位或 128 位的静态 WEP 加密，可有效地防止数据被窃听、盗用。

该技术适合一些小型企业、家庭用户等小型环境的无线网络应用，无须额外的设备支出，配置方便。但在无线行业应用中，基于 WEP 加密技术的安全缺陷饱受非议，因针对 WEP 数据包加密已有破译的方法，且使用这一方法破解 WEP 密钥的工具可以在互联网上免费下载。相应的，替代 WEP 的 WPA 标准已于 2002 年下半年出台了，通过暂时密钥集成协议（TKIP）增强了数据加密，提高无线网络的安全特性。

10.3.2 IEEE 802.11i 安全标准

IEEE 802.11 的 i 工作组致力于制定被称为 IEEE 802.11i 的新一代安全标准，这种安全标准为了增强 WLAN 的数据加密和认证性能，定义了 RSN（Robust Security Network）的概念，并且针对 WEP 加密机制的各种缺陷做了多方面的改进。

IEEE 802.11i 规定使用 802.1x 认证和密钥管理方式，在数据加密方面，定义了 TKIP（Temporal Key Integrity Protocol）、CCMP（Counter-Mode/CBC-MAC Protocol）和 WRAP（Wireless Robust Authenticated Protocol）三种加密机制。其中 TKIP 采用 WEP 机制里的 RC4 作为核心加密算法，可以通过在现有设备上升级硬件和驱动程序的方法达到提高 WLAN 安全的目的。CCMP 机制基于 AES（Advanced Encryption Standard）加密算法和 CCM（Counter-Mode/CBC-MAC）认证方式，使 WLAN 的安全程度大大提高，是实现 RSN 的强制性要求。由于 AES 对硬件要求比较高，因此 CCMP 无法通过在现有设备的基础上进行升级实现。

10.3.3 WAPI 协议

我国早在 2003 年 5 月就提出了无线局域网国家标准 GB 15629.11，标准中包含了全新的 WAPI（WLAN Authentication and Privacy Infrastructure）安全机制，这种安全机制由 WAI（WLAN Authentication Infrastructure）和 WPI（WLAN Privacy Infrastructure）两部分组成，WAI 和 WPI 分别实现对用户身份的鉴别和对传输的数据加密。WAPI 能为用户的 WLAN 系统提供全面的安全保护。

WAI 采用公开密钥密码体制，利用证书对 WLAN 系统中的 STA 和 AP 进行认证。WAI 定义了一种名为 ASU（Authentication Service Unit）的实体，用于管理参与信息交换各方所需要的证书（包括证书的产生、颁发、吊销和更新）。证书里面包含有证书颁发者（ASU）的公钥和签名，以及证书持有者的公钥和签名（这里的签名采用的是 WAPI 特有的椭圆曲线数字签名算法），是网络设备的数字身份凭证。

在具体实现中，STA 在关联到 AP 之后，必须相互进行身份鉴别。先由 STA 将自己的证书和当前时间提交给 AP，然后 AP 将 STA 的证书、提交时间和自己的证书一起用私钥形成签名，并将这个签名连同这三部分一起发给 ASU。

所有的证书鉴别都由 ASU 来完成，当其收到 AP 提交来的鉴别请求之后，会先验证 AP 的签名和证书。当鉴别成功之后，进一步验证 STA 的证书。最后，ASU 将 STA 的鉴别结果信息和 AP 的鉴别结果信息用自己的私钥进行签名，并将这个签名连同这两个结果发回给 AP。

AP 对收到的结果进行签名验证，并得到对 STA 的鉴别结果，根据这一结果决定是否允许该 STA 接入。同时 AP 需要将 ASU 的验证结果转发给 STA，STA 也要对 ASU 的签名进行验证，并得到 AP 的鉴别结果，根据这一结果决定是否接入 AP。

由于 WAI 中对 STA 和 AP 进行了双向认证，因此对于"假"AP 的攻击方式具有很强的抵御能力。

在 STA 和 AP 的证书都鉴别成功之后，双方将会进行密钥协商。首先双方进行密钥算法协商，随后，STA 和 AP 各自会产生一个随机数，用自己的私钥加密之后传输给对方。最后通信的两端会采用对方的公钥将对方所产生的随机数还原，再将这两个随机数模运算的结果作为会话密钥，并依据之前协商的算法采用这个密钥对通信的数据加密。

WEP、IEEE 802.11i、WAPI 三者之间的对比如表 10-3 所示。

表 10-3 WEP、IEEE 802.11i、WAPI 对比

特 征		WEP	IEEE 802.11i	WAPI
认证	特征	对硬件认证，单向认证	无线用户和 RADIUS 服务器认证，双向认证，无线用户身份通常为用户名和口令	无线用户和无线接入点的认证，双向认证，身份凭证为公钥数字证书
	性能	认证过程简单	认证过程复杂，RADIUS 服务器不易扩充	认证过程简单，客户端可支持多证书，方便用户多处使用，充分保证其漫游功能，认证单元易于扩充，支持用户的异地接入
	安全漏洞	认证易于伪造，降低了总安全性	用户身份凭证简单，易于盗取，共享密钥管理存在安全隐患	无

续表

特　征		WEP	IEEE 802.11i	WAPI
认证	算法	开放式系统认证，共享密钥认证	未确定	192/224/256 位的椭圆曲线签名算法
	安全强度	低	较高	最高
	扩展性	低	低	高
加密	算法	64 位的 WEP 流加密	128 位的 WEP 流加密，128 位的 AES 加密算法	认证的分组加密
	密钥	静态	动态（基于用户、基于认证、通信过程中动态更新）	动态（基于用户、认证、通信过程中动态更新）
	安全强度	低	高	最高
中国法规		不符合	不符合	符合

10.4　无线网络的主要信息安全技术

随着 WLAN 市场的蓬勃发展，其安全性问题日益突出，成为 WLAN 市场有序发展的主要瓶颈之一。国际标准组织对此曾提出了相关的技术建议，但引起了业界的争论。

我国在 WLAN 安全方面的研究进展比较迅速，目前，国家质检总局和国家标准化管理委员会联合发文，确定我国自主研发的 WAPI 技术为 WLAN 的强制性安全标准。

那么，要实现 WLAN 的安全性，到底有哪些技术手段呢？从定义来看，主要包括扩频、跳频无线传输技术本身使盗听者难以捕捉到有用的数据；设置严密的用户口令及认证措施，防止非法用户入侵；设置附加的第三方数据加密方案，即使信号被盗听也难以理解其中的内容；采取网络隔离及网络认证措施等方面内容。

10.4.1　扩频技术

扩频技术是军方为了通信安全而首先提出的。它从一开始就被设计成为驻留在噪声中，一直干扰和越权接收的。扩频传输是将非常低的能量在一系列的频率范围中发送，明显地区别于窄带无线电技术的集中所有能量在一个信号频率中的方式进行传输。最常用的方法是直序扩频和跳频扩频。

一些无线局域网产品在 ISM 波段的 2.4～2.4835GHz 范围内传输信号，在这个范围内可以得到 79 个隔离的不同通道，无线信号被发送到成为随机序列的每一个通道上（如通道 1,32,42,67,……）。无线电波每秒变换频率许多次，将无线信号按顺序发送到每一个通道上，并在每一通道上停留固定的时间，在转换前要覆盖所有通道。如果不知道在每一通道上停留的时间和跳频图案，系统外的站点要接收和译码数据几乎是不可能的。使用不同的跳频图案、驻留时间和通道数量可以使相邻不相交的几个无线网络之间没有相互干扰，也不用担心网络上的数据被其他用户截获。

10.4.2　用户认证和口令控制

用户认证和口令控制，即在无线网的站点上使用口令控制，当然并不局限于无线网。当前一些主要的网络操作系统和服务器均提供了包括口令管理在内的内建多级安全服务。口令应处于严格的控制之下并经常予以变更。由于 WLAN 的用户包括移动用户，而移动用户倾向于将笔记本电脑移来移去。因此，严格的口令策略等于增加了一个安全级别，它有助于确认网站是否正被合法的用户使用。

建议在无线网络的适配器端使用网络密码控制，这与 Novell NetWare 和 Microsoft Windows NT 提供的密码管理功能类似。由于无线网络支持使用笔记本电脑或其他移动设备的漫游用户，所以精确的密码策略是增加一个安全级别，这可以确保工作站只被授权人使用。

10.4.3　数据加密

对数据安全要求极高的系统，如金融或军队的网络，需要一些特别的安全措施，这就要用到数据加密的技术。借助于硬件或软件，数据包在被发送之前被加密，只有拥有正确密钥的工作站才能解密并读取数据。

如果要求整体的安全性，加密是最好的解决办法。这种解决方案通常包括在有线网络操作系统中或无线局域网设备的硬件或软件的可选件，由制造商提供。另外，还可选择低价格的第三方产品。

1. WEP（Wired Equivalent Privacy）加密配置

WEP 加密配置是确保经过授权的 WLAN 用户不被窃听的验证算法，是 IEEE 协会为了解决无线网络的安全性在 802.11 中提出的解决办法。

2. 无线网络加密技术之 WPA-PSK

无线网络最初采用的安全机制是 WEP（有线等效私密），但后来发现 WEP 是很不安全的，于是 802.11 组织开始着手制定新的安全标准，也就是后来的 802.11i 协议。从标准的制定到最后的发布需要较长的时间，而且考虑到消费者不会为了网络的安全性而放弃原来的无线设备，因此 Wi-Fi 联盟在标准推出之前，在 802.11i 草案的基础上，制定了一种称为 WPA（Wi-Fi Procted Access）的安全机制，它使用临时密钥完整性协议（Temporal Key Integrity Protocol，TKIP），算法还是 WEP 中使用的加密算法 RC4，所以不需要修改原来无线设备的硬件。WPA 针对 WEP 中存在的问题：IV（初始化向量）过短、密钥管理过于简单、对消息完整性没有有效的保护，通过软件升级的方法提高网络的安全性。

WPA 的出现给用户提供了一个完整的认证机制，AP 根据用户的认证结果决定是否允许其接入无线网络中，认证成功后可以根据多种方式（传输数据包的多少、用户接入网络的时间等）动态地改变每个接入用户的加密密钥。另外，对用户在无线网络中传输的数据包进行 MIC 编码，确保用户数据不会被其他用户更改。作为 802.11i 标准的子集，WPA 的核心就是 IEEE 802.1x 和 TKIP。

3. 无线网络加密技术之 WPA2-PSK

在 802.11i 颁布之后，Wi-Fi 联盟推出了 WPA2，它支持 AES（高级加密算法），因此需要新的硬件支持，它使用 CCMP（计数器模式密码块链消息完整码协议）。在 WPA/WPA2 中，PTK 的生成依赖 PMK，而获得 PMK 有两种方式，一种方式即 PSK 的形式就是预共享密钥，在这种方式中 PMK=PSK；另一种方式需要认证服务器和站点进行协商来产生 PMK。

IEEE 802.11 所制定的是技术性标准，Wi-Fi 联盟所制定的是商业化标准，并且符合 IEEE 所制定的技术性标准。WPA 就是由 Wi-Fi 联盟所制定的安全性标准，这个商业化标准存在的目的就是要支持 IEEE 802.11i 这个以技术为导向的安全性标准。而 WPA2 就是 WPA 的第二个版本。WPA 之所以会出现两个版本的原因就在于 Wi-Fi 联盟的商业化运作。

802.11i 这个任务小组成立的目的就是打造一个更安全的无线局域网，所以在加密项目里规范了两个新的安全加密协定——TKIP 与 CCMP(有些无线网络设备中会以 AES、AES-CCMP 取代 CCMP)。其中 TKIP 虽然针对 WEP 的弱点做了重大的改良，但保留了 RC4 算法和基本架构，言下之意，TKIP 也存在着 RC4 本身所隐含的弱点，因而 802.11i 又打造一个全新、安全性更强、更适合应用在无线局域网环境的加密协定——CCMP，所以在 CCMP 就绪之前，TKIP 就已经完成了。

但是要等到 CCMP 完成，再发布完整的 IEEE 802.11i 标准，可能尚需一段时日，而 Wi-Fi 联盟为了要使新的安全性标准能够尽快被部署，以消除使用者对无线局域网安全性的疑虑，进而让无线局域网的市场迅速扩展开，因而使用已经完成 TKIP 的 IEEE 802.11i 第三版草案(IEEE 802.11i Draft3) 为基准，制定了 WPA。当 IEEE 完成并公布 IEEE 802.11i 无线局域网安全标准后，Wi-Fi 联盟也随即公布了 WPA 第 2 版（WPA2）。

WPA = IEEE 802.11i draft 3 = IEEE 802.1x/EAP+WEP（选择性项目）/TKIP

WPA2 = IEEE 802.11i = IEEE 802.1x/EAP+WEP（选择性项目）/TKIP/CCMP

还有最后一种无线网络加密技术的模式就是 WPA-PSK（TKIP）+WPA2-PSK（AES），这是目前无线路由里最高的加密模式，该模式因为兼容性的问题，还没有被很多用户所使用。现在最广泛使用的就是 WPA-PSK（TKIP）和 WPA2-PSK（AES）两种加密模式。

总之，WLAN 安全技术的发展，将极大促进无线网络的发展与应用，为安全的宽带无线网络通信时代的到来打下坚实基础。

10.5 无线网络设备

无线局域网是由无线网卡、AP、无线网桥、计算机和有关设备组成的。

10.5.1 无线网卡

常见的无线网卡有 PCMCIA、PCI 和 USB 三种类型。

无线网卡是在无线局域网的无线覆盖下通过无线连接网络进行上网使用的无线终端设备。具体来说无线网卡就是使计算机无线上网的一个装置，但是有了无线网卡还需要一个可以连接的无线网络，如果在家里或者所在地有无线路由器或者无线 AP 的覆盖，就可以通过无线网卡以无线的方式连接无线网络实现上网。

1. 无线网卡标准的区分

无线网卡按无线标准可定为 IEEE 802.11b、IEEE 802.11a、IEEE 802.11g。

频段：802.11a 标准为 5.8GHz 频段；802.11b、802.11g 标准为 2.4GHz 频段。传输速率：802.11b 使用 DSSS（直接序列扩频）或 CCK（补码键控调制），传输速率为 11Mb/s；802.11g 和 802.11a 使用相同的 OFDM（正交频分复用调制）技术，其传输速率是 802.11b 的 5 倍，也就是 54Mb/s。

兼容性：802.11a 不兼容 802.11b，但是可以兼容 802.11g；802.11g 和 802.11b 两种标准可以相互兼容使用，但需注意，802.11g 设备在 802.11b 的网络环境下只能使用 802.11b 标准，其数据速率只能达到 11Mb/s。

2. 无线网卡接口的区分

无线网卡按照接口的不同可以分为许多种。台式计算机专用的 PCI 接口无线网卡，如图 10-2 所示；笔记本电脑专用的 PCMCIA 接口网卡，如图 10-3 所示。

图 10-2　PCI 接口无线网卡

图 10-3　PCMCIA 接口网卡

USB 无线网卡如图 10-4 所示，这种网卡不管是台式计算机用户还是笔记本电脑用户，只要安装了驱动程序都可以使用。在选择时要注意的一点就是，只有采用 USB 2.0 接口的无线网卡才能满足 802.11g 或 802.11g+的需求。

除此之外，还有笔记本电脑中应用比较广泛的 MINI-PCI 无线网卡，如图 10-5 所示。MINI-PCI 为内置型无线网卡，迅驰机型和非迅驰的无线网卡标配机型均使用这种无线网卡。它的优点是无须占用 PC 卡或 USB 插槽，并且避免了随身携带 PC 卡或 USB 卡的麻烦。

图 10-4　USB 无线网卡

图 10-5　MINI-PCI 无线网卡

目前这四种无线网卡在价格上差距不大，在性能/功能上也差不多，按需而选即可。

3. 无线网卡网络制式的区分

无线网卡是无线广域通信网络应用广泛的上网介质。常见的无线网卡除了 CDMA 和 GPRS 两类外，还有一种 CDPD 无线网卡。

（1）CDMA 无线网卡。

码分多址（Code Division Multiple Access，CDMA）无线网卡是针对中国联通的 CDMA 网络推出来的上网连接设备。CDMA 允许所有的使用者同时使用全部频带，并且把其他使用者发出的信号视为杂讯，完全不必考虑信号碰撞（Collision）的问题。

（2）GPRS 无线网卡。

通用分组无线服务（General Packet Radio Service，GPRS）网卡是针对中国移动的 GPRS 网络推出来的无线网设备。GPRS 是利用"包交换"（Packet-Switched）概念发展出的一套无线传输方式。所谓的包交换就是将 Date 封装成许多独立的封包，再将这些封包一个一个传送出去，形式上有点类似寄包裹，采用包交换的好处是只有在有资料需要传送时才会占用频宽，而且可以传输的资料量计价，这对用户来说是比较合理的计费方式，因为像 Internet 这类的数据传输大多数的时间频宽是闲置的。

相对原来 GSM 拨号方式的电路交换数据传送方式，GPRS 是分组交换技术，具有"实时在线""按量计费""快捷登录""高速传输""自如切换"的优点。

（3）CDPD 无线网卡。

蜂窝数字分组数据（Cellular Digital Packet Data，CDPD）采用分组数据方式，是目前公认的最佳无线公共网络数据通信规程。它是建立在 TCP/IP 基础上的一种开放系统结构，将开放式接口、高传输速度、用户单元确定、空中链路加密、空中数据加密、压缩数据纠错和重发及运用世界标准的 IP 寻址模式无线接入有力地结合在一起，提供同层网络的无缝连接、多协议网络服务。CDPD 具有速度快、数据安全性高等特点。它支持用户越区切换和全网漫游、广播和群呼，支持移动速度达 100 km/h 的数据用户，可与公用有线数据网络互联互通。

CDPD 特别适用于用户点多、分布面广、移动中、短信息使用、频次密的场合。它主要应用在金融交易、交通运输、遥测与远程监控、移动办公等领域。

10.5.2　无线网桥

无线网桥（Wireless Bridge）的功能在于提供两个点之间通信的无线链路，可以使用两个或多个无线网桥将彼此分开的局域网连接在一起，如图 10-6 所示为一款艾克赛尔 AX9400EDU 系列产品。

10.5.3　天线

无线网络互联需要配合使用天线（Antenna）。根据天线的功能特性可以分为定向天线、全向天线和扇区天线。它们分别适合点对点、点对多点和区域覆盖使用，如图 10-7 所示为一款家用无线网络天线。

图 10-6　无线网桥

图 10-7　家用无线网络天线

10.5.4　AP 接入点

AP（Access Point，网络桥接器）顾名思义即是当作传统的有线局域网络与无线局域网络的桥梁，因此任何一台装有无线网卡的 PC 均可通过 AP 去分享有线局域网络甚至广域网络的资源。除此之外，AP 本身又兼具有网管的功能，可针对接有无线网卡的 PC 进行必要的控制，如图 10-8 所示为一款 WAB102 无线 AP 接入点。

图 10-8　WAB102 无线 AP 接入点

10.6　无线网络的安全缺陷与解决方案

10.6.1　无线网络的安全缺陷

1. 容易侵入

无线局域网非常容易被发现，为了能够使用户发现无线网络的存在，网络必须发送有特定参数的信标帧，这样就给攻击者提供了必要的网络信息。入侵者可以通过高灵敏度天线从公路边、楼宇中及其他任何地方对网络发起攻击而不需要任何物理方式的侵入。因为任何计算机都可以通过购买 AP 不经过授权连入网络。很多部门未通过公司 IT 中心授权就自建无线局域网，用户通过非法 AP 接入给网络带来很大安全隐患。如果你能买到 Yagi 外置天线和 3dB 磁性 HyperGain 漫射天线硬盘，拿着它到各大写字楼里走一圈，也许就能进入大公司的无线局域网络里，做想要做的一切。

还有的部分设备技术不完善，导致网络安全性受到挑战。如 Cisco 于 2002 年 12 月发布的 Aironet AP1100 无线设备被发现存在安全漏洞，当该设备受到暴力破解行为攻击时可能导致用户信息的泄露。

2. 产品漏洞

根据 RSA Security 在英国的调查发现，67%的 WLAN 都没有采取安全措施，而要保护无线网络，必须要做到三点：信息加密、身份验证和访问控制。WEP 存在的问题主要是由两方面造成的，一方面是接入点和客户端使用相同的加密密钥，如果在家庭或者小企业内部，一个访问节点只连接几台 PC 的话还可以，但在不确定的客户环境下则无法使用。让全部客户都知道密钥的做法，无疑在宣告 WLAN 根本没有加密。另一方面是基于 WEP 的加密信息容易被破译。美国某些大学甚至已经公开了解密 WEP 的论文，这些都是 WEP 在设计上存在的问题，是人们在使用 IEEE 802.11b 时心头无法抹去的阴影。802.11 无法防止攻击者采用被动方式监听网络流量，而任何无线网络分析仪都可以不受阻碍地截获未进行加密的网络流量。目前，WEP 就有漏洞可以被攻击者利用，它仅能保护用户和网络通信的初始数据，并且管理和控制帧不能被 WEP 加密和认证，这样就给攻击者以欺骗帧中止网络通信提供了机会。不同的制造商提供了两种 WEP 级别，一种是建立在 40 位密钥和 24 位初始向量基础上，被称作 64 位密码；另一种是建立在 104 位密码加上 24 位初始向量基础上的，被称作 128 位密码。高水平的黑客，要窃取通过 40 位密钥加密的传输资料并非难事，40 位的长度就拥有 2 的 40 次方的排列组合，而 RSA 的破解速度，每秒就能列出 $2.45×10^9$ 种排列组合，几分钟之内就可以破解出来。所以 128 位的密钥是采用的标准。

虽然 WEP 有着种种的不安全，但是很多情况下，许多访问节点甚至在没有激活 WEP 的情况下就开始使用网络了，这好像是在敞开大门迎接敌人一样。用 NetStumbler 等工具扫描一下网络就能轻易记下 MAC 地址、网络名、服务设置标识符、制造商、信道、信号强度、信噪比等情况。作为防护功能的扩展，最新的无线局域网产品的防护功能更进了一步，利用密钥管理协议实现每 15min 更换一次 WEP 密钥，即使最繁忙的网络也不会在这么短的时间内产生足够的数据证实攻击者破获密钥。然而，一半以上的用户在使用 AP 时只是在其默认的配置基础上进行很少的修改，几乎所有的 AP 都按照默认配置来开启 WEP 进行加密或者使用原厂提供的默认密钥。

3. 恶意攻击

由于 802.11 无线局域网对数据帧不进行认证操作，攻击者可以通过非常简单的方法轻易获得网络中站点的 MAC 地址，这些地址可以被用来恶意攻击时使用。

除通过欺骗帧进行攻击外，攻击者还可以通过截获会话帧发现 AP 中存在的认证缺陷，通过监测 AP 发出的广播帧发现 AP 的存在。然而，由于 802.11 没有要求 AP 必须证明自己真是一个 AP，攻击者很容易装扮成 AP 进入网络，通过这样的 AP，攻击者可以进一步获取认证身份信息从而进入网络。在没有采用 802.11i 对每一个 802.11 MAC 帧进行认证的技术前，通过会话拦截实现的网络入侵是无法避免的。

10.6.2 无线网络的安全防范措施

1. 隐藏服务设定标识（SSID）

购买无线路由器后，默认的 SSID 一般都和该路由器的品牌相关联。黑客可以轻松通过 SSID 知道路由器的品牌，并在无线路由的管理界面上，修改这个 SSID，改成自己喜欢的名字，这样就在一定程度上隐蔽了无线路由。

2. 修改用户名和密码

一般路由器或中继器设备制造商为了便于用户设置这些设备并建立起无线网络，都提供了一个管理页面工具，用来设置该设备的网络地址及账号等信息。然而在设备出售时，制造商给每一个型号设备提供的默认用户名和密码都是一样的，如果没有修改设备默认的用户名和密码，就给黑客提供了可乘之机。他们只要通过简单的扫描工具就能很容易找出这些设备的地址，并尝试用默认的用户名和密码去登录管理页面，如果成功则立即取得该路由器/交换机的控制权。

3. 无线网络加密

加密可以使没有密钥的人无法登录到你的网络上，一般无线路由都提供两种加密标准：无线对等协议（WEP）和 Wi-Fi 保护接入（WPA）。WEP 要比 WPA 使用时间久，但是不如 WPA 安全。目前破解"无线路由器密码"指的就是破解 WEP 密码。所以，采用 WPA 会更安全些，起码可以给黑客制造更多的麻烦。

4．缩小 IP 地址范围

当计算机连接到无线网络时，无线路由器会给连接到无线网络中的每一台机器分配一个 IP，缩小 IP 地址范围就可以限制连接到无线网络中计算机的数量。理想的情况下，假如网络中的计算机使用了所有 IP 地址的话，无线路由器就不会为入侵者再分配 IP 地址了。

5．设置 MAC 地址过滤

在 Windows 系统中单击"开始"菜单，然后选择"运行"选项，在弹出的对话框中输入 cmd，按回车键的后会出现命令行窗口。在命令行窗口中输入 ipconfig /all。寻找名为"Physical Address"这一行，其后所显示的地址即为该设备的 MAC 地址。每一个网络设备都有唯一的被称作 MAC 地址的 ID。这样可以在无线路由器上设定一个范围的 MAC 地址，不属于这个范围的一律拒之门外。

10.6.3　无线网络的安全应用实例

下面以 D-Link 无线路由器为例说明无线局域网络的安全配置，D-Link 支持以下安全机制。

- 支持远程管理。
- 支持 64/128（802.11g）位 WEP 无线加密，密码支持 HEX/ASCII 双模式。
- 提供使用者自订的访问控制列表（ACL）机制，支持过滤功能。
- 支持 WPA 加密功能（WPATLS/TKIP）。

认证（Authentication）的目的是确认对方身份的合法性，以免与身份不明的对象沟通，泄露了重要的机密。也就是双方在进行通信之前，必须先经过认证的程序。D-Link 支持的认证（加密）有 4 种方式。

1．WEP 加密

WEP 是一种对称性的加密技术，用来加密在 WLAN 上传送的资料，为资料保密提供了一定的安全性。WEP 必须有相同 WEP Key 的双方（TX 及 RX）才可互相听得懂。D-Link 支持了两种层级的 WEP 加密方式，分别为 64 位加密和 128 位加密，越长的加密代表越安全。可以选择启用/禁用 WEP 加密功能，在默认情况下，WEP 加密功能是禁用的。

D-Link 所支持的密码模式为 HEX（十六进制数字）及 ASCII 码（American Standard Code for Information Interchange），使用者可以变更密码模式以符合现有的无线网络设置或是自定义的无线网络设置。

WEP 密码可以轻易地变更无线加密设置以维护一个安全的网络。方法很简单，只要选择使用加密网络上的无线通信资料的指定密钥值即可。在 64 位 WEP 加密下，必须输入 10 个 HEX 数字或是 5 个 ASCII 码。在 128 位 WEP 加密下，必须输入 26 个 HEX 数字或是 13 个 ASCII 码（HEX 数字范围为 0～9 和 A～F）。

2．802.lx 安全协议

802.lx 安全协议是利用凭证方式认证的无线网络安全机制。安全模式密码选择加密的方式为 64 位或 128 位。对于 802.lx 的设置主要有以下内容。

（1）RADIUS 服务器 IP 地址。输入 RADIUS 服务器的 IP 地址，供 802.lx 封包使用。

（2）RADIUS 端口。RADIUS 服务器所使用的通信端口，默认标准 802.lx，RADIUS 服务器通信端口为 1812。

（3）RADIUS 密码。RADIUS 服务器上所设置的 Shared Key，此处必须设置相同的 Shared Key，D-Link 才可与 RADIUS 服务器验证沟通。

3. WPA-PSK 密码模式

预先共享密钥（WPA-PSK）指在 D-Link 上输入单一密码。只要密码相符，客户端便会获得无线网络的存取权限。与 WPA 不同的是，使用 WPA-PSK 加密是不需要 RADIUS 服务器进行认证的，只在此输入密钥以供认证使用即可，可设置的密钥长度为 8～64 个字符（至少 8 个字符）。当然，不管选择了以上何种的认证（加密）方式，相对使用者的无线网卡也必须支持才行。D-Link 所支持的 WPA-PSK 密码模式为 HEX（十六进制数字）及 ASCII 码。使用者可以变更密码模式以符合现有的无线网络设置或是自定义自己的无线网络设置。此处为输入 WPA-PSK 加密所使用的密码；若密码模式选择为 HEX 的话，则输入 64 个 0～9 和 A～F 的十六进制数字；若密码模式选择为 ASCII 码的话，则输入 8～63 个 ASCII 码。在无线网卡上的密码设置必须与此处相同。

4. WPA

WPA 以 802.lx 和延伸认证协议（EAP）作为其认证机制的基础。认证机制是由使用者提供某种形式的证明，然后存取网络并以该证明来对照合法使用者数据库（RADIUS 服务器）进行检查。只要进入网络，就必须通过这样的认证过程。D-Link 支持 WPA-EAP 及 WPA-TMP。所以在设置 WPA 之前，必须已安装并设置好 RADIUS 服务器（如 Windows 2000 Server），以供 D-Link 连接设置使用。主要有以下内容。

（1）RADIUS 服务器 IP 地址。输入 RADIUS 服务器的 IP 地址，供 802.lx 封包使用。

（2）RADIUS 端口。RADIUS 服务器所使用的通信端口，默认标准为 802.lx，RADIUS 服务器通信端口为 1812。

（3）RADIUS 密码。RADIUS 服务器上所设置的 Shared Key，此处必须设置相同的 Shared Key，D-Link 才可与 RADIUS 服务器验证沟通。

一般而言，只要稍微靠近无线接入点的信号发射范围，就可以扫描周围的无线网络，甚至利用无线接入点连接上网。因此将说明如何在无线网络中筑起一道墙，避免他人借由自己的无线接入点上网。

以下是 WEP 的加密设置实例，如图 10-9 所示。

- 无线网络名称（SSID）：可自行设置此无线接入点的名称，在搜寻基站时较好辨识，默认为 default，可以修改为 D-Link001。
- 无线信道（Channel）：无线接入点目前使用的频道，默认为 6，目前采用的共有 11 个频道供切换，若无线信号弱或收不到信号时，可切换使用其他频道来改善。
- 安全模式：选择"启用 WEP 无线安全（基本）"选项。
- 认证：选择"共享密钥"选项。
- WEP 加密：选择"64 Bit"选项。
- 缺省 WEP 密钥：可以分别选择"WEP Key 1""WEP Key 2""WEP Key 3""WEP Key 4"，输入不同密钥方便切换使用以确保无线网络的安全性。
- WEP 密码：对应选择的缺省 WEP 密钥，输入 ASCII 值或十六进制数字。必须注意的是，计算机端无线网卡的加密必须选择相同字段且输入相同密钥才能通过认证。

无线网络设置

无线模式：	Wireless Router ▾
启用无线：	☑
无线网络名称：	D-Link001 （也叫SSID）
启用自动信道选择：	☑
无线信道：	6 ▾
传输速率：	最好(自动) ▾ （Mbit/s）
WMM 启用：	☑ （无线QoS）
启用隐藏无线：	☐ （也叫SSID广播）

无线安全模式

安全模式：	启用WEP无线安全(基本) ▾

WEP

WEP是无线加密标准。为了能使用它您必须在路由器和无线站点中输入相同的密钥。对于64位密钥您必须在每个密钥框中输入10个十六进制数字。而对于128位密钥您必须在每个密钥框中输入26个十六进制数字。一个十六进制数字可以是0～9数字或者字母A～F。从WEP的安全角度来说，当WEP启用时，请将认证类型设置为"共享密钥"。

您也可以在WEP密钥框中输入任何一个文本字符串，这样，通过利用字符串的ASCII值，它就会转换成一个十六进制的密钥。对于64位密钥来说，最大可输入5个文本字符，而对于128位密钥，则为13个字符。

认证：	共享密钥 ▾
WEP加密：	64Bit ▾
缺省WEP密钥：	WEP Key 1 ▾
WEP密码：	（5 ASCII或者10十六进制）

WEP Key 1
WEP Key 2
WEP Key 3
WEP Key 4

保存设置　不要保存设置

图 10-9　WEP 的加密设置

技能实施

10.7　任务　无线网络的安全配置

10.7.1　任务实施环境

任务实施环境如图 10-10 所示。

TP-LINK路由器　　　Windows XP
192.168.1.1　　　192.168.1.22

图 10-10　任务实施环境

10.7.2　任务实施过程

1. 在桌面右击"网上邻居"→"属性"→"网络连接"，然后右击"本地连接"→"属性"→"本地连接属性"对话框，然后在"常规"选项卡里双击"Internet 协议（TCP/IP）"→"Internet

协议（TCP/IP）属性"对话框，设置静态 IP 地址 192.168.1.22。

2．打开 IE 浏览器，在地址栏中输入 192.168.1.1，按回车键。在弹出的对话框中输入用户名和密码，默认的用户名和密码都是 admin。单击"确定"按钮，出现路由器的界面，选择"设置向导"选项，单击"下一步"按钮，勾选"PPPoE"，读者可以根据自己的网络情况，在三个选项中选择其一，出现如图 10-11 所示的界面。

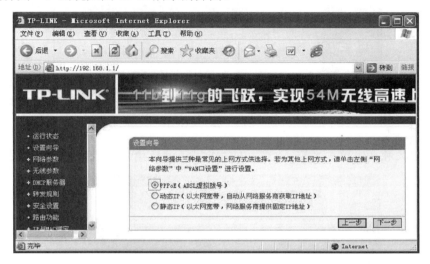

图 10-11　勾选 PPPoE

3．单击"下一步"按钮，输入 ADSL 上网账号和密码（安装宽带时，工作人员给的账号和密码），单击"下一步"按钮，出现如图 10-12 所示的界面。

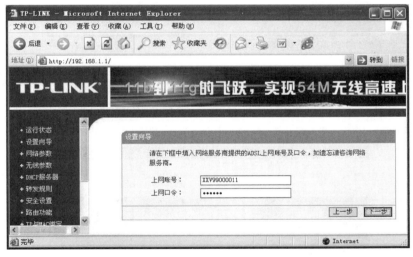

图 10-12　输入 ADSL 上网账号和密码

4．更改 SSID 号为 ZTG-WLAN。在模式栏选择无线网卡模式（如 802.11b、802.11g 等，根据自己的情况而定），现在的路由器兼容 802.11b、802.11g。单击"下一步"按钮，出现如图 10-13 所示的界面。

注意：如果自己的网卡是 802.11g，而路由器设置成 802.11b，则无线连接会失败。

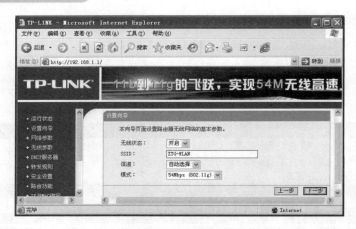

图 10-13　更改 SSID 号

5. 设置 PSK 密码。单击"下一步"按钮，完成无线路由器的初始配置，如图 10-14 所示。

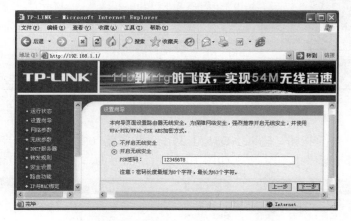

图 10-14　设置 PSK 密码

说明： 下面的步骤是对无线路由器的安全设置。

6. 选择"网络参数"→"MAC 地址克隆"，在右侧单击"克隆 MAC 地址"按钮，然后单击"保存"按钮。这样就确保了无线路由器的安全，如图 10-15 所示。

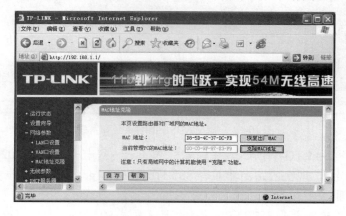

图 10-15　MAC 地址克隆

7. 选择"无线参数"→"基本设置"，在右侧去掉"允许 SSID 广播"选项，其他设置如图 10-16 所示，然后单击"保存"按钮。

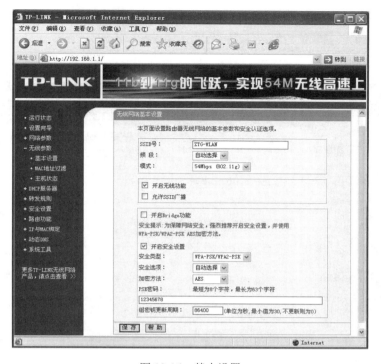

图 10-16　基本设置

8. 选择"DHCP 服务器"→"DHCP 服务"，如果局域网较小，建议关闭 DHCP 服务，给每台计算机设置静态 IP 地址。如果局域网规模较大，可以启动 DHCP 服务，不过一定要安全设置无线路由器，如图 10-17 所示。

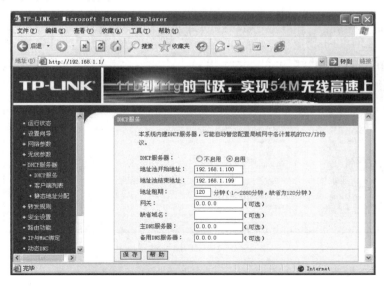

图 10-17　DHCP 服务

9. 选择"安全设置"→"防火墙设置"，勾选"开启防火墙""开启 IP 地址过滤""开启域名过滤""开启 MAC 地址过滤"选项，读者可以根据自己网络的具体情况进行选择，然后单击"保存"按钮，如图 10-18 所示。

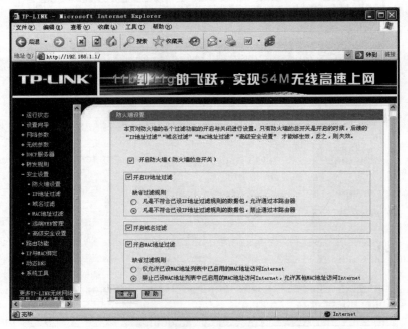

图 10-18　防火墙设置

10. 选择"安全设置"→"IP 地址过滤"，单击"添加新条目"按钮添加过滤规则，如图 10-19 所示。

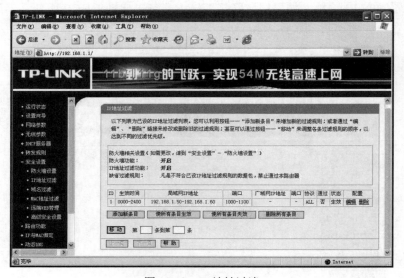

图 10-19　IP 地址过滤

11. 选择"安全设置"→"域名过滤"，单击"添加新条目"按钮添加过滤规则，如图 10-20 所示。

图 10-20　域名过滤

12．选择"安全设置"→"MAC 地址过滤"，单击"添加新条目"按钮添加过滤规则，如图 10-21 所示。

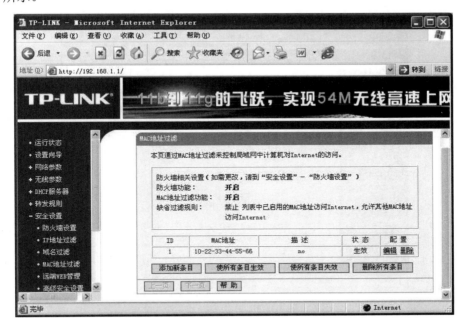

图 10-21　MAC 地址过滤

13．选择"安全设置"→"远端 WEB 管理"，设置"WEB 管理端口"选项，增加了路由器的安全性，然后单击"保存"按钮，如图 10-22 所示。

14．选择"安全设置"→"高级安全设置"，设置如图 10-23 所示，然后单击"保存"按钮。

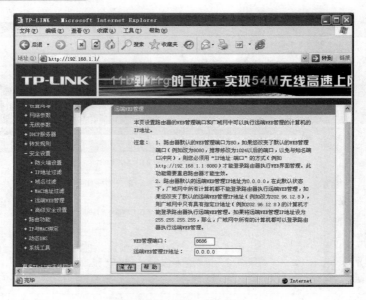

图 10-22　远端 WEB 管理

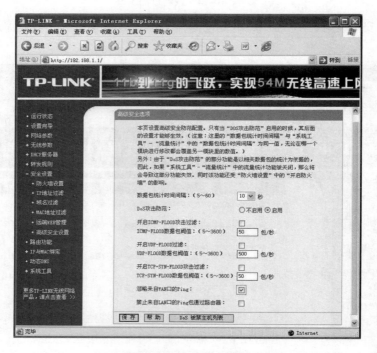

图 10-23　高级安全设置

15．选择"IP 与 MAC 绑定"→"静态 ARP 绑定设置"，勾选"启用"选项，单击"保存"按钮。单击"增加单个条目"按钮添加 IP 与 MAC 绑定，如图 10-24 所示。

16．选择"IP 与 MAC 绑定"→"ARP 映射表"，如图 10-25 所示。

17．选择"系统工具"→"修改登录口令"，修改登录口令后，单击"保存"按钮，如图 10-26 所示。

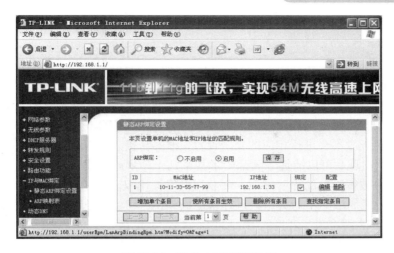

图 10-24 静态 ARP 绑定设置

图 10-25 ARP 映射表

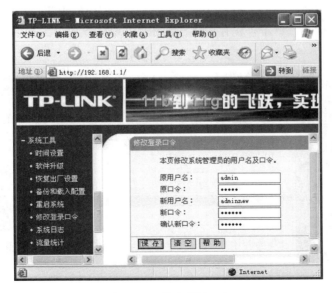

图 10-26 修改登录口令

案例实现

1. 无线网络安全分析

由于无线局域网自身的特点，它的无线信号很容易被发现。入侵者只需要给计算机安装无线网卡及无线天线就可以搜索到附近的无线局域网，获取 SSID、信道、是否加密等信息。很多家用无线局域网一般不会进行相应的安全设置，很容易接入他人的无线网络。而且更糟糕的是，"蹭网卡"的出现，可以捕捉方圆几千米甚至几十千米的无线信号，而且其相配套的破解软件，会很容易地破解简单的加密方式，而获得网络使用权。

此外，由于无线局域网不对数据帧进行认证操作，这样，入侵者可以通过欺骗帧去重新定向数据流，搅乱 ARP 缓存表（表里的 IP 地址与 MAC 地址是一一对应的）。入侵者可以轻易获得网络中站点的 MAC 地址，如通过 Network Stumbler 软件就可以获取信号接收范围内无线网络中无线网卡的 MAC 地址，而且可以通过 MAC 地址修改工具将本机的 MAC 地址改为无线局域网合法的 MAC 地址，或者通过修改注册表修改 MAC 地址。

除了 MAC 地址欺骗手段外，入侵者还可以通过拦截会话帧来发现无线 AP 中存在的认证漏洞，通过监测 AP 发出的广播帧发现 AP 的存在。可是，由于 IEEE 802.11 无线网络并没有要求 AP 必须证明自己是一个 AP，所以入侵者可能会冒充一个 AP 进入网络，然后进一步获取认证身份信息。

2. 防范措施

（1）更改管理密码。

不管是无线 AP、无线路由器还是其他可管理的网络设备，在出厂时都预设了管理密码和用户名，如用户名为 admin 或空，管理密码为 admin、administrator 等，这些密码都可以在产品说明书中找到。为了防止非法入侵者使用预设的用户名和密码登录，建议用户更改无线 AP 或无线路由器的管理密码。

这里以 D-LINK DIR-605 无线路由器为例说明。打开管理页面，输入预设的用户名和密码。在打开的管理页面上单击"维护"→"设置管理"，出现如图 10-27 所示的界面。根据提示，输入两次同样的新密码后，单击"保存设置"按钮即可。建议使用至少 8 位的密码并夹杂特殊字符。

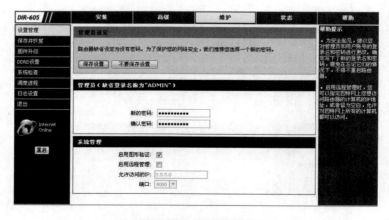

图 10-27　设置新密码

技巧：如果忘记了无线 AP 或无线路由器的管理密码，可以使用铅笔等工具顶住设备面板上的"Reset"按钮大约 5 秒，这样将恢复设备的默认用户名、密码设置。

（2）更改 SSID 值并关闭 SSID 广播。

通常情况下，无线 AP 和无线路由器在出厂时为了使用方便，预设状态为开放系统认证，也就是说任何使用者只要安装了无线网卡就可以搜索到附近的无线网络并建立连接。而且，各厂家给无线 AP 和无线路由器都预设了 SSID 值。如 Cisco 为 Tsunami；TP-Link 为 Wireless；D-Link 为 Default；Linksys 为 linksys 等。

为了防止他人连接你的无线网络，建议修改预设的 SSID 值。打开 D-LINK DIR-605 无线路由器的管理页面，选择"安装"→"无线安装"，再选择"手动无线因特网安装"选项如图 10-28 所示。在"无线网络名称"文本框中更改自己需要的 SSID 名称。除了更改 SSID 值以外，建议将无线网络的认证方式改为不广播 SSID 的封闭系统认证方式。这样，无线网络覆盖范围内的用户都不能看到该网络的 SSID 值，从而提高无线网络的安全性。设置完成后，单击"保存设置"按钮即可。

图 10-28　无线网络设置

（3）更改无线设备的 IP 地址。

通常，在无线 AP 和无线路由器的产品说明书中会标明 LAN 口的 IP 地址，这是设备的管理页面地址，如 D-Link DIR-605 无线路由器默认的 IP 地址为 192.168.1.1，子网掩码为 255.255.255.0。为了防止其他用户使用该 IP 地址登录设备，可以修改该 IP 地址的默认值。

在 DIR-605 无线路由器的管理页面，单击"安装"→"局域网安装"，如图 10-29 所示，可以更改路由器的 IP 地址和子网掩码。

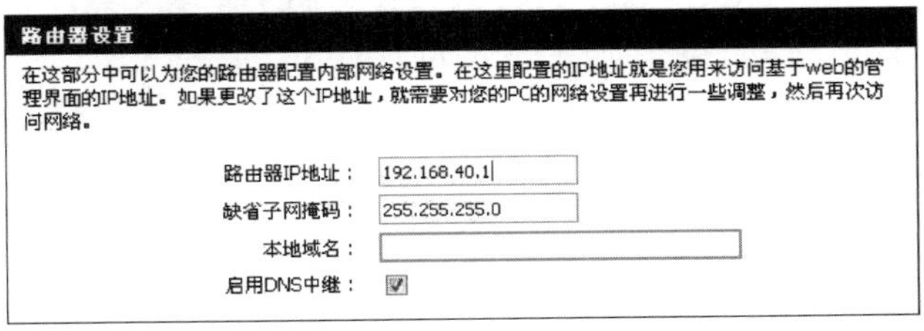

图 10-29　路由器设置

（4）关闭 DHCP 服务。

在无线局域网中，通过 DHCP 服务器可以自动给网络内部的计算机分配 IP 地址，如果是非法入侵者同样可以分配到合法的 IP 地址，而且可以获得网关地址、服务器名称等信息，这样给网络安全带来了不利的影响。

所以，对于规模不大的网络，可以考虑使用静态的 IP 地址配置，关闭无线 AP 或无线路由器的 DHCP 服务器。关闭的方法比较简单，在 D-Link DIR-605 的管理页面，选择"安装"→

"局域网安装"，打开如图 10-30 所示的"DHCP 服务器设置"界面，取消"启用 DHCP 服务器"选项即可。

（5）开启 MAC 地址过滤。

在 D-Link DIR-605 无线路由器的管理页面，选择"高级"→"访问控制"选项，出现如图 10-31 所示的"MAC 过滤"界面。管理员可以关闭或打开 MAC 地址过滤的功能，也可以使添加到过滤列表中的计算机能够或者不能够连接到该无线网。

图 10-30　DHCP 服务器设置　　　　　　图 10-31　MAC 过滤

（6）启用 IEEE 802.1x 验证。

IEEE 802.1x 认证作为弥补 WEP 部分缺陷的过渡性安全机制，得到了 Windows XP 的支持。所以，如果使用的是 Windows XP 系统，同时无线 AP 和无线网卡支持 IEEE 802.1x，则可以打开无线网卡的属性窗口。选择"验证"→"启用此网络的 IEEE 802.1x 验证"，如图 10-32 所示。单击"确定"按钮即可。

（7）启用 WPA/WPA2 加密。

在安全性方面，WPA/WPA2 要强于 WEP，在 Windows XP SP2 中提供了对 WPA/WPA2 的支持。下面介绍在 Windows XP SP2 中，如何启用 WPA/WPA2 加密。

首先，打开"无线网络连接属性"对话框，单击"无线网络配置"选项卡，接着在"首选网络"选项组中选择要加密的网络名称，单击"属性"按钮，然后在打开的"关联"对话框中，选择"网络身份验证"选项为 WPA 或 WPA2（WPA 适用于企业网络；WPA2-PSK 适用于个人网络），在"数据加密"选项组中选择加密方式为"AES"或"TKIP"选项，如图 10-33 所示。

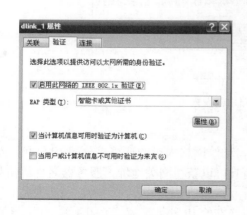

图 10-32　验证选项卡　　　　　　　　图 10-33　"关联"选项卡

注意：WPA2 的设置与 WPA 相同，不过无线网络使用的必须是支持 WPA2 的无线 AP、无线网卡及 Windows XP SP2 以上系统。

习题

一、单项选择题

1. 目前无线局域网主要以（ ）为传输媒介。

A. 短波　　　　　B. 微波　　　　　C. 激光　　　　　D. 红外线

2. 无线局域网安全性高，是因为它使用了（ ）技术。

A. 激光防伪　　　　　　　　　B. 无线通信

C. 类似军事上的防窃听　　　　　D. 账户密码

3. 无线局域网的通信标准主要采用（ ）标准。

A. 802.2　　　　B. 802.3　　　　C. 802.5　　　　D. 802.11

4. 无线局域网通过数据放大器和天线系统，其通信距离一般可达（ ）米。

A. 5000　　　　B. 10 000　　　　B. 50 000　　　　D. 1000

5. 无线局域网中计算机接收和发送信息通过（ ）实现。

A. 无线网卡的 NIC 单元　　　　B. 无线网卡的扩频通信机和天线

C. 无线网卡的电路板　　　　　　D. 计算机 I/O 总线

6. 建立无线对等局域网，只需要（ ）设备即可。

A. 无线网桥　　　　　　　　　B. 无线路由器

C. 无线网卡　　　　　　　　　D. 无线交换机

7. TP-Link 的无线接入器 TL-WA200 能连接（ ）个无线工作站。

A. 1　　　　　B. 10　　　　　C. 20　　　　　D. 30

8. 无线局域网通过（ ）可连接到有线局域网。

A. 天线　　　　B. 无线接入器　　　C. 无线网卡　　　D. 双绞线

9. 无线局域网的天线通常每增加（ ）则相对传输距离可增至原距离的 1 倍。

A. 1 dB　　　　B. 2 dB　　　　C. 4 dB　　　　D. 8 dB

10. 组建无线对等局域网需配置（ ）网络协议。

A. TCP/IP　　　　B. IPX　　　　C. NetBEUI　　　　D. DLC

二、多项选择题

1. 无线局域网是（ ）技术相结合的产物。

A. 无线通信　　　　　　　　　B. 光纤通信

C. 计算机网络　　　　　　　　D. 广播电视

2. 无线局域网与有线局域网相比较，说法正确的有（ ）。

A. 无线局域网不需要布线，有线局域网需要布线

B. 无线局域网的工作站可移动，有线局域网的工作站点固定

C. 无线局域网具有防窃听技术，有线局域网容易遭搭线窃听

D. 无线局域网在可靠性和易维护方面比有线局域网差

3. 关于无线局域网通信协议叙述正确的是（ ）。

A．802.11b 速率最高可达 11Mb/s，并采用 2.4GHz 频段

B．802.11a 速率最高可达 54Mb/s，并采用 5GHz 频段

C．802.11g 速率最高可达 36Mb/s，并采用 2.4GHz 频段

D．802.11b 与 802.11a 不兼容，而 802.11g 与二者兼容

4．无线局域网的接入设备有（　　　）。

A．Modem　　　　　　　　　　　　B．无线网卡

C．无线接入器　　　　　　　　　　D．天线

5．无线局域网有（　　　）典型应用连接方式。

A．室内对等连接　　　　　　　　　B．室内有线拓展

C．室外点对点桥接　　　　　　　　D．室外分布式多点跨接

三、判断题

1．无线局域网是指以无线信道为传输媒介的计算机局域网。（　　　）

2．因为无线局域网的接入设备比有线局域网贵，故组建无线局域网的成本就一定比组建有线局域网的成本高。（　　　）

3．无线局域网存在信号干扰问题，而有线局域网存在信号衰减问题。（　　　）

4．每个无线网卡的最大传输距离为 100 米，故两个无线网卡相连接的最大距离就 200 米。（　　　）

5．802.11a 被视为下一代高速无线局域网络规范。（　　　）

6．无线局域网的基础还是传统的有线局域网，它是有线局域网的扩展和替换。（　　　）

7．无线接入器可分为 PCMCIA、PCI、USB 三种。（　　　）

8．无线局域网的天线与电视天线工作原理相同。（　　　）

9．无线局域网与有线局域网相连接，必须使用无线接入器。（　　　）

10．组成对等式无线局域网可以不用无线接入器。（　　　）

四、思考题

1．简述无线局域网的标准有哪几类。

2．简述无线局域网安全协议有哪几类。

3．列举常用的两种无线网络设备。

4．简述无线网络安全防范措施。

实训　破解 Wi-Fi 无线网络

一、实训目的

1．理解 Wi-Fi 无线网络的脆弱性。

2．了解 Wi-Fi 无线网络破解的原理。

3．掌握 Kali Linux 系统中软件的使用。

4．明确 Wi-Fi 无线网络的安全防范措施。

二、实训基础

1．原理

获取 Wi-Fi 无线网络连接访问权限的方式主要有两种：Wi-Fi 万能钥匙和软件破解。

（1）Wi-Fi 万能钥匙的工作原理是共享收集。

如 A 装了万能钥匙，然后连接了路由 1，那么这时 A 手机的万能钥匙就会记录该路由的信息，如地址、账号、密码等并上传到服务器。B 手机无密码却想上该路由 1 的时候，B 手机里所装的万能钥匙就会收集路由信息发送到服务器，然后服务器会从已有数据库中进行匹配，会找到 A 手机所上传的路由 1 的所有信息。所以为什么用万能钥匙的人越多，则成功率越高。这种方式的实质就是你在享用别人的资源时，也在贡献你自己的资源。

（2）软件破解的工作原理是暴力破解。

无线网络加密技术日益成熟。以前的 WEP 加密方式日渐淘汰，因为这种加密方式非常容易破解。现在大部分的无线网络都是使用 WPA/WPA2 方式来加密的，这种加密方式安全系数高，很难破解，当然这也不是不可能的。与万能钥匙 APP 相比，软件破解才是真正意义上的破解，提高这种方式成功率的主要途径是需要拥有一份好的 WPA/WPA2 字典。

2．实训的资料准备

● Kali Linux 系统：https://www.kali.org/downloads/。

● 带无线网卡的计算机，或外接的 USB 无线网卡。

● WPA/WPA2 字典。

三、实训内容

1．下载安装 Kali Linux 系统。

2．破解 Wi-Fi 无线网络。

四、实训步骤

1．下载 Kali Linux 系统：https://www.kali.org/downloads/。

2．安装 Kali Linux 系统，可以安装 Kali Linux 虚拟机，也可以安装 Kali Linux 实体机。在虚拟机上使用 Kali Linux 系统时，无法访问本机的网卡，需要使用外接的 USB 无线网卡，配置步骤如下。

（1）打开实体机上的服务管理器，将"VMware USB Arbitration Service"选项设置为启动；

（2）打开虚拟机，在虚拟机选项中→选择可自动设备→USB 无线网卡，看右下角的 U 盘图标是否为灰色，如果是灰色，则右键选择链接；如果虚拟机中没有 USB 选项，则可在虚拟机→设置里添加 USB 控制器，然后连接。注意，设置 USB 连接时需在虚拟机关机时进行；

（3）在 Kali Linux 系统中，输入 ifconfig 查看网卡信息，是否有 wlan0，如有则说明外接 USB 无线网卡设置成功；

（4）输入 airmon-ng start wlan0 开启网卡监听模式，启动后再次查看网卡信息，网卡名加了 mon 后缀则表示成功。

3．使用 Kali Linux 系统中的 aircrack-ng 破解 Wi-Fi 无线网络，步骤如下：

（1）使用"ifconfig"查看本机已启动的无线网卡；

（2）使用"airmon-ng check kill"命令 kill 一些会影响接下来操作的进程；

（3）使用"airmon-ng start wlan0"命令开启 wlan0 网卡的监听模式（Monitor Mode），如图 10-34 所示。

（4）使用"airodump-ng wlan0mon"命令查看附近的无线网络，选择一个你想破解密码的无线网络，记下它的 BSSID、CH（channel），最好选择有终端连接的无线网络，即选择如图 10-35 所示。"BSSID　STATION　PWR　RATE..."选项下面出现的 BSSID，因为这些 BSSID 有终端连接，如手机、平板式电脑等，选择这些更容易抓到 handshake 包（用于连接无线网络时发送的认证包），当然也可以选择没在"BSSID STATION PWR RATE…"选项下面出现的 BSSID，现在没有终端连接，可能在抓包的过程中会有终端连接进来。

图 10-34 开启网卡监听模式

BSSID 为 Wi-Fi 的 MAC 地址，PWR 为信号强弱程度，数值越小信号越强；#DATA 为数据量，越大使用的人就越多；CH 为信道频率（频道），在一个频道上才能进行后续操作，此时客户机与主机断开的连接，主机断开的网络。在进行网络通信时，虚拟机的网络配置应该为桥接或者 NAT 模式，ESSID 为 Wi-Fi 的名称，中文可能会有乱码，

（5）使用"airodump-ng -c 4 --bssid 1C:60:DE:9D:6F:A6 -w hack wlan0mon"命令抓取某个无线网络的数据包，命令参数解释：bssid 为选定无线网络节点的 MAC、C 为频道（filter option）；W 后面的 Crack 是存放抓取后的数据包的文件名，自定义即可。

按回车键后，所破解的 Wi-Fi 处于断网状态，此时用户会重新连接，便可以抓取数据包，如图 10-36 所示。抓到包后一定要按 Ctrl+C 组合键结束任务，否则 Wi-Fi 接入用户将一直断网。

如抓不到包，执行"airodump-ng -0 10 -a 1C:60:DE:9D:6F:A6 -c 48:8A:D2:28:3A:A0 wlan0mon""airodump-ng -0 10 -a 1C:60:DE:9D:6F:A6 -c DC:85:DE:46:67:39 wlan0mon"命令将在线目标 Wi-Fi 的在线用户踢下线，这样就会抓包成功，如图 10-37 所示。

图 10-36　获取 handshake 包

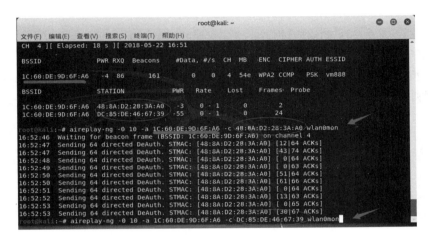

图 10-37　强制破解目标的在线用户下线

（6）新打开窗口，执行"aircrack-ng -a2 -b 1C:60:DE:9D:6F:A6 -w pass.txt hack-08.cap"命令，通过密码字典文件暴力破解该无线网络的密码。

如图 10-38 所示，破解 vm888 Wi-Fi 无线网络的密码为 18871208，破解时间只需要 2 秒，由此可见保障 Wi-Fi 无线网络的安全，需要增强密码的复杂度和长度来对抗软件的暴力破解。

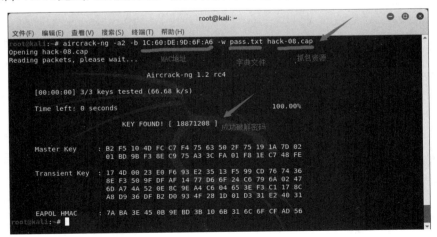

图 10-38　破解无线网络密码

参考文献

[1] 黎连业. 防火墙及其应用技术[M]. 北京：清华大学出版社，2004.

[2] 李俊宇. 信息安全技术基础[M]. 北京：冶金工业出版社，2004.

[3] 宁蒙. 网络信息安全与防护技术[M]. 南京：东南大学出版社，2005.

[4] 蒋建春. 计算机网络信息安全理论与实践教程[M]. 西安：西安电子科技大学出版社，2005.

[5] 陈明. 信息安全技术[M]. 北京：清华大学出版社，2007.

[6] 武春岭，等. 网络信息安全[M]. 天津：天津科学技术出版社，2008.

[7] 蔡红柳. 信息安全技术及应用实验[M]. 北京：北京科海电子出版社，2009.

[8] 戴有炜. Windows Server 2012 系统配置指南[M]. 北京：清华大学出版社，2014.

反侵权盗版声明

电子工业出版社依法对本作品享有专有出版权。任何未经权利人书面许可，复制、销售或通过信息网络传播本作品的行为，歪曲、篡改、剽窃本作品的行为，均违反《中华人民共和国著作权法》，其行为人应承担相应的民事责任和行政责任，构成犯罪的，将被依法追究刑事责任。

为了维护市场秩序，保护权利人的合法权益，我社将依法查处和打击侵权盗版的单位和个人。欢迎社会各界人士积极举报侵权盗版行为，本社将奖励举报有功人员，并保证举报人的信息不被泄露。

举报电话：（010）88254396；（010）88258888

传　　真：（010）88254397

E-mail：　dbqq@phei.com.cn

通信地址：北京市海淀区万寿路 173 信箱
　　　　　电子工业出版社总编办公室

邮　　编：100036